国家级实验教学示范中心建设成果

高等院校农业与生物技术实验实训系列规划教材

EXPERIMENTAL GUIDANCE FOR
PLANT BIOTECHNOLOGY

植物生物技术实验指导

主　编◎潘　刚　　副主编◎沈秋芳　柯丽萍

ZHEJIANG UNIVERSITY PRESS

浙江大学出版社

·杭州·

图书在版编目(CIP)数据

植物生物技术实验指导 / 潘刚主编. —杭州:浙
江大学出版社,2024.4
ISBN 978-7-308-24439-8

Ⅰ.①植… Ⅱ.①潘… Ⅲ.①植物-生物工程-实验
-高等学校-教材 Ⅳ.①Q94-33

中国国家版本馆 CIP 数据核字(2023)第 234378 号

植物生物技术实验指导

ZHIWU SHENGWU JISHU SHIYAN ZHIDAO

主 编 潘 刚

策划编辑	阮海潮
责任编辑	阮海潮(1020497465@qq.com)
责任校对	王元新
封面设计	雷建军
出版发行	浙江大学出版社
	(杭州市天目山路 148 号 邮政编码 310007)
	(网址:http://www.zjupress.com)
排　　版	浙江大千时代文化传媒有限公司
印　　刷	杭州高腾印务有限公司
开　　本	787mm×1092mm 1/16
印　　张	14
字　　数	359 千
版 印 次	2024 年 4 月第 1 版 2024 年 4 月第 1 次印刷
书　　号	ISBN 978-7-308-24439-8
定　　价	49.00 元

《植物生物技术实验指导》
编委会

前　言

　　植物生物技术是一门研究生物技术在植物中应用的技术性学科,涉及应用现代生物技术改良植物遗传性状、培育新品种以及创造新种质等,主要内容包括植物组织培养、植物基因工程及分子标记技术。生物技术是 21 世纪创新最为活跃、影响最为深远的技术集群之一,在保障国家粮食安全、推进乡村振兴、助力生态文明建设等方面前景广阔。以基因编辑为代表的精准高效生物技术,将植物生物技术从"一粒种子可以改变一个世界""一个基因可以改变一个世界"带入"一项技术可以改变一个世界"的新时代,精准育种将是未来各国农作物育种竞争的制高点。该课程是一门实践性很强的学科,许多概念比较抽象,需要借助实践来加强理解和记忆;同时,通过实践教学,培养学生动手能力、学习能力、创新能力、分析问题及解决问题的能力。

　　本教材是在 2015 年浙江大学出版社出版的《植物生物技术实验指导》的基础上增加大量的植物生物技术相关的实验内容及操作视频而编写的立体化实验教材,可以作为"植物生物技术"理论课程的配套教材。在"植物生物技术"课程的教学工作中,尤其在讲授最新生物技术进展方面,如基因编辑,目前缺乏合适的相应教材将理论教学的重点和难点与实践教学紧密衔接。因此,我们邀请多位具有多年植物生物技术相关领域教学和研究经历的科研工作者编写了本教材。本教材包括五章,涵盖无菌操作技术、植物细胞组织器官培养、核酸提取、基因克隆、载体构建、植物遗传转化、分子标记技术及其在作物育种中的应用等内容,可以作为农学及生物类相关专业本科生和研究生的实验指导教材,也可以作为从事植物组织培养及农作物遗传育种等方面科研工作的科研人员的参考书。

　　本教材编写分工如下:第一章由浙江大学潘刚编写;第二章实验二中的烟草和马铃薯原生质体分离与培养由浙江大学都浩编写,实验四由浙江大学谭瑗瑗编写,实验六由浙江理工大学柯丽萍编写,其余由浙江大学潘刚编写;第三章由浙江大学潘刚编写;第四章实验一中的大豆遗传转化由浙江大学唐桂香编写,大麦、小麦及玉米遗传转化由浙江大学沈秋芳编写,黄瓜及番茄遗传转化由浙江大学向珣编写,其余由浙江理工大学柯丽萍和浙江大学潘刚编写;第五章实验四中的利用服务器进行 GWAS 分析由浙江大学沈秋芳编写,其余由浙江大学包劲松和潘刚编写。全书由潘刚、柯丽萍和沈秋芳统稿和定稿。

　　在本教材编写过程中,我们得到了浙江大学王学德教授的大力支持和热情指导,浙江理工大学孙玉强教授对本教材提出了富有建设性的修改意见和建议,在此一并表示诚挚的谢意。

植物生物技术所涉及的内容及方法技术极其广泛,由于编者的教学和科研水平有限,书中遗漏和不妥之处在所难免,敬请读者批评指正。

潘　刚

2024 年 2 月

目　录

第一章　无菌操作技术与培养基配制

植物组织培养(plant tissue culture)是以植物细胞培养技术为基础的一项生物技术,是指从植物体中分离或诱导出符合需要的细胞、组织、器官或原生质体等外植体,通过无菌操作将其接种在无菌培养基上进行培养,获得完整再生植株或具有经济价值的其他产品的技术。因此,创建无菌操作环境、无菌培养物以及无菌培养基是成功进行植物组织培养的关键前提条件。

实验一　植物组织培养中的无菌操作技术

一、实验目的

1. 了解植物组织培养过程中的常见灭菌方法及其基本工作原理。
2. 了解超净工作台的基本工作原理。
3. 掌握植物组织培养过程中不同器具、培养物及培养基的常用灭菌方法及操作过程。

二、实验原理

(一)灭菌方法

1. 高压蒸汽灭菌

将组织培养相关物品放置在高压灭菌锅(图 1-1A)内,利用加热产生蒸汽,随着蒸汽压强的不断增加,高压灭菌锅内水的沸点不断提高,从而使锅内温度也随之增高,当蒸汽压强为 103.4kPa 或 1.05kg/cm² 时(表 1-1),温度为 121℃,维持 15～40min(表 1-2),可灭杀包括芽孢在内的所有微生物。研究显示,100℃可灭杀绝大多数微生物,而作为湿热灭菌的生物指示剂(biological indicator)嗜热脂肪芽孢杆菌(*Bacillus stearothermophilus*)的芽孢(一种耐蒸汽最佳指示剂)在 121℃蒸汽下处理 12min 后被灭杀。该方法是最常用的物理灭菌方法,常用于

表 1-1　饱和蒸汽压强与其对应的温度

饱和蒸汽压强(kPa)	温度(℃)
0	100
34.5	109
68.9	115
103.4	121
137.9	126
172.4	130
206.8	135

组织培养过程中各类器械(如镊子和接种环等)、培养基、耐热塑料器具、玻璃器具、各种溶液和生物废物等物品的灭菌。

图 1-1　常用于植物组织培养物品灭菌的仪器

(A)高压灭菌锅(高压蒸汽灭菌);(B)高温烘箱(干热灭菌);

(C)红外线灭菌器(红外线灭菌);(D)过滤灭菌器(过滤灭菌)

2.干热灭菌

利用高温烘箱105～190℃(常用高温为160～180℃)(图 1-1B),对不适用于湿热高温蒸汽灭菌的物品(如金属器具)处理一定时间(表 1-3),杀死细菌和芽孢,达到灭菌目的。作为干热灭菌的生物指示剂萎缩芽孢杆菌(*Bacillus atrophaeus*)的芽孢(一种耐干热的生物指示剂)(芽孢数 10^5～10^6)在160℃下仅能存活 12min。该方法适用于玻璃、金属器具等物品的灭菌。

1-1　常见的
灭菌仪器

表 1-2　不同体积的溶液及物品的最少灭菌时间

溶液或物品	在 121℃下建议最少灭菌时间(min)
20～50mL	15
75mL	20
250～500mL	25
1000mL	30
1500mL	35
2000mL	40
空试管、再生瓶、玻璃培养皿和滤纸等	30

表 1-3　干热温度及其对应灭菌时间

温度(℃)	时间(min)
105～135	过夜
150	150
160	120
170	60
180	30
190	6

3.电磁波灭菌

电磁波按波长从短到长的顺序依次是 γ 射线、X 射线、紫外线、可见光、红外线、微波、无线电波等,其中 γ 射线、紫外线、红外线和微波等电磁波段具有杀菌作用。植物组织培养中常用紫外线或红外线对相关物品进行灭菌。

(1)紫外线灭菌

紫外线是波长为 100～400nm 的电磁波的总称,包含波长为 200～280nm 的超短紫外线(UVC)、280～315nm 的中紫外线(UVB)和 315～400nm 的近紫外线(UVA),其中 UVC 最易被 DNA 吸收,因而常用于灭菌系统。紫外线可以直接破坏微生物的核酸和蛋白质等物质,改变细胞的遗传转录特性,使生物体丧失蛋白质的合成和复制繁殖能力。该方法适用于组织培养室和操作台面灭菌,通常灭菌时间＞30min。

(2)红外线灭菌

红外线(infrared,IR)是频率介于微波与可见光之间的电磁波,是电磁波谱中频率为 $0.3\sim400$ THz,对应真空中波长为 $750\sim1000$ nm 的电磁波总称,以辐射方式向外传播,照射到待杀菌的物品上,传热直接由表面渗透到内部,热效应好,且特别易被各种病菌吸收,病菌吸收热能超过它的承受极限而被活活"热"死,如红外灭菌器(图 1-1C)的腔体温度可达 800℃,杀菌仅需数秒。该方法常用于金属器具灭菌。

4.过滤灭菌

利用孔径度为 $0.22\sim0.45\mu m$ 的微孔滤膜(器)(图 1-1D)过滤溶液,溶液可以通过,但溶液中的细菌和孢子等因其大小(霉菌、真菌和细菌的直径分别为 $2\sim10\mu m$、$2\sim30\mu m$ 和 $0.5\sim5\mu m$)大于滤膜孔径度而被阻,从而达到灭菌的目的。当然,滤膜可分为亲水和疏水两类,每一类又有不同种,因此实验过程中需要合理选择(表 1-4)。该方法适用于高温不稳定的生化溶液,如多数植物生长调节剂的灭菌。

表 1-4　植物组织培养中常用微孔滤膜特性

滤膜名称	滤膜特性	适用范围
混合纤维素酯(MCE)滤膜	亲水性、低蛋白结合、不耐有机溶剂和强酸碱溶液	适用于水溶液、培养基过滤
聚醚砜(PES)滤膜	亲水性、低蛋白结合、不耐有机溶剂和强酸碱溶液	适用于水溶液、培养基过滤
尼龙(Nylon)滤膜	亲水性、高蛋白结合	适用于不含蛋白质的水溶液和有机溶液等过滤,耐酒精和二甲亚砜(DMSO)等
聚四氟乙烯(PTFE)滤膜	疏水性、耐强酸碱溶液	适用于强腐蚀性溶液和有机溶液过滤
聚偏氟乙烯(PVDF)滤膜	疏水性、低蛋白结合	适用于一般的生物溶液过滤,不适用于强腐蚀性液体的过滤

5.化学表面灭菌

对于不能利用物理方法灭菌的植物组织培养物,如植物外植体,则需要采用化学消毒剂灭菌。常用的化学消毒剂包括氯化汞($HgCl_2$)、次氯酸钠(NaClO)、次氯酸钙[$Ca(ClO)_2$]、酒精等(表 1-5)。也可用次氯酸钠与浓盐酸组合产生氯气来进行表面灭菌。另外,对于难消毒灭菌的外植体,可以多种化学消毒剂组合使用,且在消毒液中添加适量表面活性剂,如 Tween 20。

(1)重金属离子(如 Hg^{2+})的表面灭菌作用

重金属离子,如 Hg^{2+} 可与酶或蛋白质中的巯基(—SH)结合而使之失活或变性。此外,微量的重金属离子还能在细胞内不断累积并最终对生物产生毒害作用。常用浓度为 $0.1\%\sim0.2\%$(w/v),浸泡时间为 $8\sim15$ min。该类化学溶液对细菌的灭菌能力强于真菌。

(2)次氯酸盐[如 NaClO 和 $Ca(ClO)_2$ 等]的表面灭菌作用

次氯酸盐可分解出具有杀菌作用的氯气,氯原子与蛋白质中的氨基结合生成一氯胺

（NH_2Cl），使菌体蛋白质氧化，造成其代谢功能紊乱。该类消毒剂具有腐蚀性、吸潮性，需密封储存，现配现用。

（3）酒精的表面灭菌作用

酒精具有较强的穿透力和杀菌力，使细菌蛋白质变性。酒精浓度为 $70\%\sim75\%$（v/v），作用时间少于 1min，时间过长将导致细胞脱水。酒精具有浸润和灭菌双重作用，可用于表面灭菌，但达不到彻底效果，需结合其他化学灭菌剂。为了提高酒精的杀菌效果，可在酒精溶液中加入 0.1%（v/v）的酸或碱，以改变细胞表面带电荷的性质而增加膜透性，加强灭菌效果。

表 1-5　常用于植物外植体表面灭菌的化学溶液

溶液名称	适用浓度（%）	灭菌时间（min）	灭菌效果
NaClO	2	$5\sim30$	很好
$Ca(ClO)_2$	$9\sim10$	$5\sim30$	很好
H_2O_2	$10\sim12$	$5\sim15$	好
$AgNO_3$	1	$3\sim30$	好
$HgCl_2$	$0.1\sim1.0$	$2\sim20$	最好
酒精	$70\sim75$	$0.1\sim1.0$	好
溴水	$1\sim2$	$2\sim10$	很好
抗生素和杀菌剂	$0.0004\sim0.005$	$30\sim60$	较好

（二）灭菌方法的合理选择

对于组织培养过程中涉及的培养空间、培养物、组培物品及培养基等，只有选择科学合理的灭菌方法（表 1-6），才能保证实验的顺利实施并获得理想的实验结果。

表 1-6　植物组织培养过程中不同物品的灭菌方法

物品类型	高压蒸汽	干热	过滤	紫外线	火焰灼烧	红外线	化学气体	化学灭菌剂
培养室、工作台				√			√	√
玻璃制品	√	√		√				
普通塑料制品				√			√	√
耐高温塑料制品	√			√			√	√
金属器械	√	√		√	√	√		√
培养液	√		√					
棉、布、纸等	√			√				
外植体							√	√

（三）超净工作台的基本工作原理

超净工作台是一种提供局部无尘无菌工作环境的空气净化设备，是保障植物组织培养成功实施的无菌操作平台。超净工作台的基本工作原理:先通过离心风机将空气吸入,经粗过滤器初滤并压入静压箱,再通过高效空气过滤器过滤,而后将过滤后的洁净空气以垂直或水平气流的状态送出,使操作区域持续在洁净空气的控制下达到百级洁净度,保证植物组织培养对环境洁净度的要求。

根据气流的方向将超净工作台分为垂直流超净工作台(vertical laminar flow cabinet)和水平流超净工作台(horizontal laminar flow cabinet)。垂直流工作台由于风机在顶部,所以噪声较大,但是风垂直吹,一定程度上更有利于保证人的身体健康,多用于医药工程和植物组织培养;水平流工作台噪声较小,风向往外,多用于电子行业和植物组织培养。根据操作结构可将工作台分为单边操作和双边操作两种形式,按其用途又可分为普通超净工作台和生物(医药)超净工作台。根据操作人数不同分为单人超净工作台和双人超净工作台;根据结构不同分为下吸风和上吸风两种。

三、材料与试剂

1. 主要材料

水稻品种日本晴、中花 11、空育 131 及 Kasalath 等植物种子或其他植物外植体,以及培养皿、枪头、量筒、离心管、试剂瓶、吸水纸、记号笔、镊子、不锈钢勺子、封口膜和保鲜膜等。

2. 主要试剂

培养基(如 N6、MS 等固体培养基)、75%(v/v)酒精、10%(v/v)NaClO 溶液等。

四、主要仪器设备

超净工作台、恒温摇床、糙米机、酒精灯或电热灭菌器或红外灭菌器、高压灭菌锅、搅拌器、pH 计、天平等。

五、无菌操作步骤(以水稻成熟胚接种为例)

1. 超净工作台开机及其表面灭菌

打开超净工作台(水平流或垂直流超净工作台),用 75% 酒精擦洗工作台面,开机 10～15min 后进行无菌实验操作。

注意事项 1:对于长期不使用的超净工作台,使用前建议开紫外线灯对工作台面灭菌 30min 以上。

注意事项 2:后续实验中,凡是需要无菌操作的组织培养实验,均应在超净工作台上完成,如培养基的分装,外植体的表面灭菌、接种、继代培养及遗传转化等。

2. 种子表面灭菌

可以使用化学气体,如氯气灭菌;也可以用化学溶液灭菌,如 NaClO 和 $HgCl_2$ 等。水稻成熟种子经糙米机脱壳后,选取一定量的完整糙米,置于 50mL 离心管中,加入 75% 酒精消毒 1min,倒掉酒精,加入 10% NaClO 溶液(内含几滴表面活性剂 Tween 20),于摇床中室温下 200r/min 消毒 20～25min,去除 NaClO 溶液,用无菌水(经高压蒸汽灭菌的水)清洗 3～5次,将消毒后的种子置于无菌吸水纸(经高压蒸汽灭菌的吸水纸)上去除多余水分。

3. 镊子灭菌

可以用高压蒸汽(图 1-1A)、干热(图 1-1B)、红外线灭菌器(图 1-1C)、酒精灯灼烧或电热灭菌器等进行灭菌。

4. 培养基灭菌

培养基可用高压蒸汽(图 1-1A)或过滤灭菌(图 1-1D)。培养基灭菌后,分装到无菌培养皿、三角瓶或再生瓶(培养皿可以用紫外线灭菌;对于耐热的培养皿或三角瓶,可利用高压蒸汽灭菌)。

5. 种子接种

用无菌镊子将灭菌后的种子均匀接种到培养基上,用封口膜或保鲜膜封口,置于培养室培养。

六、思考题

1. 对于刀、剪等金属利器,应采用哪种灭菌方法灭菌?

2. 高压蒸汽灭菌中,是蒸汽的灭菌作用大还是温度的灭菌作用大?

3. 高压蒸汽灭菌后,为什么一定要等气压降为 0 时才能打开排气阀?

4. 使用高压灭菌锅时,如何杜绝不安全因素?

5. 在超净工作台运行期间,一旦因酒精等液体燃料失火,为什么不能关闭工作台(特别是水平流工作台)? 该如何正确灭火?

6. 接种过程中,可采用哪些措施降低甚至防止微生物污染培养物?

实验二　植物组织培养中的培养基配制

一、实验目的

1. 了解植物培养基的元素组成。
2. 了解常用培养基的基本配方。
3. 掌握植物培养基母液的配制方法。
4. 掌握常用植物生长调节剂的配制方法。
5. 掌握植物培养基的配制及分装等操作过程。

二、实验原理

培养基是植物组织培养中外植体赖以生存和增殖的营养物质基础,其组成与含量是决定组织培养是否成功的关键因素之一。因此,了解并掌握培养基的组成、含量及配制方法至关重要。

植物组织培养所用的培养基一般由无机盐(含 H、O、N、P、S、Ca、K 和 Mg 等大量元素,以及 Fe、Mn、Mo、Cu、Zn 和 B 等微量元素)、有机成分(如维生素和氨基酸等)、碳源(如常用的蔗糖、葡萄糖和麦芽糖等)、植物生长调节剂(如生长素、细胞分裂素和脱落酸等)和水等组成;对于固体培养基来说,还需添加凝固剂,如琼脂、植物凝胶(gelrite 和 phytagel)。经典培养基配方见表 1-7。

由于植物培养基的组成成分很多,实验中配制培养基时,若每次都依次称取全部化学成分,不仅费时费力,而且部分成分因含量非常少而无法准确称量。因此,为了配制培养基时准确且使用方便,常采用母液法,即将所选培养基中各组分的用量均扩大一定倍数后准确称量,先配制成一系列母液,置于冰箱或室温保存,使用时按比例吸取母液进行稀释配制即可。常用的母液配制方法有两种:一种是按无机大量元素(如浓缩成 20 倍)、无机微量元素(如浓缩成 100 倍)、铁盐(如浓缩成 100 倍)及除碳源外的其他有机物(如浓缩成 100 倍)分别配制,如以 Murashige ＆ Skoog(MS)和 Chu(N6)培养基为例,可以将其主要成分配制成 4 种母液(表 1-8、表 1-9);另一种则基本按相同离子根的盐配制在一起,以 MS 和 Chu(N6)培养基为例,可以将其主要成分配制成 6 种母液(表 1-10、表 1-11)。而植物生长调节剂(表 1-12)则需要单独配成母液,储存于 4℃冰箱。

三、材料与试剂

1. 主要材料

烧杯、量筒、蓝盖试剂瓶、三角瓶、搅拌子、称量纸、药勺、Parafilm 封口膜或保鲜膜等。

2. 主要试剂

全部 MS 培养基的组成成分(表 1-7)、phytagel、2,4-二氯苯氧乙酸(2,4-D)溶液(2.0mg/L)、NaOH 溶液(40g/L)、KOH 溶液(56g/L)、HCl 溶液(1mol/L)等。

表 1-7　经典培养基配方

成分	浓度（mg/L）				
	White	Murashige & Skoog(MS)	Gamborg(B5)	Chu(N6)	Nitsch's
$MgSO_4 \cdot 7H_2O$	720	370	250	185	185
KH_2PO_4		170		400	68
$NaH_2PO_4 \cdot H_2O$	17		150		
KNO_3	80	1900	2500	2830	950
$Ca(NO_3)_2 \cdot 4H_2O$	200				
NH_4NO_3		1650			720
$CaCl_2 \cdot 2H_2O$		440	150	166	
$(NH_4)_2SO_4$			134	463	
H_3BO_3	1.5	6.2	3	1.6	
$MnSO_4 \cdot 4H_2O$	5.0	22.3		4.4	25
$MnSO_4 \cdot H_2O$			10	3.3	
$ZnSO_4 \cdot 7H_2O$	8.6	8.6	2	1.5	10
Na_2SO_4	200				
$Na_2MoO_4 \cdot 2H_2O$		0.25	0.25		0.25
MoO_3	0.001				
$CuSO_4 \cdot 5H_2O$		0.025	0.025		0.025
$CoCl_2 \cdot 6H_2O$		0.025	0.025		0.025
KI	0.75	0.83	0.75	0.8	
$Fe_2(SO_4)_3$	2.5				
$FeSO_4 \cdot 7H_2O$		27.8		27.8	27.8
Na_2EDTA		37.3		37.3	37.3
Thiamine HCl	0.1	0.5	10	1	0.5
Pyridoxine HCl	0.1	0.5	1	0.5	0.5
Nicotinic acid	0.3	0.5	1	0.5	5
Ascorbic acid	3.0				
Myoinositol		100	100		100
Glycine		2			2
Folic acid					0.5
Biotin					0.05
Sucrose	20000	30000	20000	50000	20000
pH	5.6	5.8	5.5	5.8	5.8

表 1-8　MS 培养基母液的配制方法一

成分	终浓度 (mg/L)	母液			配制 1L 培养基所需母液量 (mL)
		母液名称	母液倍数	浓度(mg/L)	
NH_4NO_3	1650.00			33000.00	
KNO_3	1900.00			38000.00	
$MgSO_4 \cdot 7H_2O$	370.00	大量元素	20	7400.00	50
$CaCl_2 \cdot 2H_2O$	440.00			8800.00	
KH_2PO_4	170.00			3400.00	
$MnSO_4 \cdot 4H_2O$	22.30			2230.00	
$ZnSO_4 \cdot 7H_2O$	8.60			860.00	
$CuSO_4 \cdot 5H_2O$	0.025			2.50	
KI	0.83	微量元素	100	83.00	10
$CoCl_2 \cdot 6H_2O$	0.025			2.50	
H_3BO_3	6.20			620.00	
$Na_2MoO_4 \cdot 2H_2O$	0.25			25.00	
$FeSO_4 \cdot 7H_2O$	27.80	铁盐	100	2780.00	10
Na_2EDTA	37.30			3730.00	
Glycine	2.00			400.00	
Thiamine HCl	0.50	有机	200	100.00	5
Pyridoxine HCl	0.50			100.00	
Nicotinic acid	0.50			100.00	

表 1-9　Chu(N6)培养基母液的配制方法一

成分	终浓度 (mg/L)	母液			配制 1L 培养基所需母液量 (mL)
		母液名称	母液倍数	浓度(mg/L)	
KNO_3	2830.00			28300.00	
$(NH_4)_2SO_4$	463.00			4630.00	
$MgSO_4 \cdot 7H_2O$	185.00	大量元素	10	1850.00	100
$CaCl_2 \cdot 2H_2O$	166.00			1660.00	
KH_2PO_4	400.00			4000.00	
$MnSO_4 \cdot 4H_2O$	4.40			440.00	
$ZnSO_4 \cdot 7H_2O$	1.50	微量元素	100	150.00	10
KI	0.80			80.00	
H_3BO_3	1.60			160.00	

续表

成分	终浓度 (mg/L)	母液			配制 1L 培养基所需母液量 (mL)
		母液名称	母液倍数	浓度(mg/L)	
$FeSO_4 \cdot 7H_2O$	27.80	铁盐	100	2780.00	10
Na_2EDTA	37.30			3730.00	
Glycine	2.00	有机	200	400.00	5
Thiamine HCl	1.00			200.00	
Pyridoxine HCl	0.50			100.00	
Nicotinic acid	0.50			100.00	

表 1-10　MS 培养基母液的配制方法二

成分	终浓度 (mg/L)	母液			配制 1L 培养基所需母液量 (mL)
		母液名称	母液倍数	浓度(mg/L)	
NH_4NO_3	1650.00	硝酸盐	50	82500.00	20
KNO_3	1900.00			95000.00	
$MgSO_4 \cdot 7H_2O$	370.00	硫酸盐	100	37000.00	10
$MnSO_4 \cdot 4H_2O$	22.30			2230.00	
$ZnSO_4 \cdot 7H_2O$	8.60			860.00	
$CuSO_4 \cdot 5H_2O$	0.025			2.50	
$CaCl_2 \cdot 2H_2O$	440.00	卤盐	100	44000.00	10
KI	0.83			83.00	
$CoCl_2 \cdot 6H_2O$	0.025			2.50	
KH_2PO_4	170.00	PBMo 盐	100	17000.00	10
H_3BO_3	6.20			620.00	
$Na_2MoO_4 \cdot 2H_2O$	0.25			25.00	
$FeSO_4 \cdot 7H_2O$	27.80	铁盐	100	2780.00	10
Na_2EDTA	37.30			3730.00	
Glycine	2.00	有机	200	400.00	5
Thiamine HCl	0.50			100.00	
Pyridoxine HCl	0.50			100.00	
Nicotinic acid	0.50			100.00	

表 1-11　Chu(N6)培养基母液的配制方法二

成分	终浓度（mg/L）	母液			配制 1L 培养基所需母液量（mL）
		母液名称	母液倍数	浓度(mg/L)	
KNO_3	2830.00	硝酸盐	50	141500.00	20
$MgSO_4 \cdot 7H_2O$	185.00			18500.00	
$MnSO_4 \cdot 4H_2O$	4.40	硫酸盐	100	440.00	10
$ZnSO_4 \cdot 7H_2O$	1.50			150.00	
$(NH_4)_2SO_4$	463.00			46300.00	
$CaCl_2 \cdot 2H_2O$	166.00	钙盐	100	16600.00	10
KI	0.80			80.00	
KH_2PO_4	40.00	PBI 盐	100	4000.00	10
H_3BO_3	1.60			160.00	
$FeSO_4 \cdot 7H_2O$	27.80	铁盐	100	2780.00	10
Na_2EDTA	37.30			3730.00	
Glycine	2.00			400.00	
Thiamine HCl	1.00	有机	200	200.00	5
Pyridoxine HCl	0.50			100.00	
Nicotinic acid	0.50			100.00	

表 1-12　组织培养基中常用的植物生长调节剂

激素名称	溶剂	灭菌方式	建议母液浓度(mg/mL)
IAA	酒精或 40g/L NaOH	过滤灭菌	1.0
IBA	酒精或 40g/L NaOH	高压蒸汽灭菌	1.0
NAA	40g/L NaOH	高压蒸汽灭菌	1.0
2,4-D	酒精或 40g/L NaOH	高压蒸汽灭菌	1.0
6-BA	40g/L NaOH	高压蒸汽灭菌	1.0
KT	40g/L NaOH	高压蒸汽灭菌	1.0
ZT	40g/L NaOH	过滤灭菌	1.0
GA_3	酒精	过滤灭菌	0.5
ABA	40g/L NaOH	高压蒸汽灭菌	0.5

四、主要仪器设备

万分之一电子天平、磁力搅拌器、移液枪、高压灭菌锅、超净工作台、pH 计等。

五、实验步骤

本实验以常用的 MS 培养基为例介绍培养基的制备、灭菌与分装。

(一)MS 培养基母液配制方法一(表 1-8)

1.无机大量元素母液配制

按表 1-8 中的成分及重量依次称量,用一定量的蒸馏水依次充分溶解,最后定容并倒入试剂瓶,贴好标签,室温保存。

2.无机微量元素母液配制

原理同大量元素母液配制。对于含量特别少的微量元素,如 $CuSO_4 \cdot 5H_2O$ 和 $CoCl_2 \cdot 6H_2O$ 等,可以预先配制成更高倍数的母液,如 10000 倍或更高,然后按需要稀释的倍数加入微量元素母液中,最后定容并倒入试剂瓶,贴好标签,室温保存。

3.铁盐母液配制

原理同大量元素母液配制。将 $FeSO_4 \cdot 7H_2O$ 和 Na_2EDTA 分别配制,而后混匀,最后定容并倒入棕色试剂瓶,贴好标签,室温保存。铁盐母液不建议配成 200 倍以上,否则容易析出沉淀。

4.有机母液配制

原理同大量元素母液配制。分别称量表 1-8 中有机组分,用一定量的蒸馏水依次充分溶解,最后定容并倒入试剂瓶,贴好标签,4℃冰箱保存。

注意事项 1:对于部分培养基的有些有机物,如部分氨基酸不溶于水,需要用碱或酸先溶解。

注意事项 2:维生素母液营养丰富,储存时易染菌。染菌后母液的有效成分浓度降低,可能影响后续实验,请慎重使用或不使用。

注意事项 3:为了降低有机物染菌,可以用无菌水配制,并将母液储存于棕色无菌试剂瓶中,或缩短储存时间。

(二)MS 培养基母液配制方法二(表 1-10)

1.硝酸盐母液配制

按表 1-10 中的 KNO_3 和 NH_4NO_3 重量依次称量,用一定量的蒸馏水依次充分溶解,最后定容并倒入试剂瓶,贴好标签,室温保存。

2.硫酸盐母液配制

按表 1-10 中的硫酸盐组分及重量依次称量,用一定量的蒸馏水依次充分溶解。对于含量特别少的 $CuSO_4 \cdot 5H_2O$,可以预先将其配制成 10000 倍的母液,然后按每升微量元素母液中加 10mL 10000 倍的 $CuSO_4 \cdot 5H_2O$ 母液,最后定容并倒入试剂瓶,贴好标签,室温保存。

3.卤盐母液配制

按表 1-10 中的卤盐组分及重量依次称量,用一定量的蒸馏水依次充分溶解。对于含量特别少的 $CoCl_2 \cdot 6H_2O$,可以预先将其配制成 10000 倍的母液,然后按每升微量元素母液中加 10mL 10000 倍的 $CoCl_2 \cdot 6H_2O$ 母液,最后定容并倒入试剂瓶,贴好标签,室温保存。

4.PBMo 盐母液配制

按表 1-10 中的 KH_2PO_4、H_3BO_3 和 $Na_2MoO_4 \cdot 2H_2O$ 重量依次称量,用一定量的蒸馏

水依次充分溶解,最后定容并倒入试剂瓶,贴好标签,室温保存。

5.铁盐母液配制

方法同 MS 培养基母液配制方法一中的铁盐母液配制。

6.有机母液配制

方法同 MS 培养基母液配制方法一中的有机母液配制。

(三)MS 固体培养基的配制、灭菌和分装[用方法二(表 1-10)的母液配制 1L 培养基]

1.试剂瓶(如德国 Schott-Duran 蓝盖试剂瓶)中加入 600~700mL 水。

注意事项 1:为了减少水中的离子成分对培养基的影响,配制培养基的水最好是去离子水、蒸馏水或超纯水等。

1-2　培养基配制(视频)

注意事项 2:若用过滤灭菌法配制 MS 固体培养基,则需要先用 300~400mL 水配制 MS 液体培养基,用碱或酸将培养基的 pH 调至合适范围,而后定容至 500mL 并过滤灭菌;另外,将 7g/L 琼脂或 2.5g/L 植物凝胶加入 500mL 水中,用碱或酸将 pH 调至合适范围,高压蒸汽灭菌。待经高压灭菌的凝固剂温度降至 60~70℃,加入经过滤灭菌的液体培养基,混匀后倒入无菌培养皿、三角瓶或组织再生瓶等。

2.根据方法二母液的倍数依次吸取相应体积的母液(如硝酸盐的倍数是 50×,所以 1L 培养基需要加母液的体积:$V = 1000\text{mL}/\text{母液倍数} = 1000\text{mL}/50 = 20\text{mL}$;硫酸盐、卤盐、PBMo 以及铁盐的倍数都是 100×,所以 1L 培养基需要加母液的体积均为 10mL;有机母液的倍数是 200×,所以 1L 培养基需要加母液的体积是 5mL),依次加入后充分搅拌(如用玻璃棒或磁力搅拌器搅拌)。

3.加入 0.1g/L 肌醇,充分搅拌溶解。

4.加入 30g/L 蔗糖,充分搅拌溶解。

5.加入 7g/L 琼脂或 2.5g/L 植物凝胶,定容至 1L。

6.用 1mol/L HCl 或 56g/L KOH 溶液将 pH 调至合适范围。

7.高压蒸汽灭菌 20min。

8.待灭菌后的培养基温度降至 50~60℃,将其分装到无菌培养皿、三角瓶或组织再生瓶中,用封口膜或保鲜膜封口。

注意事项:对于不能高压蒸汽灭菌的试剂,则需单独过滤灭菌,而后待高压蒸汽灭菌后的培养基温度降至 50~60℃后加入。

9.根据需要将培养基直立或倒置,室温或低温冰箱存放。

六、思考题

1.如果配制的固体培养基不凝固,可能的原因有哪些?

2.培养基是否可以二次灭菌?

3.配制培养基时,若不慎将糖与植物凝胶(如 phytagel)同时加入,或加糖后没有搅拌溶解即将植物凝胶加入,会出现哪种现象?

4.含还原性糖的培养基经高压蒸汽灭菌后,为什么培养基颜色比用非还原性糖配制的培养基深?含还原性糖的培养基理想的灭菌方法是哪种?

第二章　植物细胞组织器官培养

　　狭义的植物组织培养是指植物外植体在人工培养基上诱导产生愈伤组织,经再分化形成完整再生植株的离体培养技术。植物器官培养则是指以植物的根(根尖和切段)、茎(茎尖、茎节和切段)、下胚轴、叶(叶原基、叶片、叶柄、叶鞘、子叶和子叶柄)、花(花瓣、花药、花丝、胚珠和子房)、果实等器官为外植体的离体培养技术,其中胚胎培养(embryo culture)是植物器官培养中最重要的研究领域之一。本章主要介绍植物愈伤组织诱导与培养、原生质体分离与培养、原生质体融合、花药培养、小孢子培养、植物茎尖脱毒培养、人工种子制作以及胚珠培养等。

实验一　植物愈伤组织诱导与培养

一、实验目的

1. 了解植物外植体愈伤组织诱导与培养的原理与方法。
2. 掌握植物外植体愈伤组织诱导与培养的基本操作过程。

二、实验原理

　　任何植物细胞都具有全能性(totipotency),即任何植物细胞都包含该物种的全部遗传信息,具备发育成完整植株的遗传能力,这是植物组织培养的理论基础。在无菌条件下,已有特定结构与功能的植物细胞、组织或器官,如下胚轴、茎、根、叶、幼胚和成熟胚等,在人工培养基上离体培养,经多次细胞分裂,脱分化转变为原始无分化状态或分生状态细胞,形成一团无序生长的薄壁细胞,即愈伤组织(callus)。这种植物体细胞被诱导改变原来的发育途径,逐步逆转其原有的分化状态并转变为具有分生能力的胚性细胞的过程,称为脱分化(dedifferentiation)。而经脱分化形成的愈伤组织,在适宜的光照和温度、一定的营养物质和激素等条件下可以再度分化形成其他类型的细胞、组织、器官,甚至最终再生成完整的植株,这一过程称为再分化(redifferentiation)。因此,实现细胞全能性的前提条件有二:一是把具有较强全能性的细胞从植物母体组织抑制性影响下解脱出来,使其处于独立发育的离体状态;二是给予离体细胞一定的刺激条件,包括营养物质、植物生长调节剂、光照、温度和酸碱度等。

　　植物生长调节剂是诱导愈伤组织形成的极为重要的因素。生长素是诱导愈伤组织形成常用的植物生长调节剂,常用的生长素包括 2,4-二氯苯氧乙酸(2,4-D)、吲哚乙酸(IAA)、吲哚丁酸(IBA)和萘乙酸(NAA)等。当然,影响愈伤组织诱导的因素包括:①基因型以及同一基因型的不同外植体诱导愈伤组织的能力均存在明显差异。一般而言,裸子植物、苔藓植物及蕨类植物较难诱导愈伤组织,而被子植物较易诱导。种子胚、幼嫩组织器官比老化组织器官更易脱分化形成愈伤组织。因此,用于愈伤组织诱导的外植体的选择原则是:一般以幼嫩的组织器官或顶端分生组织为宜,如幼胚、成熟胚,以及无菌苗的根、下胚轴、子叶、茎和叶等均适合诱导愈伤组织。②培养基类型及激素种类也是影响愈伤组织诱导的重要因素。③培养条件,如光照、温度以及湿度等也影响愈伤组织的诱导与培养。

三、材料与试剂

1. 主要材料

植物种子或其他外植体(如花器官、茎尖等)、烧杯、量筒、蓝盖试剂瓶、三角瓶、搅拌子、称量纸、药勺、Parafilm 封口膜或保鲜膜。

2. 主要试剂

全部 N6 和 MS 培养基的组分(表 1-7)、植物凝胶(如 gelrite)、植物生长调节剂(如 2,4-D)、56g/L KOH 溶液、1mol/L HCl 溶液、75%(v/v)酒精、10%(v/v) NaClO 溶液等。

四、主要仪器设备

万分之一电子天平、磁力搅拌器、移液枪、灭菌锅、超净工作台、pH 计等。

五、实验步骤(本实验以水稻成熟胚的愈伤组织的诱导与培养为例)

1. 实验材料

水稻品种日本晴、中花 11、空育 131 及 Kasalath 等成熟种子。

2. 培养基

(1)愈伤组织诱导培养基

N6 基本培养基(N6 无机盐+N6 有机)(表 1-7)+脯氨酸 0.6g/L+酪蛋白水解物(casein hydrolysate)0.8g/L+蔗糖 30g/L+2,4-D 2.5mg/L+gelrite 3g/L,pH 5.8,高压蒸汽灭菌后分装到直径为 9cm 的无菌塑料培养皿。

(2)分化培养基

N6 基本培养基+脯氨酸 0.6g/L+酪蛋白水解物 0.8g/L+蔗糖 30g/L+6-BA 4mg/L+NAA 1mg/L+gelrite 6g/L,pH 5.8,高压蒸汽灭菌后分装到组织再生瓶。

(3)生根培养基

1/2MS 基本培养基(1/2 无机盐+1/2 有机)(表 1-7)+蔗糖 30g/L+gelrite 3g/L,pH 5.8,高压蒸汽灭菌后分装到组织再生瓶。

3. 实验过程

(1)称取水稻成熟种子,用糙米机脱壳,挑选完整糙米,装入 50mL 离心管。

(2)加入 75% 酒精消毒 1min,倒去酒精。

(3)加入 10% NaClO 溶液(内含几滴 Tween 20),室温下摇床(100~150r/min)中消毒 20~35min。

注意事项:对于带菌严重的种子,可以采用 0.1%(w/v) $HgCl_2$ 溶液,或先用 0.1%

HgCl₂ 溶液适当消毒,而后再用 10%(w/v) NaClO 溶液消毒。

(4)倒去 NaClO 溶液,用无菌水清洗 3～5 次。

(5)种子铺于无菌滤纸上,去除多余水分。

(6)将种子接种到愈伤组织诱导培养基上,每皿(直径 9cm 培养皿)约 20 粒种子(图 2-1A)。

(7)28℃暗培养 4～6 周(图 2-1B),其间观察愈伤组织生长状态,统计污染率及愈伤组织诱导率等。

(8)将分散的胚性愈伤组织进行继代培养(图 2-1C),每 2 周继代一次。

(9)将胚性愈伤组织接种到分化培养基上,再分化形成水稻小苗(图 2-1D)。

(10)将再生小苗转入生根培养基上(图 2-1E),形成完整植株。

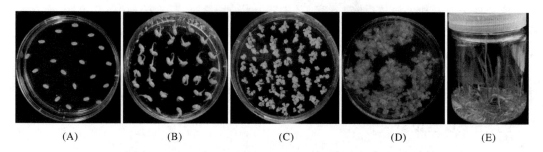

(A)　　　　(B)　　　　(C)　　　　(D)　　　　(E)

图 2-1　水稻成熟胚的愈伤组织诱导培养

(A)接种;(B)初生愈伤组织诱导;(C)胚性愈伤组织继代培养;

(D)胚性愈伤组织分化培养;(E)幼苗生根培养

六、思考题

1.影响愈伤组织形成的原因是什么? 用什么办法解决?

2.如何溶解及灭菌植物生长调节剂?

3.外植体消毒过程中为什么要加 Tween 20?

4.种子接种和培养过程中,哪些错误操作容易导致培养物染菌?

2-1 愈伤组织
诱导培养

实验二　植物原生质体分离与培养

一、实验目的

1. 了解原生质体的基本特征及其分离原理。
2. 掌握植物原生质体分离与培养方法及操作过程。

二、实验原理

1. 原生质体分离

植物原生质体是指除去细胞壁后的"裸露细胞"，是开展遗传转化、亚细胞定位、双分子荧光互补（bimolecular fluorescence complementation，BiFC）和原生质体融合等研究的理想材料。分离原生质体的基本要求是获得大量有活力、高纯度的原生质体。去除细胞壁的方法有两种，即机械法和酶解法。机械法由于分离效率低而很少应用。酶解法是一种温和、有效的方法，但仅局限于具有初生细胞壁的组织，所以为了获得大量健康的原生质体，一般以植物根尖、茎尖、嫩叶、愈伤组织、幼苗等幼嫩组织器官为材料。酶解法分离原理：植物细胞壁主要由纤维素、半纤维素和果胶组成，因此使用纤维素酶和果胶酶的混合酶液能降解细胞壁，获得原生质体。由于原生质体细胞内外仅隔一层薄薄的细胞膜，因此必须在一定渗透压的溶液中才能保持其完整性。常用的渗透压稳定剂包括离子型和非离子型。非离子型包括甘露醇、葡萄糖、山梨醇和蔗糖等碳水化合物，其中，甘露醇因为具有很好的代谢惰性，能慢慢渗透进原生质体，故被广泛使用，常用浓度为 200～800mmol/L；而离子型包括 KCl、$CaCl_2$ 和 $MgSO_4$ 等。同时，酶解液中还应含一定浓度的 Ca^{2+}，以便稳定原生质膜。

2. 原生质体培养

原生质体培养方法主要包括液体浅层培养法、固体培养法、固液双层培养法、液固结合培养法以及改良培养法（如悬滴培养法、看护培养法、饲喂层培养法）等。液体浅层培养法（liquid thin layer culture）适用于容易分裂的原生质体，悬浮于液体培养基中培养；固体培养法（solid culture）又称琼脂糖平板法（agarose bead culture）或包埋培养法（embedding culture），将原生质体悬浮于液体培养基中后，与凝固剂（主要是琼脂或低熔点琼脂糖，LMT agarose）按一定比例混合，在培养皿中凝固后封口培养，优点是可以定点跟踪和观察；固液双层培养法（liquid over solid culture）结合了液体浅层培养法和固体培养法的优点，在培养皿底部先铺一层固体培养基，待凝固后再在其上进行液体浅层培养，固体培养基中的营养成分可以被液体层中的原生质体吸收利用，而原生质体产生的有毒物质可以被固体培养基吸收。

三、材料与试剂

1. 主要材料

植物根尖、茎尖、嫩叶、愈伤组织或幼苗等外植体。离心管、吸管、血细胞计数器、封口膜、培养皿、双层不锈钢筛(150 目和 400 目)、小烧杯、载玻片、盖玻片、手术刀或单面刀片、镊子等。

2. 主要试剂

纤维素酶 R-10(Yakult)、离析酶 R-10(Yakult)、牛血清白蛋白(bovine serum albumin, BSA)(Sigma)、甘露醇(Sigma)、$CaCl_2$、吗啉乙磺酸(MES)、KOH、MS 培养基各组分、R2 培养基各组分(表 2-1)、N6 培养基各组分、激动素(KT)、萘乙酸(NAA)、苯基噻二唑基脲(TDZ)、70%(v/v)酒精、10%(v/v) NaClO 溶液等。

四、主要仪器设备

真空泵、摇床、移液枪、显微镜、离心机、超净工作台等。

五、实验步骤

(一)水稻原生质体分离与培养

1. 材料

日本晴、台北 309 等水稻成熟种子。

2. 试剂和培养基

(1)愈伤组织诱导培养基

N6 基本培养基(N6 无机盐＋N6 有机)(表 1-7)＋脯氨酸 0.6g/L＋酪蛋白水解物(casein hydrolysate) 0.8g/L＋蔗糖 30g/L＋2,4-D 2.5mg/L＋gelrite 3g/L,pH 6.0,高压蒸汽灭菌后分装到直径为 9cm 的无菌塑料培养皿。

(2)无菌幼苗培养基

1/2MS 基本培养基(MS 无机盐＋MS 有机)(表 1-7)＋蔗糖 20g/L＋gelrite 3g/L,pH 6.0,高压蒸汽灭菌后分装到 150mL 三角瓶或组织再生瓶。

(3)酶解溶液

纤维素酶 R-10 15g/L＋离析酶 R-10 7.5g/L＋ MES-KOH(pH 5.7)10mmol/L＋甘露醇 72.88g/L＋$CaCl_2$ 1.11g/L＋BSA 1g/L,过滤灭菌。

(4)洗脱液

KCl 26.08g/L＋$MgCl_2$ 23.28g/L＋$CaCl_2$ 28.19g/L,高压蒸汽灭菌或过滤灭菌。

(5)原生质体悬浮液

R2 基本培养基(表 2-1)＋$FeSO_4$ 5.6mg/L＋Na_2EDTA 7.5mg/L＋MS 有机(表 1-7)＋2,4-D 2mg/L＋蔗糖 136.8g/L,pH 5.6,高压蒸汽灭菌。

(6)包埋培养基

R2 基本培养基＋$FeSO_4$ 5.6mg/L＋Na_2EDTA 7.5mg/L＋MS 有机(表 1-7)＋2,4-D 2mg/L＋蔗糖 136.8g/L＋SeaPlaque 琼脂糖 24g/L,pH 5.6,高压蒸汽灭菌。

(7)原生质体愈伤组织诱导培养基

N6 基本培养基＋2,4-D 1mg/L＋蔗糖 30g/L＋琼脂糖(Sigma type Ⅰ) 2.5g/L,pH 5.6,高压蒸汽灭菌。

(8)原生质体再生培养基

N6 基本培养基＋蔗糖 20g/L ＋山梨醇 30g/L＋琼脂糖(Sigma type Ⅰ)7g/L,pH 5.6,高压蒸汽灭菌。

表 2-1 R2 基本培养基

母液名称	成分	终浓度(mg/L)	母液浓度(mg/L)	配制 1L 培养基所需母液量(mL)
R2 大量元素	$NaH_2PO_4 \cdot 2H_2O$	240	2400	
	KNO_3	4044	40440	
	$(NH_4)_2SO_4$	330	3300	100
	$MgSO_4 \cdot 7H_2O$	247	2470	
	$CaCl_2 \cdot 2H_2O$	147	1470	
R2 微量元素	$MnSO_4 \cdot H_2O$	0.5	500	
	$ZnSO_4 \cdot 7H_2O$	0.5	500	
	H_3BO_3	0.5	500	1
	$CuSO_4 \cdot 5H_2O$	0.05	50	
	Na_2MoO_4	0.05	50	
R2 有机元素	Nicotinic acid	0.5	50	
	Pyridoxine HCl	0.5	50	
	Thiamine HCl	1	100	10
	Glycine	2	200	
R2 铁盐	Na_2EDTA	37.3	3730	
	$FeSO_4 \cdot 7H_2O$	278	2780	10

3. 操作过程

(1)水稻黄花幼苗、胚性愈伤组织或初生愈伤组织培养

种子脱壳后,糙米经 70％酒精消毒 1min,再用 10％ NaClO 溶液消毒 20～25min,而后用无菌水清洗 3～5 次。将无菌种子接种在无菌幼苗培养基或愈伤组织诱导培养基上,28℃暗培养 10～14d,酶解前一天将幼苗置于 28℃光照培养 12～16h;取培养 10～14d 的初生愈伤组织,或将初生愈伤组织继代培养 2～3 次,获得比较分散的胚性愈伤组织,或者将胚性愈伤组织悬浮培养获得颗粒细小的悬浮系。

(2)外植体酶解

取黄化幼苗茎鞘、初生愈伤组织或胚性愈伤组织(每 10mL 酶解液可以酶解 50～60 株幼苗或 3.5g 愈伤组织或 1g 悬浮系),将茎或初生愈伤组织切成 0.5mm 大小或小块状(组织样品尽量只切一刀,以免造成组织过度伤害),加入 15mL 72.8g/L 甘露醇溶液,抽真空 5～10min,而后缓慢放气,室温静置 25min;弃甘露醇溶液,加入适量酶液,在 28℃摇床中 50r/min 避光酶解 4～6h 或过夜酶解。

（3）原生质体收集

将酶解样品先过 150 目筛网,再过 400 目筛网,收集于离心管,室温下 200r/min 离心 1min,而后用洗脱液清洗 2 次,用原生质体悬浮液重悬,取部分过滤液用血细胞计数器计算原生质体浓度,将其调整为 $2 \times 10^6 /mL$。

（4）原生质体包埋

在培养皿中,将重悬的原生质体与等体积的预热包埋培养基轻轻混合,待培养基凝固后,将固体包埋培养基切成 10mm 正方体小块,而后加 5mL 原生质体悬浮液。

注意事项:为了提高原生质体植板率,建议添加 100mg 看护细胞,如水稻 OC 细胞或原始原生质体等。

（5）原生质体暗培养

将培养皿置于 25℃摇床中 30r/min,暗培养 14d。

注意事项:若是采用看护培养,则应在培养第 10 天将看护细胞清洗干净,加新鲜悬浮培养基继续培养 4d。

（6）原生质体愈伤诱导培养

将包埋块接种在原生质体愈伤诱导培养基上,27℃ 56μmol/（m^2 • s）连续光照培养 2～4 周,直至愈伤组织大小达到 2mm。

（7）原生质体再生培养

将原生质体愈伤组织接种到再生培养基上,27℃ 56μmol/（m^2 • s）连续光照培养 21～60d,其间每 3 周继代培养一次,直至再生出足够的植株。

（二）烟草和马铃薯原生质体分离与培养

1. 材料

本氏烟草或 Wisconsin 38、Desiree 或其他马铃薯材料。

2. 培养基

（1）幼苗培养基

MS 基本培养基＋蔗糖 30g/L＋琼脂 8g/L,pH 5.7,高压蒸汽灭菌。

（2）酶解液（现配现用）

纤维素酶 R-10 15g/L＋离析酶 R-10 7.5g/L＋蔗糖 30g/L＋甘露醇 72.868g/L＋MES 1.9524＋BSA 1g/L＋CaCl$_2$ 1.11g/L,pH 5.7,过滤灭菌。

（3）W5 洗液（现配现用）

NaCl 9g/L＋CaCl$_2$ 13.875g/L＋KCl 0.37g/L＋MES 0.43g/L,过滤灭菌。

（4）原生质体愈伤组织诱导及不定芽再生培养基（表 2-2）

包括原生质体诱导培养基（protoplast-induction medium,PIM）、不定芽诱导培养基（colony-induced medium,CIM）、芽诱导培养基（shoot-induced medium,SIM）和植株生长培养基（plant development medium,PDM）。

（5）1B 培养基

1/2MS ＋6-BA 2mg/L＋蔗糖 20g/L,pH 5.6,高压蒸汽灭菌。

（6）2B 固体培养基

1/2MS ＋6-BA 2mg/L＋蔗糖 20g/L＋phytagel 7g/L,pH 5.6,高压蒸汽灭菌。

2-2 烟草原生质体分离与培养（视频）

2-3 马铃薯原生质体分离与培养（视频）

（7）HB1 培养基

Hyponex No. 1（N：P：K＝7：6：19）3g/L＋胰蛋白胨 2g/L＋蔗糖 20g/L＋活性炭 1g/L＋琼脂 10g/L，pH 5.2，高压蒸汽灭菌。

（8）马铃薯再生方式的相关培养基（表 2-3），包括 Cl1、Cl2、P、G、SI1 和 SI2 等培养基

表 2-2　愈伤组织诱导及不定芽再生培养基

成分	PIM(mg/L)	CIM1(mg/L)	CIM2(mg/L)	SIM(mg/L)	PDM(mg/L)
KNO_3	505.00	505.00	1010.00	1010.00	950.00
NH_4NO_3	160.00	160.00	800.00	800.00	825.00
$CaCl_2 \cdot 2H_2O$	440.00	440.00	440.00	220.00	220.00
$MgSO_4 \cdot 7H_2O$	370.00	370.00	370.00	185.00	185.00
KH_2PO_4	170.00	170.00	170.00	85.00	85.00
Fe Citrate NH_4[a]	30.00	30.00	30.00	50.00	50.00
KI	0.010	0.010	0.010	0.80	0.80
H_3BO_3	1.00	1.00	1.00	3.00	1.00
$MnCl_2 \cdot 4H_2O$				30.00	
$MnSO_4 \cdot 2H_2O$	0.10	0.10	0.10		0.10
$ZnSO_4 \cdot 7H_2O$	1.00	1.00	1.00	12.00	1.00
$Na_2MoO_4 \cdot 2H_2O$				0.90	
$CuSO_4 \cdot 5H_2O$	0.030	0.030	0.030	0.090	0.030
$CoCl_2 \cdot 6H_2O$				0.090	
$AlCl_3$	0.030	0.030	0.030		0.030
$NiCl_2 \cdot 6H_2O$	0.030	0.030	0.030		
Inositol	100.00	100.00	100.00	100.00	100.00
Pantothenate Ca	1.00	1.00	1.00	1.00	1.00
Biotin	0.010	0.010	0.010	0.010	0.010
Nicotinic acid	1.00	1.00	1.00	1.00	1.00
Pyridoxine HCl	1.00	1.00	1.00	1.00	1.00
Thiamine HCl	1.00	1.00	1.00	1.00	1.00
Folic acid	0.20				
Glucose	40000.00				
Sucrose		30000.00	20000.00	20000.00	10000.00
2,4-D	1.00				
Thidiazuron(TDZ)	0.022	0.011	0.022		
Indole-3-butyric acid(IBA)				0.10	

续表

成分	PIM(mg/L)	CIM1(mg/L)	CIM2(mg/L)	SIM(mg/L)	PDM(mg/L)
Meta-topolin				0.20	
MES	700.00	700.00	700.00	700.00	700.00
Bromocresol purple(BCP)[b]	8.00	8.00	8.00	8.00	8.00
Agar				6000.00	4000.00
pH	5.60	5.60	5.60	5.60	5.60

a:Fe Citrate NH_4(柠檬酸铁铵)比 FeEDTA 的毒性更低;b:BCP 是一种实用的非毒性 pH 指示剂。

表 2-3　马铃薯再生方式的相关培养基

成分	Cl1(mg/L)	Cl2(mg/L)	P(mg/L)	G(mg/L)	SI1(mg/L)	SI2(mg/L)
NH_4NO_3			1650.000	1650.000	1650.000	1650.000
KNO_3	1900.000	740.000	1900.000	1900.000	1900.000	1900.000
$MgSO_4 \cdot 7H_2O$	350.000	492.000	370.000	370.000	370.000	370.000
KH_2PO_4	680.000	34.000	170.000	170.000	170.000	170.000
$CaCl_2 \cdot 2H_2O$	600.000	368.000	440.000	440.000	440.000	440.000
Na_2EDTA	37.300	14.000	37.300	37.300	37.300	37.300
$FeSO_4 \cdot 2H_2O$	27.800	19.000	27.800	27.800	27.800	27.800
H_3BO_3	3.000	1.500	6.200	6.200	6.200	6.200
$MnSO_4 \cdot 4H_2O$			22.300	22.300	22.300	22.300
$MnSO_4 \cdot H_2O$	10.000	5.000				
$ZnSO_4 \cdot 7H_2O$	2.000	1.000	8.600	8.600	8.600	8.600
$Na_2MoO_4 \cdot 2H_2O$	0.250	0.120	0.250	0.250	0.250	0.250
$CuSO_4 \cdot 5H_2O$	0.0250	0.0120	0.0250	0.0250	0.0250	0.0250
$CoCl_2 \cdot 6H_2O$	0.0250	0.0120	0.0250	0.0250	0.0250	0.0250
KI	0.750	0.380	0.830	0.830	0.830	0.830
NH_4Cl			107.000	267.500		
Glucose	10.000	33.700				
Mannitol	40.000	30.920	54700.000	36400.000		
Sucrose	10.000	0.125	2500.000	2500.000	30000.000	10000.000
Sorbitol	0.250	0.125				
D(-)Fructose	0.250	0.125				
D(-)Ribose	0.250	0.125				
D(+)Xylose	0.250	0.125				

成分	Cl1(mg/L)	Cl2(mg/L)	P(mg/L)	G(mg/L)	SI1(mg/L)	SI2(mg/L)
D(+)Mannose	0.250	0.125				
L(+)Rhamnose	0.250	0.125				
D(+)Cellobiose	0.250	0.125				
Inositol	0.0500	0.0500	100.000	100.000	100.000	
Pantothenic acid	0.500	2.500				
Choline chloride	0.500	2.500				
Ascorbic acid	1.000	5.000				
p-Aminobenzoic acid	0.0100	0.0500				
Glycine			2.000	2.000	2.000	
Nicotinic acid	5.000	2.500	5.000	5.000	0.500	
Pyridoxine-HCl	0.500	2.500	0.500	0.500	0.500	
Thiamine-HCl	2.000	25.000	0.500	0.500	0.100	
Folic acid		1.000	0.500	0.500		
Riboflavin	0.100					
Biotin	0.00500	0.0250	0.0500	0.0500		
Casein hydrolysate			100.000	100.000		
Cyanocobalamin		0.0500				
Cholecalciferol		0.0250				
BSA		1000.000				
NAA	1.000	1.000	0.100		0.0100	0.0100
IAA			0.100			
6-BA	0.400	0.400	0.500			
ZT				2.500	2.000	2.000
Adenine sulfate			40.000	80.000		
GA$_3$					0.100	0.100
Phytagel					4000.000	
Gelrite						2500.000
pH	5.600	5.600	5.600	5.600	5.600	5.600

3. 实验步骤

(1)烟草或马铃薯无菌苗培养

烟草种子或马铃薯芽经消毒后,接种在幼苗培养基上,26℃光照培养(12h/d),其间用该培养基继代培养。

（2）叶片酶解

剪取成熟叶片 0.2～0.25g（5～7 片叶，可分离原生质体约 10^6）于培养皿中，加入 10mL 酶解液，用手术刀将叶片切成 0.5cm 宽的长条，真空、遮光环境下静置 1h（可选），继续在 40r/min 的摇床上遮光 3h（时间视情况而定，可定时观察酶解液中的原生质体情况）。

注意事项：若是室外培养的叶片，则需进行表面灭菌，如 70% 酒精浸泡 5s，用无菌水冲洗 2～3 次，再用 2% NaClO 溶液浸泡 10min，用无菌水冲洗 3～4 次。

（3）原生质体收集

酶解完后，轻轻摇晃酶解液，在超净工作台上用 150 目无菌筛子过滤到 50mL 无菌离心管中，用少许无菌 W5 洗液清洗容器，将原生质体尽可能收集于离心管中，500r/min，加减速度为 1，离心 5min。

（4）原生质体纯化

用 10mL 移液枪去除上清，缓缓加入 5～10mL W5 洗液，轻轻混匀，200r/min，加减速度为 1，离心 1min；用 10mL 移液枪去除上清后加入 5～10mL W5 洗液，冰上遮光静置 30～60min，利用自然沉降获得状态较好的原生质体（图 2-2）。

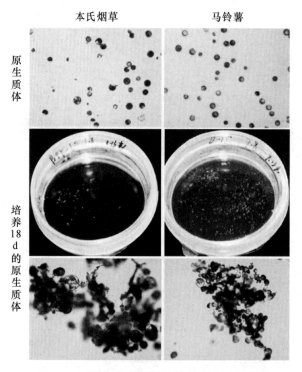

2-4 马铃薯和烟草原生质体分离及培养

图 2-2　烟草及马铃薯原生质体分离及培养

（5）原生质体的愈伤组织诱导培养

吸去上清，加入 PIM 培养基 5～10mL，轻轻重悬原生质体，200r/min，加减速度为 1，离心 1min。

（6）去上清，加入 PIM 培养基，加入的量根据原生质体多少而定，取 1.5mL 放入每个六孔板中。培养 3～5d 后可以在显微镜下看到分裂情况，培养 18d 后肉眼可以看到微愈伤组织（图 2-2）。

（7）愈伤组织的不定芽再生培养

不定芽再生方法一：

①将培养基换成 CIM1，1 个月后换成 CIM2，可看到微愈伤组织进一步生长（图 2-3A）。

②随后将微愈伤组织转移到半固体培养基 PIM 上，再生出芽（图 2-3B）。

③将芽转移到植物发育培养基上形成正常的再生植株（图 2-3C）。

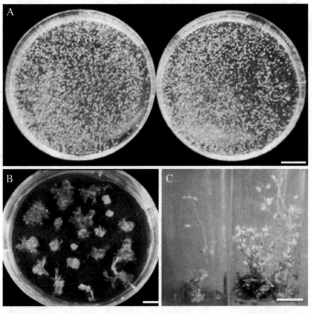

2-5 马铃薯和烟草原生质体再生（一）

图 2-3 不定芽再生方法一

(A)微愈伤组织培养；(B)愈伤组织再分化；(C)芽的生根培养

不定芽再生方法二：

①将微愈伤组织转移到 1B 培养基上，光照下培养 3～4 周（图 2-4A）。

②将变绿的愈伤组织转移到 2B 固体培养基中，1 个月后愈伤组织增殖（图 2-4B），甚至长出新芽（图 2-4C）。

③外植体每隔 4 周继代培养一次，直到多次继代后形成芽，继代培养基为 HB1，而后将不定芽进行生根培养（图 2-4D），最终将完整植株种植于温室（图 2-4E），直至结实（图 2-4F）。

2-6 马铃薯和烟草原生质体再生（二）

不定芽再生方法三：

①将上面步骤（5）得到的原生质体在海藻酸盐晶体中固定。原生质体与由 2.8%（w/v）海藻酸钠盐（alginic acid sodium salt）和 72.868g/L 山梨醇（sorbitol）组成的海藻酸钠溶液以相同的比例（v/v）悬浮，最终浓度为 5×10^4/mL，然后轻轻倒置试管混合。将混合溶液小心地倒入含有 0.8%（w/v）植物胶、7.35g/L $CaCl_2 \cdot 2H_2O$ 和 72.868g/L 山梨醇的培养基中，形成海藻酸盐液滴。室温下放置 2h 后，液滴凝固成半透明的晶状体，称为"海藻酸盐晶状体"。将海藻酸盐晶状体从琼脂中取出，进行后续步骤。

②等长出微愈伤组织后，将固化的海藻酸盐晶状体转移到愈伤组织诱导培养基（Cl1 和 Cl2）上，24℃暗培养 2～3 周，然后转移到 P 培养基增殖（图 2-5A、B），在冷白荧光灯[光强=

图 2-4　不定芽再生方法二

(A)在 1B 培养基上培养的微愈伤组织;(B)在 2B 固体培养基上的愈伤组织扩繁;(C)在 2B 固体培养基上的愈伤组织芽再生;(D)再生芽在 HB1 培养基上的根再生;(E)再生植株的培养;(F)再生植株的结实

图 2-5　不定芽再生方法三

(A)和(B)微愈伤组织分别在 1 周(A)和 4 周(B)时的发育;(C)将海藻酸盐释放的愈伤组织在 G 培养基中绿色化 6 周;(D)在 SI2 培养基上诱导绿色愈伤组织再生;(E)产生的不定芽

60μmol/(m^2·s)]的光照下培养4周,光周期为16h,每周更换一次培养基。将愈伤组织从海藻酸盐晶状体中分离出来,用2mL缓释液(由20mmol/L柠檬酸钠和0.5mol/L山梨醇组成)作用10min,然后用P培养基多次洗涤,去除海藻酸盐碎屑。从晶状体中释放的愈伤组织在绿色(G)培养基中培养以诱导愈伤组织变绿,继代培养每周进行一次,持续4~6周(图2-5C)。将变绿的愈伤组织转移到不定芽诱导培养基(SI1和SI2)上诱导不定芽形成(图2-5D、E),每隔2周继代培养一次。

2-7 马铃薯和烟草原生质体再生(三)

六、思考题

1. 如何获取高质量原生质体?
2. 影响原生质体分离的主要因素是什么?
3. 如何维持原生质体的渗透压?
4. 在原生质体分离中,纤维素酶和果胶酶的作用是什么?
5. 为什么在原生质体培养时一般先要测定原生质体的密度和活力?

实验三　植物小孢子培养及植株再生

一、实验目的

1. 了解植物小孢子培养原理。
2. 了解单倍体植株的加倍原理。
3. 掌握油菜小孢子培养的基本操作过程。

二、实验原理

根据花粉中细胞核数目,将花粉发育时期依次划分为四分体时期、单核期(小孢子阶段)、双核期和三核期(雄配子阶段)四个阶段,其中单核期又可细分为单核早、中和晚三个时期。小孢子培养是指将小孢子从花药或花蕾中分离出来,在合适的培养基中离体培养并诱导产生胚状体,最终再生成完整植株。这种技术是在花药培养的基础上发展起来的。与花药培养相比,小孢子培养排除了花药壁、花丝和绒毡层等体细胞组织的干扰,获得的再生植株都是单倍体(haploid)。小孢子培养所需的器皿及培养空间相对较小,大大提高了生产单倍体的效率。由于小孢子是游离的单倍体细胞,除不受等位基因影响外,能均匀地接触外部环境条件(如化学、物理诱变),是理想的转化和诱变受体材料。研究显示,多数植物适合小孢子培养的花粉发育时期是单核中期至晚期,如大麦、小麦、油菜、白菜、马铃薯、茄子和烟草等。因此,确定花粉发育时期是保证小孢子成功培养的关键环节之一。为了便于研究工作,通常需要找出不同物种花粉发育时期与花蕾(小花)形态的对应关系,如花冠与花萼等长的烟草花蕾,以及花瓣与花药的比值为 2∶1 的油菜花蕾,花粉发育时期均为单核晚期。

单倍体植株一般表现为植株矮小、生长瘦弱以及高度不育。因此,需要对单倍体进行加倍处理,使其成为双单倍体(doubled haploid, DH),简称 DH 系。单倍体加倍的方法包括自然加倍和人工加倍两种,前者因为效率低而很少应用,后者主要通过化学药剂加倍,如微管解聚剂秋水仙素(colchicine),其作用原理是:在正常细胞的有丝分裂后期,两个同源染色单体会自动分裂成两个染色体,由微管组成的纺锤丝与染色体着丝点相连并将分裂的染色体拉向细胞两极,然后细胞中间形成细胞板,最后分裂成两个细胞。而秋水仙素可以与微管蛋白亚基结合并组装到微管末端,阻止新的微管蛋白二聚体继续在此末端添加,但不影响微管的另一端去组装,从而导致微管解聚而不能形成纺锤丝,造成分裂的染色体不被拉向细胞两极,同时也不形成细胞板,细胞不分裂,最终形成染色体加倍的细胞。

三、材料与试剂

1. 主要材料

植物花药、花蕾或小花等;试管、玻璃棒、尼龙滤膜或微孔滤膜、培养皿、漏斗、吸管、镊子和剪刀等。

2. 主要试剂

70%（v/v）酒精、10%（v/v）NaClO 溶液或 0.1%（m/v）$HgCl_2$ 溶液、无菌水等。

3. 主要培养基

（1）小孢子分裂培养基 B5-13

B5 液体培养基（表 1-7）＋蔗糖 130g/L，pH 5.8，高压蒸汽灭菌或过滤灭菌。

（2）小孢子加倍培养基 NLN-16

NLN 液体培养基（表 2-4）＋蔗糖 160g/L＋秋水仙素 13mg/L，pH 5.8，过滤灭菌。

表 2-4　NLN 液体培养基

母液名称	成分	终浓度（mg/L）	母液浓度（mg/L）	配制 1L 培养基所需母液量（mL）
NLN 大量元素	KH_2PO_4	125	2500	50
	KNO_3	125	2500	
	$MgSO_4$	61	1220	
NLN 微量元素	$MnSO_4 \cdot H_2O$	18.95	1895	10
	$ZnSO_4 \cdot 7H_2O$	10	1000	
	H_3BO_3	10	1000	
	$CuSO_4 \cdot 5H_2O$	0.025	2.5	
	$CoCl_2 \cdot 6H_2O$	0.025	2.5	
	$Na_2MoO_4 \cdot 2H_2O$	0.25	25	
NLN 维生素	Nicotinic acid	5	500	10
	Pyridoxine HCl	0.5	50	
	Thiamine HCl	0.5	50	
	Glycine	2	200	
	Folic acid	0.5	50	
	Biotine	0.05	5	
NLN 铁盐	Na_2EDTA	37.3	3730	10
	$FeSO_4 \cdot 7H_2O$	27.8	2780	
其他成分	Myo-inositol	100		
	L-Glutamine	800		
	L-Serine	100		
	Gluthatione reduced	30		
	$Ca(NO_3)_2 \cdot 4H_2O$	500		

（3）小孢子胚诱导培养基 NLN-13

NLN 液体培养基＋蔗糖 130g/L，pH 5.8，过滤灭菌。

（4）小孢子再生培养基 B5-G

B5 固体培养基，pH 5.8，高压蒸汽灭菌后加过滤灭菌的 GA$_3$ 0.1mg/L。

四、主要仪器设备

超净工作台、过滤灭菌装置、天平、磁力搅拌器、灭菌锅、摇床等。

五、实验步骤

本实验以油菜小孢子为例。

1. 花蕾选择及消毒

2-8 油菜小孢子培养（视频）

上午 8:00—10:00 选取甘蓝型油菜初花期生长良好的主花序，剔除很小及很大的花蕾，仅保留 2.5～3.5mm 的花蕾［或根据镜检确认花蕾大小（图 2-6A），以单核晚期至双核早期的花蕾最佳］，置于无菌小烧杯中，加入 70% 酒精消毒 1min，用 0.1% HgCl$_2$ 溶液消毒 8～10min，用无菌水清洗 3～5 次，每次 5min。

注意事项 1：单核晚期至双核早期的油菜花药颜色为淡绿色，呈透明状。

注意事项 2：选取花蕾后，若不立即分离小孢子，应将花蕾置于铺有湿润滤纸的培养皿中并低温保存。

2. 游离小孢子分离

将消毒后的花蕾放入无菌试管或圆底离心管中，加入 1～2mL B5-13 培养基，用玻璃棒将样品碾成匀浆，过 45μm 尼龙滤膜并收集到 10mL 离心管中。再用适量 B5-13 培养基冲洗过滤器中的样品，室温下转速 100g 离心 5min，弃上清，再用 B5-13 培养基重复洗 2 次（图 2-6B）。

3. 小孢子加倍培养

加入 8～10mL NLN-16 培养基重新悬浮，分装到直径为 6cm 的无菌培养皿中（图 2-6C），每皿 2mL，32℃暗培养 2d。

注意事项：部分研究显示，50～100mg/L 秋水仙素更有利于单倍体加倍。

4. 胚诱导培养

将培养物倒入离心管中，室温下转速 100g 离心 5min，弃上清。加入适量 NLN-13 培养基，分装到直径为 6cm 的无菌培养皿中，每皿 2mL，25℃继续暗培养 10～20d，直到肉眼可见胚（图 2-6D）。

注意事项：按每 2 个花蕾加 1mL NLN-13 培养基稀释花粉，小孢子培养密度（1～5）×10^5/mL。

5. 胚状体培养

当肉眼可见小胚状体后，将培养皿放入转速为 55r/min 的 25℃恒温摇床上继续暗培养 1 周。而后将鱼雷形、子叶形胚状体转入 B5-G 培养基继代培养，25℃、光周期 10h 光照/14h 黑暗培养至成苗（图 2-6E、G）。

注意事项：部分研究显示，培养基中适当添加多效唑，如 1.5mg/L，有利于成苗。

6.再生植物的倍性鉴定

利用细胞学、流式细胞仪或形态学等技术对再生植株进行倍性鉴定。若是单倍体植株，则需进一步进行加倍培养,如将含有 13mg/L 秋水仙素溶液的脱脂棉盖在顶芽或腋芽上。

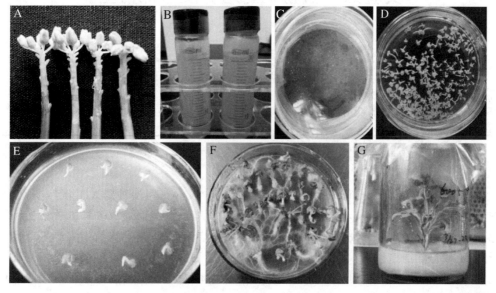

图 2-6　油菜小孢子培养

(A)花蕾选择;(B)小孢子收集;(C)小孢子加倍培养;(D)胚状体诱导培养;(E)子叶胚继代培养;(F)子叶胚生根培养;(G)幼苗继代培养

2-9　油菜小孢子培养

六、思考题

1.如何使用血细胞计数器?

2.如何进行体细胞染色体压片?

3.用流式细胞仪测定植物体细胞染色体倍性的工作原理是什么?

实验四　植物花药培养及植株再生

一、实验目的

1. 了解花药培养的基本原理。
2. 掌握水稻花药培养方法及其基本操作过程。

二、实验原理

花药培养是指在无菌操作条件下将发育到一定阶段的花药接种到人工培养基上,以改变花药内花粉粒的发育途径,诱导其分化,并连续进行有丝分裂而形成多细胞的愈伤组织或分化成胚状体,最后再生成完整植株。利用花药离体培养技术,诱导花粉细胞产生单倍体植株,经人工或自然加倍形成双单倍体,是植物单倍体育种的重要手段。将杂种 F_1、F_2 等杂交后代进行花药培养并加倍,可以获得大量纯合双单倍体植株,从而实现对杂种后代的早代选择,显著缩短育种年限,是常规农作物品种、恢复系和不育系等材料选育的重要育种途径。

有关单倍体加倍原理同本章实验三。

三、材料与试剂

1. 主要材料

大田水稻抽穗材料、培养皿、镊子和剪刀等。

2. 主要试剂

70%(v/v)酒精、1%(v/v) NaClO 溶液或 0.1%(m/v) $HgCl_2$ 溶液、无菌水。

3. 主要培养基

(1)愈伤组织诱导培养基

SK3 培养基(表 2-5)＋谷氨酰胺 0.5g/L＋脯氨酸 0.5g/L＋酪蛋白水解物 0.3g/L＋NAA 2mg/L＋2,4-D 2mg/L＋蔗糖 30g/L＋麦芽糖 30g/L＋琼脂 7g/L,pH 5.8,高压蒸汽灭菌。

(2)愈伤组织分化培养基

NB 培养基(表 2-5)＋谷氨酰胺 0.5g/L＋脯氨酸 0.5g/L＋酪蛋白水解物 0.3g/L＋6-BA 3mg/L＋NAA 0.5mg/L＋蔗糖 30g/L＋琼脂 7g/L,pH 5.8,高压蒸汽灭菌。

(3)幼苗生根培养基

1/2MS 培养基(表 1-7)＋多效唑 2mg/L＋秋水仙素 3mg/L＋蔗糖 30g/L＋琼脂 7g/L,pH 5.8,高压蒸汽灭菌。

四、主要仪器设备

超净工作台、天平、磁力搅拌器、灭菌锅、摇床等。

表 2-5　适用于禾本科植物花药培养的常用培养基

培养基成分	培养基（mg/L）								
	MS	N6	FHG	C17	He5	NB	SK3	BAC	改良 M8
KH_2PO_4	170	460	170	400	600	400	640	170	640
KNO_3	1900	2830	1900	1400	3181	2830	2830	2600	3131
$MgSO_4 \cdot 7H_2O$	370	185	370	150	35	185	280	300	370
NH_4NO_3	1650	—	165	300	—	—	—	—	—
$(NH_4)_2SO_4$		463			231	463	315	400	330
$CaCl_2 \cdot 2H_2O$	400	166	440	150	166	166	166	600	166
$MnSO_4 \cdot 4H_2O$	22.3	4.4	22.3	11.2	4.4	4.4	4.4	5	4.4
$ZnSO_4 \cdot 7H_2O$	8.6	1.5	8.6	8.6	1.5	1.5	1.5	2	4.3
H_3BO_3	6.2	1.6	6.2	6.2	1.6	1.6	1.6	5	6.2
$CuSO_4 \cdot 5H_2O$	0.025	—	0.025	0.025	—	—	—	0.025	0.025
$CoCl_2 \cdot 6H_2O$	0.025	—	0.025	0.025	—	—	—	0.025	0.025
$Na_2MoO_4 \cdot 2H_2O$	0.25	—	0.25	—	—	—	—	0.25	0.1
$NaH_2PO_4 \cdot H_2O$	—	—	—	—	—	—	—	150	—
Na_2EDTA	37.3	37.3	40	37.3	74.5	37.3	74.5	—	74.5
$FeSO_4 \cdot 7H_2O$	27.8	27.8	—	27.8	55.5	27.8	55.5	—	55.5
Sequetrene 330Fe	—	—	—	—	—	—	—	40	—
Nicotinic acid	0.5	0.5	—	0.5	3	0.5	2.5	0.5	3
Pyridoxine HCl	0.5	0.5	—	0.5	0.6	0.5	0.5	0.5	2.5
Thiamine HCl	0.4	1	0.4	1	0.6	1	0.5	1	5
Glycine	2	2	—	2	2	2	10	—	10
Myo-inositol	100	—	100	—	—	—	—	2000	—
L-Glutamine	—	—	730	—	—	—	—	—	—
Casein hydrolysate	—	500	—	300	—	—	—	—	—
Alanine	—	—	—	—	—	—	—	—	10

五、实验步骤

本实验以水稻花药培养为例。

1. 稻穗选择

水稻抽穗期晴天 7:00—10:00 或者 16:00—19:00，取花粉发育至单核中后期的稻穗（显微镜观察下可见花粉中的大液泡将核挤向一侧）（图 2-7A）。外形判断基本标准：剑叶基部至倒二叶叶枕距为 5～8cm，剥穗可见颖花浅绿色，花药伸长至颖壳的 2/5～1/2，稻穗中上端的花粉处于单核靠边期。

　　2.稻苞预处理

　　收到稻苞后,用湿润的纱布包裹,装入塑料自封袋中并置于 4℃冰箱中低温处理 4～5d。

　　3.幼穗消毒

　　将稻穗剥出,挑选稻穗中上部小枝梗,放置在纱布上(约 20cm×30cm),而后将纱布卷起并用橡皮筋绑好,浸泡在 1％ NaClO 溶液中,置于摇床(50～150r/min)消毒 20min,去消毒液,用无菌水清洗 5～7 次。

2-10 水稻花药培养(视频)

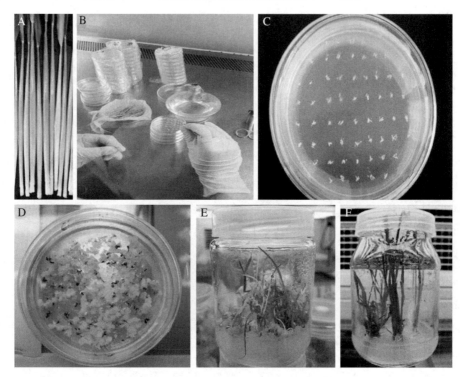

图 2-7　水稻花药培养

(A)稻苞选择;(B)花药分离及接种;(C)花药诱导培养;(D)花药愈伤组织;(E)愈伤组织再分化;(F)幼苗生根培养

　　4.花药愈伤组织诱导

　　将消毒的稻穗置于无菌滤纸上,剪去小花颖壳,用眼科镊挑出花药(图2-7B),接种到愈伤组织诱导培养基上,25℃暗培养 25～40d(图 2-7C)。

　　5.愈伤分化培养

　　愈伤组织(图 2-4D)转移至分化培养基进行分化培养(图 2-7E),先 25℃暗培养 3d,再 27℃光照培养[光强 36～60μmol/(m² · s)、12h/d 光照]。

　　注意事项:根据不同的水稻材料,合理选择培养基(表2-5)。研究表明,适合籼稻、粳稻、籼粳杂交稻花药培养的培养基分别为 He5、N6、SK3。

　　6.幼苗生根及加倍培养

　　将 2cm 长的分化小苗转移至生根培养基上培养约 3 周(图 2-7F),27℃光照培养[光强

2-11　水稻花药培养

36～60μmol/(m^2 · s)、12h/d 光照]。

7.植株移栽

打开再生瓶,炼苗 3～5d,移栽大田。

六、思考题

1.为什么要对稻穗进行低温处理?

2.如何提高幼苗移栽成活率?

3.花药培养的再生途径是什么?

实验五　植物茎尖脱毒培养

一、实验目的

1. 了解植物茎尖分生组织培养和无病毒苗(脱毒苗)再生培养的基本原理。
2. 了解植物病毒常规检测方法。
3. 熟练掌握马铃薯及草莓茎尖脱毒培养方法及其基本操作过程。

二、实验原理

(一)植物病毒脱毒原理

病毒是影响植物生长发育的重要病害之一,对于以营养繁殖为主的农作物,如马铃薯和甘薯等,受病毒感染的现象尤为突出,而且带毒材料会伴随无性繁殖材料传给下一代并逐代累积,导致产量与品质的下降。对植物病毒进行有效检测、控制,培育无病毒苗,实施农作物无病毒化栽培,是预防植物病毒病的最根本途径。植物茎尖组织培养(shoot tip culture)是许多植物脱除病毒(virus elimination)的重要手段,也是农作物生产上用于防治病毒病的主要技术。

不同的植物,其病毒类型及其脱毒难易程度均存在明显差异,如马铃薯茎尖去除病毒的难易程度一般依次为:马铃薯卷叶病毒(PLRV)、马铃薯 A 病毒(PVA)、马铃薯 Y 病毒(PVY)、马铃薯奥古巴花叶病毒(PAMV)、马铃薯 M 病毒(PVM)、马铃薯 X 病毒(PVX)、马铃薯 S 病毒(PVS)及马铃薯纺锤块茎病毒(PSTV);我国草莓的主要病毒有 4 种:斑驳病毒(SMoV)、轻型黄边病毒(SMYEV)、镶脉病毒(SVBV)及皱缩病毒(SCrV)。

病毒在植物体内通过维管束进行长距离转移,通过胞间连丝进行胞间转移。而植物茎尖分生组织区域缺少维管束,所以病毒只能通过胞间连丝传递。因此,在茎尖组织分生区,病毒的增殖速度明显慢于茎尖细胞分裂生长速度,即病毒向上运输速度慢,而该区域由于生长素浓度高,新陈代谢旺盛,分生组织细胞繁殖快,使得茎尖部分细胞没有病毒。研究显示,越靠近茎尖区域,病毒感染越少,茎尖生长点(0.1~1.0mm)区域几乎不含或很少含有病毒。植物脱毒苗就是利用茎尖分生组织的这种特点,经离体培养获得的。茎尖培养的脱毒好坏与茎尖组织大小呈负相关,即茎尖越小,脱毒效果越好,而茎尖培养的成活率又与茎尖大小呈正相关,即茎尖越小,成活率越低,所以一般以带一个叶原基的茎尖作为外植体进行培养。

为避免有些病毒也能侵染植物茎尖分生组织区,在材料处理过程中,可通过对茎尖分生组织培养所用材料进行热处理,即在适宜的恒定高温或变温及一定光照条件下处理一段时间,可使病毒钝化失活。热处理与茎尖分生组织培养脱毒相结合,可以提高脱毒率。

(二)脱毒苗的常规检测

1. 指示植物(indicator plant)

所谓指示植物,是指具有能够辨别某种病毒的专化性症状的寄主植物,鉴别寄主为草本或木本植物。常用接种方法有汁液摩擦接种和嫁接接种。该方法仅适用于鉴定靠汁液传染的病毒。

草本指示植物鉴定:将待测植物的汁液(sap)摩擦接种到指示植物叶片上,如果被测植株带病毒,则会出现特定症状。如果没有症状出现,则可以说明该植株是已剔除了某种病毒。常用的指示植物有千日红、曼陀罗和心叶烟等。有时不同病毒在同一种指示植物上出现相似的症状,这时就要再用一套指示植物来鉴定。如番茄环状花叶病毒和烟草环斑花叶病毒在曼陀罗上均表现为局部坏死斑,这时就要再用千日红鉴定,番茄环状花叶病毒在千日红上呈系统花叶,而烟草环斑花叶病毒在千日红上仍表现局部坏死病斑。

木本指示植物鉴定:通常是将待测植物的芽片直接嫁接在指示植物上,或者将待测植物和指示植物同时嫁接在同一砧木上。在砧木基部嫁接 1~2 个待检样本的芽片,或者在待测样本上方 1~2cm 处嫁接一指示植物芽片。嫁接成活后,可适当修剪指示植物,使其重新发出新芽和枝叶,有利于典型症状显示。

2. 血清法

植物病毒是由蛋白质和核酸组成的核蛋白,可以作为一种较好的抗原(antigen),一旦注射到动物细胞内将产生抗体(antibody)。而含抗体的血清被称为抗血清(antiserum)。由不同病毒产生的抗血清都有各自的特异性,可以用于鉴定未知病毒种类。常见的抗血清鉴定法有酶链免疫吸附试验(enzyme-linked immunosorbent assay,ELISA)。

3. 分子检测

依据病毒基因组核酸类型的不同分为 DNA 病毒和 RNA 病毒,引起植物重要病害的主要为 RNA 病毒。依据病毒基因组序列设计特异的扩增引物,进行聚合酶链反应(polymerase chain reaction,PCR)检测,是病毒检测的重要手段。因 RNA 病毒需要反转录合成互补 DNA 才能进行 PCR 检测,故这个过程又称 RT-PCR 检测。目前,检测植物病毒的 PCR 技术很多,有同时检测多种病毒的多重 PCR(multiple PCR)、定量分析的实时荧光PCR(real time PCR)、低温($37^{\circ}C$)扩增技术(low-temperature amplification,L-TEAM)以及反转录环介导等温扩增技术(reverse transcription loop-mediated isothermal amplification,RT-LAMP)等方法。

三、材料与试剂

1. 主要材料

马铃薯和草莓幼芽、解剖针、解剖刀、镊子、培养皿、再生瓶等。

2. 主要试剂

10%(v/v) NaClO 溶液或 0.1%(m/v) $HgCl_2$ 溶液、无菌水、MS 固体培养基、植物生长调节剂等。

四、主要仪器设备

体视显微镜、灭菌锅、超净工作台、磁力搅拌器、天平等。

五、实验步骤

(一)马铃薯茎尖脱毒苗培养

1.材料

马铃薯幼苗或发芽土豆。

2.培养基

(1)再生培养基

MS 基本培养基(表 1-7)＋NAA 0.05mg/L＋6-BA 0.05mg/L＋蔗糖 30g/L＋phytagel 3g/L,pH 5.8,高压蒸汽灭菌。

(2)生根培养基

MS 基本培养基＋蔗糖 30g/L＋phytagel 3g/L,pH 5.8,高压蒸汽灭菌。

3.实验操作过程

(1)外植体取材及消毒

从田间或温室选取健康的幼苗或发芽马铃薯薯块,用流水洗净,然后 37℃ 干热处理 10~20d,摘去成熟叶片,切取带有幼叶的茎尖,用 0.1% $HgCl_2$ 溶液消毒 5~10min,用无菌水清洗 3~5 次,放置在无菌培养皿中备用。

(2)茎尖分生组织剥离

借助体视显微镜,用解剖针小心地由外向内逐层剥去茎尖上的幼叶,露出生长点,再去除较大的叶原基,只保留靠近生长点的一个叶原基,用细小的金属解剖针或手工制作的小解剖刀切下带有一个叶原基的茎尖。

(3)幼苗再生培养

将切下的茎尖接种到再生培养基上。25℃,光强 36μmol/(m² · s)、光照时间 16h/d 条件下培养 6~8 周,其间每 2 周继代一次,待幼苗长有数片真叶后转入生根培养基中,培养成完整植株。

(4)再生植株的病毒检测

利用指示植物、血清法或分子检测对再生植株进行病毒检测,保留全部脱除马铃薯病毒的材料,而后进行组织培养扩繁,或在实验室内诱导生成试管薯。

(5)脱毒苗移栽

在隔离条件较好的网室或自然条件下,利用发芽的试管薯或 3~4cm 长的试管苗,具有 4~5 个浓绿色小叶时进行播种或移栽,生产脱毒微型薯作为种薯。试管苗移栽需要将其根部的培养基洗净。栽植的前 2 周需要保持较高的空气湿度和通气良好的土壤环境。

(二)草莓茎尖脱毒苗培养

1.材料

草莓苗。

2.培养基

(1)分化培养基

MS 基本培养基＋GA₃ 0.2mg/L＋6-BA 0.5mg/L＋蔗糖 30g/L＋phytagel 3g/L,pH 5.8,高压蒸汽灭菌。

（2）成苗培养基

MS 基本培养基＋GA_3 0.1mg/L＋6-BA 0.2mg/L＋NAA 0.02mg/L＋蔗糖 30g/L＋phytagel 3g/L，pH 5.8，高压蒸汽灭菌。

（3）生根培养基

1/2MS 大量无机盐＋MS 微量无机盐＋MS 有机＋蔗糖 30g/L＋NAA 0.1mg/L＋phytagel 3g/L，pH 5.8，高压蒸汽灭菌。

3.实验操作过程

（1）外植体选择及消毒

选择田间或温室内长势旺、无病虫且未完全伸展的新生嫩梢为材料。切取嫩梢上带生长点的 3～4cm 茎段为外植体，在流水下洗净。70％酒精消毒 30s，再用 0.1％ $HgCl_2$ 溶液消毒 5～7min，并不断搅动，然后用无菌水清洗 3～5 次，无菌滤纸吸干备用。

注意事项：有条件的实验室可将草莓植株栽于盆内，在人工气候箱内（40℃ 16h/d、35℃ 8h/d）变温处理 4 周。

（2）茎尖剥离

在超净工作台中，借助体视显微镜，用解剖针小心地进行茎尖剥离，茎尖生长点大小控制在 0.2～0.5mm，保留 1～2 个叶原基。

（3）分化培养

将切下的生长点接种到分化培养基上，在温度 23～27℃、光强 36～48μmol/(m²·s)光照时间 14～16h/d 的条件下培养 2～3 个月。

（4）分苗培养

待生长点分化成带有叶原基的小芽后，将小芽转接到新鲜的分化培养基上继续培养，待小芽长出叶片后，转移至成苗培养基上，继续培养 2 个月形成丛生苗，待丛生芽长至 1.5～2.0cm 时对幼苗进行编号，从相应植株上剪取叶片进行病毒检测，淘汰感染病毒的植株，保留无病毒植株。

（5）生根培养

剪取 2cm 高脱毒苗，接种在生根培养基中培养 30～40d，形成完整植株。

（6）幼苗移栽

将培养草莓脱毒苗的培养容器置于 100 目网纱的隔离网室内，炼苗 1 周。用镊子从培养容器中取出生根的试管苗，清洗试管苗根部附着的培养基，然后定植于盛有营养基质的 50 孔穴盘中，浇透水。

六、思考题

1.哪些因素影响茎尖组织脱毒效果？

2.常用的植物病毒检测技术有哪些？

实验六　棉花原生质体融合及植株再生

一、实验目的

1. 了解原生质体融合的基本原理。
2. 了解原生质体融合方法及体细胞杂种筛选鉴定的方法。
3. 了解原生质体培养和原生质体融合的意义。
4. 掌握棉花原生质体分离、纯化、活性检测和培养的方法及其操作过程。

二、实验原理

脱去细胞壁的植物细胞称为原生质体。原生质体培养是典型的单细胞培养,前提是细胞壁再生并持续分裂。原生质体融合主要是不同种类的原生质体不经过有性阶段,在人为条件下融合创造体细胞杂种的过程,常用的方法是高 Ca^{2+}-高 pH 结合聚乙二醇(polyethylene glycol, PEG)法和电融合法。电融合法是 20 世纪 80 年代出现的细胞融合技术,其工作原理是:将两种原生质体以适当的比例混合成悬浮液滴入电融合小室中,给小室两极加高频、不均匀的交流电场,使原生质体沿电场方向排列成串珠状,接着给予瞬间直流电脉冲,使异种原生质体发生质膜瞬间破裂,进而质膜开始连接,直到闭合成完整的膜形成融合体。高 Ca^{2+}-高 pH 结合 PEG 法的基本工作原理是:PEG 是一种含有醚键而具有负极性的高分子化合物,可与正极化基团,如蛋白质、水、碳水化合物等形成氢键,使溶液中自由水消失,植物细胞由于高度脱水而使原生质体发生凝集,形成大小不一的凝集物。当 PEG 分子足够长时,可作为邻近原生质体表面之间的分子桥而使之粘连。同时由于 PEG 带有大量的负电荷,能够结合 Ca^{2+},与原生质体表面的负电荷连接,形成静电键,促使原生质体粘连和结合。在原生质体洗涤过程中,连接在原生质体膜上的 PEG 分子被洗脱下来,引起电荷的紊乱和再分布,也可能是被剥去蛋白质相邻细胞膜类脂质间的反应,产生了变化与重排,导致细胞膜局部融合,形成小的细胞质桥,进而发生两个原生质体的融合。而高 Ca^{2+} 与高 pH 环境将加剧电荷的不稳定性,加速原生质体重排,增加质膜流动性,提高融合效率。

三、材料与试剂

1. 主要材料

陆地棉 Coker 201 和野生棉种子、10mL 无菌吸管、100mL 三角瓶、试剂瓶、无菌培养皿、封口膜或保鲜膜、150 目和 400 目的不锈钢网筛等。

2. 主要溶液或培养基

(1)CPW 溶液

$CaCl_2$ 1.11g/L＋KH_2PO_4 272mg/L＋KNO_3 101mg/L＋$MgSO_4 \cdot 7H_2O$ 246.5mg/L＋$CuSO_4 \cdot 5H_2O$ 24.97μg/L＋KI 1.66mg/L＋MES 3.274mg/L, pH 5.8,高压蒸汽灭菌。

（2）CPW9M

CPW＋甘露醇 90g/L,pH 5.8,高压蒸汽灭菌。

（3）CPW25S

CPW＋蔗糖 250g/L,pH 5.8,高压蒸汽灭菌。

（4）原生质体分离酶液

CPW9M＋纤维素酶 R-10 30g/L＋果胶酶 15g/L＋半纤维素酶 5g/L,pH 5.8,过滤灭菌。

（5）FDA 母液

用丙酮配制 $1.997\mu g/L$ 二乙酸荧光素(fluorescein diacetate，FDA),4℃保存。

（6）电融合液

$CaCl_2$ 11.1mg/L ＋甘露醇 100g/L,高压蒸汽灭菌。

（7）卡氏固定液

无水乙醇和冰醋酸按照 3∶1 的比例混合。

（8）PEG 融合液

甘露醇 145.6g/L＋PEG 500g/L＋KH_2PO_4 680mg/L＋$CaCl_2$ 5.55g/L,高压蒸汽灭菌。

（9）KM8P 培养基

KM8P 培养基具体组成见表 2-6。

表 2-6　KM8P 培养基

维生素	浓度(mg/L)	碳源和其他	浓度(mg/L)
Thiamine hydrochloride	10	Adenosine triphosphate	100
Pyridoxine hydrochloride	1	Coenzyme A	1
Nicotine acid	1	Myo-inositol	100
Folic acid	1	Fructose	250
Calcium pantothenate	5	Xylose	250
Riboflavin	1	L-rhamnose monohydrate	250
VB_{12}	0.1	Gossypose	250
Biotin	0.1	Glucose	3000
		Mannitol	9000
有机酸	浓度(mg/L)	氨基酸	浓度(mg/L)
Citric acid	40	Glutamine	500
Fumaric acid	40	Asparagine	250
Malic acid	40	Proline	100
Sodium pyruvate	20	Serine	100
		Cysteine	100

（10）愈伤组织增殖及体细胞胚胎发生和植株再生所用培养基 MSB

MS 无机盐（表 1-7）＋B5 有机物（表 1-7）＋肌醇 100mg/L，pH 5.8，高压蒸汽灭菌。

（11）非胚性愈伤组织增殖培养基 MSB1

MS 无机盐＋B5 有机物＋2,4-D 0.05mg/L＋KT 0.1mg/L＋葡萄糖 30g/L＋phytagel 2.5g/L，pH 5.8，高压蒸汽灭菌。

（12）愈伤组织的分化和胚性愈伤组织的继代培养基 MSB2

MS 无机盐（KNO_3 加倍，NH_4NO_3 减半）＋B5 有机物＋IBA 0.5mg/L＋KT 0.15mg/L＋谷胺酰胺 2g/L＋天冬酰胺 1g/L＋葡萄糖 30g/L＋phytagel 2.5g/L，pH 5.8，高压蒸汽灭菌。

（13）成苗生根培养基 MSB3

MS 无机盐＋B5 有机物＋IBA 0.5mg/L＋NAA 0.5mg/L＋谷胺酰胺 1.0g/L＋天冬酰胺 0.5g/L＋葡萄糖 30g/L＋phytagel 2.5g/L，pH 5.8，高压蒸汽灭菌。

四、主要仪器设备

超净工作台、恒温摇床、植物光照组织培养箱（室）、灭菌锅、体细胞融合仪（Shimadzu Corporation，Toyota，Japan）（带 FTC-4 融合小池）、荧光显微镜等。

五、实验步骤

（一）棉花原生质体的分离

1. 无菌苗培养

挑选健康成熟的棉花种子，去除种皮，70％（v/v）酒精消毒 2min，无菌水冲洗 2 次，再用 10％（v/v）NaClO 溶液消毒 15min，用无菌水清洗 3～5 次，用无菌滤纸吸干多余水分。种子接种到萌发培养基上，150mL 的三角瓶每瓶放 4～5 粒种子，温度 28℃，光强 $[54\mu mol/(m^2 \cdot s)$，14h/d]培养 10d。

2. 叶片酶解

剪取叶片放在直径为 60mm 的培养皿中，用解剖刀将叶片切成 0.1cm 宽的细条，加入 1.5mL 酶解液，轻轻摇匀，用封口膜封口，置于摇床上 10r/min 或静置，28℃暗培养 14～18h。

3. 原生质体的纯化

酶解混合物经 150 目和 400 目不锈钢网筛过滤，滤液收集于 10mL 离心管，800r/min 离心 10min，去上清，再用 CPW9M 重悬原生质体沉淀，再离心，重复 2～3 次。用 3～4mL CPW9M 重悬原生质体沉淀，而后将重悬液轻轻地滴加到另一离心管中的 CPW25S 溶液液面上，700r/min 离心 2～6min，此时，原生质体在两液面形成一条带，其他杂质及少量原生质体则沉于离心管底。用吸管将原生质体界面轻轻地吸出，转入新的离心管，再用培养液悬浮离心，可以根据需要重复 2～3 次进行界面离心，然后在显微镜下检查原生质体纯化情况并进行活性检测。

（二）棉花原生质体的活力测定（FDA 染色）

1. 取 0.5mL 悬浮于液体培养基的原生质体到 1.5mL 离心管，添加 FDA 溶液到离心管使其终浓度为 0.01％（w/v），轻轻混匀后室温下静置 5min。

2. 取少许原生质体混合液于载玻片成薄层，然后在荧光显微镜（Olympus AHBS3）下检测（图 2-8A）。先固定一个视野，在明场计数这个视野的原生质体数目，然后在暗视野荧光激发态下计数发绿色或黄绿色的原生质体数目。在荧光的照射下,发出绿色或黄绿色荧光的原生质体具有活性,不能发出荧光的是死细胞。原生质体成活率统计:在同一个视野里在暗场里发荧光的原生质体数占明场里所有原生质体数的百分率。

(三)棉花原生质体融合

1.原生质体电融合

(1)用适量电融合液重悬活性较高的原生质体(FDA 染色活力≥80%),悬浮密度为 $1×10^6$/mL,融合液中双亲原生质体比一般为 1∶1,部分组合双亲比可为 1∶(1～2)(栽培种∶野生棉或悬浮系∶叶片等)。

(2)用吸管取大约 1.6mL 混合均匀的双亲原生质体悬浮液滴加到环形 FTC-4 融合小池,用 Parafilm 膜封口,接通电源,放置在倒置显微镜下,在高频、不均匀交流电场(alternating current,AC,100V/cm,1MHz)作用 45s,原生质体在电场里移动相互接触排列成串,然后施加 6～8 次间隔 0.5s 的直流电(direct current,DC,1625V/cm),持续 3～4s,使相互接触的原生质体产生瞬时可逆穿孔导致原生质体融合。

(3)在原生质体融合过程中,用高速摄像机每隔 5s 拍摄图片和观察原生质体融合过程(图 2-8B),统计融合率。

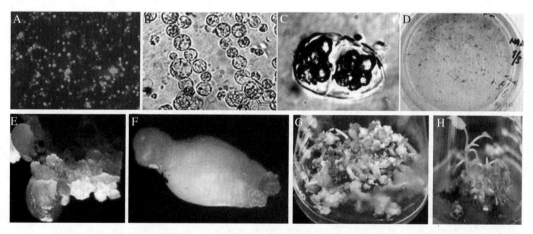

图 2-8　棉花原生质体融合和体细胞胚胎发生过程

(A)亲本原生质体活性的 FDA 检测;(B)原生质体融合过程;(C)融合原生质体分裂;(D)培养皿中微愈伤组织形成;(E)胚性愈伤组织形成;(F)体细胞胚形成;(G)杂种体细胞胚的萌发;(H)获得杂种植株

(4)融合后,静置原生质体 10～15min 使融合的原生质体球形化。

(5)吸出融合产物,离心(700g)6min 收集原生质体,用 KM8P 培养基悬浮,将融合液清洗干净,并调整到合适的密度进行培养。

2.PEG 介导原生质体融合

(1)用适当的比例将两种不同的原生质体轻轻地充分混合,使其形成小滴状,放置在 6cm 培养皿中,静置 5min。

(2)在小滴状的原生质体上及其周围加上 PEG 融合液,使原生质体粘连融合。

2-12　棉花原生质体融合

(3)15min 后,轻轻添加 127.4g/L 甘露醇溶液清洗 PEG,离心(700g)5min,再用培养基经 5～6min 离心洗涤(700g),在固体培养基上培养。

(四)原生质体培养

1.融合后的原生质体悬浮于 KM8P 培养基,在黑暗条件下进行液体培养,培养基中添加 91g/L 甘露醇、30g/L 葡萄糖、500μg/L NAA 及 100μg/L KT。

2.培养方法:开始采用液体浅层培养法,即把 4mL 悬浮于培养基的原生质体滴加到直径为 60mm 的培养皿中,用 Parafilm 膜封口,28℃暗培养。

3.20d 后,添加新鲜的无甘露醇的 KM8P 液体培养基于培养皿中,以稀释再生细胞团的密度和降低甘露醇浓度(即降低渗透压),促进细胞分裂(图 2-8C)和细胞团的形成。这时可以把 1 皿培养物分成 2～4 皿。当肉眼可见的细胞团(1～5mm 大小)形成时,将这些小克隆转移到愈伤组织增殖培养基 MSB1 上培养,20d 继代一次,至愈伤组织块形成(图 2-8D)。

(五)体细胞胚胎发生和植株再生

1.将愈伤组织块转移到愈伤组织的分化和胚性愈伤组织的继代培养基 MSB2 上,3～4 周后可观察到体细胞胚发生(图 2-8F)。

2.挑选正常的体细胞胚转移到新的 MSB2 培养基上培养,进行体细胞胚萌发和植株再生(图 2-8G)。

3.再生幼苗(图 2-8H)转移到 MSB3 培养基上继续生长发育,根系良好的植株可以直接移栽到土里;根系发育不好的植株还可以通过嫁接移栽,陆地棉或海岛棉作砧木。

(六)原生质体融合植株的鉴定

1.气孔观察

在显微镜下观测 Coker 201 和野生棉的体细胞杂种再生植株及亲本 Coker 201 远离叶脉叶片下表皮气孔单位面积的数目、大小等。每个克隆系用 3～5 个叶片,每个叶片检测 10 个视野的气孔,测量其平均长度和密度。

2.染色体压片观察

(1)取 1cm 长的幼嫩根尖用自来水冲洗干净后,放置 5.588g/L KCl 溶液中处理 30min,用自来水清洗干净。

(2)放置饱和对氯二苯溶液中,在室温条件下浸泡 5h 左右,再放在卡氏固定液 4℃固定 24h 左右,最后在 4℃的 70%(v/v)酒精中保存。

(3)取出保存的根尖用清水冲洗干净,放在装有 100μL 酶液(含纤维素酶 R-10 30g/L＋果胶酶 Y-23(Seishin Pharmaceutical)1g/L＋半纤维素酶 5g/L,pH 4.5)离心管里解离,37℃保温 1.5h。

(4)酶解好的根尖生长点转移到无油脂的载玻片上,用卡宝品红染色压片。在显微镜下挑选分裂相多、染色体分布均匀的细胞统计染色体数并进行照相,至少观察 20 个分裂相清晰的细胞统计染色体数。

六、思考题

1.哪些因素影响原生质体融合效率?

2.原生质体融合技术在作物遗传改良中还存在哪些问题?

实验七　胚状体诱导和人工种子制作

一、实验目的

1. 了解植物人工种子制作的基本原理。
2. 掌握植物胚状体诱导及其基本操作过程。

二、实验原理

在自然条件下,种子植物发育到一定阶段,精子与卵子结合形成合子,合子进一步发育成胚,再经发育形成植株,这是一个有性生殖过程。而在植物组织培养中,离体培养的细胞,未经有性生殖过程也可直接诱导形成类似胚胎的结构——胚状体(embryoid,图 2-9),即体细胞胚(somatic embryo)。胚状体发育早期区别于不定芽发育的决定性特征是它具有两极,既有生长点也有根原基,所以通过这种途径进行繁殖效率较高,有时从一块愈伤组织可以产生数百个胚状体和小植株,而且这些植株很少发生变异。

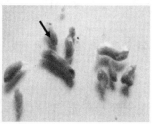

人工种子

2-13　人工种子

图 2-9　植物组织培养产生的胚状体(箭头所示)及其人工种子

植物激素,特别是生长素和细胞分裂素,是诱导胚状体发生的关键因子。其中,生长素的诱导效果较好,约 60% 的植物胚状体诱导是单独使用生长素(如 2,4-D、NAA 和 IAA 等),其他则是单独利用细胞分裂素(如 6-BA 和 KT)诱导,或与生长素联合使用。当然,用组织培养技术诱导胚状体发生,除了激素外,还受其他多种因子的影响,如植物的基因型及其生理状态、光质、碳源、培养方式以及培养基中不同离子的浓度等。因此,需要做预备试验,只有各种因子配合适当,才能快速、高效地诱导出胚状体。

植物胚状体可被制成人工种子(artificial seed)。人工种子,又称合成种子(synthetic seed)或体细胞种子(somatic seed),是指将植物细胞经离体培养产生的胚状体包埋在含有养分和具有保护功能的人工胚乳和种皮中形成的能够发芽出苗的颗粒体,也可将不定芽、腋芽、茎节段、原球茎等进行包埋制成人工种子(图 2-9)。前者称体细胞胚人工种子,后者称非体细胞胚人工种子。这种技术在植物快速繁殖、固定杂种优势和基因工程等方面,具有良好的应用前景。与天然种子由合子胚、胚乳和种皮构成类似,完整的人工种子由胚状体、人工胚乳和人工种皮三部分组成。人工种子的制作主要包括外植体的选取、胚状体的诱导、胚状体的同步化和人工种子的包埋等步骤。胚状体的同步化与人工种子的外观大小和形态,以及播种品质的一致性关系密切。人工种皮一直是人工种子研究的热点之一;目前,海藻酸钠因具有生物活性、无毒、成本低、可防止机械碰伤、工艺简单等优点而被广泛用于人工种皮制作的主要成分。包埋人工种子的方法主要有液胶包埋法、干燥包裹法和水凝胶法。在多种水凝胶中,以海藻酸钠来包埋的离子交换法应用最广。

三、材料与试剂

1. 主要材料

胡萝卜种子、解剖刀、镊子、三角瓶、培养皿、烧杯、滴管、量筒、记号笔、封口膜、脱脂棉、火柴、小烧杯、无菌滤纸、线绳等。

2. 主要试剂

70%(v/v)酒精、10%(v/v) NaClO 溶液、无菌水等。

3. 主要培养基

(1)种子接种培养基

1/4MS 基本培养基(表 1-7)+蔗糖 20g/L+琼脂 6g/L,pH 5.8,高压蒸汽灭菌。

(2)愈伤组织诱导培养基(S1)

MS 基本培养基+2,4-D 2mg/L+蔗糖 20g/L+琼脂 6g/L,pH 5.8,高压蒸汽灭菌。

(3)愈伤组织悬浮培养基(S2)

MS 基本培养基+2,4-D 2mg/L+蔗糖 20g/L,pH 5.8,高压蒸汽灭菌。

(4)胚状体诱导培养基(S3)

MS 基本培养基+蔗糖 20g/L,pH 5.8,高压蒸汽灭菌。

四、主要仪器设备

超净工作台、高压蒸汽灭菌锅、恒温光照培养箱、电子天平、移液枪、磁力搅拌器、高温干热灭菌器或红外灭菌器等。

五、实验步骤

1. 种子消毒与接种

胡萝卜种子先用 70%酒精消毒 5min,再用 10% NaClO 溶液消毒 20～30min,用无菌水清洗 3～5 次。将消毒的种子接种在种子接种培养基上发芽培养。播种后第 4～7 天种子萌发,当幼苗长至 1cm 时,将幼苗的下胚轴或子叶切成 2～4mm 大小。

2. 愈伤组织诱导

将外植体接种到 S1 培养基上,25℃暗培养约 30d,获得呈黄色、疏松、分散性好、生长旺盛的愈伤组织。

注意事项 1:若需要大量愈伤组织,则需要进行继代培养。

注意事项 2:诱导出的愈伤组织依其质地的差异可分三类:第一类呈水渍状,透明,质地松散;第二类为黄绿色,块状,质地密实;第三类为淡黄色,颗粒状,质地紧实。第一、二类为非胚性愈伤组织,第三类为胚性愈伤组织。显然,对第三类愈伤组织进行胚状体的诱导为最佳选择。

3. 愈伤组织悬浮培养

将生长状态好的愈伤组织接种到 S2 培养基,去除大的愈伤组织块,直到形成非常均匀的细胞系。

4. 胚状体诱导培养

将细胞悬浮系接种到 S3 培养基上悬浮培养,温度 25℃、光强 $36 \sim 54 \mu mol/(m^2 \cdot s)$ (12h/d)条件下培养,其间每周继代一次,最终获得大量胚状体。

5. 胚状体包埋

当胚状体长到一定程度时,将胚状体溶液过直径为 2mm 的尼龙筛网,获得 0.6～2mm 大小的胚状体,而后将其悬浮在含 MS、活性炭、防腐剂及 15%(m/v)海藻酸钠凝胶中。用直径为 4～6mm 的滴管或移液枪将含有胚状体的凝胶滴入 11.1%(m/v) $CaCl_2$ 溶液中固化成球,用无菌水冲洗后晾干,即为人工种子。

注意事项 1:用于包埋的胚状体大小要适中。如胡萝卜,胚状体长度为 2mm 时进行包埋较适宜。若胚状体过小,则人工种子发芽慢,且不整齐;若胚状体过大,则本身已发芽。

注意事项 2:海藻酸钠浓度低于 15g/L 时,用氯化钙进行离子交换时难以形成颗粒状小球;当海藻酸钠浓度大于 20g/L 时,随着浓度的提高,人工种子的发芽率和发芽后的成株率都急剧下降。

6. 发芽试验

将制成的人工种子播种在发芽培养基(1/4MS)上或在湿润的滤纸上进行发芽,发芽后幼苗移栽到温室。

六、思考题

1. 如何提高胚状体的诱导频率? 如何进行胚状体同步化培养?
2. 体细胞胚状体与合子胚有何不同?

实验八　植物胚珠培养

一、实验目的

1. 了解胚珠培养的基本原理。
2. 掌握棉花胚珠培养的方法及其操作过程。

二、实验原理

胚珠具有生长发育形成幼苗的能力,未受精胚珠培养可获得单倍体植株,受精胚珠培养可用于远缘杂种胚的拯救。另外,胚珠培养在胚培养中也显得很重要,因为处于早期的胚很小,分离和培养都比较困难,可以采用胚珠培养来观察和研究胚的生长与发育;如将胚珠从植株上分离出来,在人工控制的条件下进行离体培养,促进原胚继续胚性生长,使幼胚发育成熟,从而获得完整植株。在胚珠培养时,也容易从外植体上长出愈伤组织,这些愈伤组织可能来自幼胚,也可能来自珠心组织。因此,在胚珠培养时可通过调节培养基成分及其培养条件,调控胚珠各种组织细胞的生长和发育。例如,通过棉花胚珠培养,可连续观察胚珠表皮细胞的分化,以及纤维生长与发育的动态变化。

棉花纤维是由棉花胚珠外珠被表皮细胞分化而来的单细胞。纤维发生与发育可分为四个阶段,即起始、伸长(初生细胞壁合成)、次生细胞壁合成和脱水成熟。其中,起始阶段表皮细胞突起不但与皮棉产量相关,也与纤维最终长度等品质相关。利用胚珠培养的方法人为调节各种培养条件或各种因素,如激素、光、温等,可避免田间复杂自然条件的影响,使研究更趋精确。

三、材料与试剂

1. 主要材料

开花期的植物(如棉花)、解剖刀、镊子、三角瓶、培养皿、烧杯、滴管、量筒、记号笔、封口膜、脱脂棉、火柴、小烧杯、无菌滤纸、线绳等。

2. 主要试剂

70%(v/v)酒精、0.1%(m/v) $HgCl_2$ 溶液、无菌水等。

3. 主要培养基

胚珠培养基:BT 培养基(表 2-7)+葡萄糖 18.016g/L+果糖 3.6032g/L,pH 5.0,高压灭菌后加入过滤灭菌的 GA_3 173μg/L 及 IAA 875μg/L。

表 2-7　BT 培养基

母液名称	成分	母液浓度(g/L)	终浓度(mg/L)	配制 1L 培养基需要的母液(mL)
BT 大量元素	KH_2PO_4	27.2180	272.180	
	H_3BO_3	0.6183	6.183	10
	$Na_2MoO_4 \cdot 2H_2O$	0.0242	0.242	
BT 微量元素 I	$CaCl_2 \cdot 2H_2O$	44.1060	441.060	
	KI	0.0830	0.830	10
	$CoCl_2 \cdot 6H_2O$	0.0024	0.024	
BT 微量元素 II	$MgSO_4 \cdot 7H_2O$	49.3000	493.000	
	$MnSO_4 \cdot H_2O$	1.6902	16.902	
	$ZnSO_4 \cdot 7H_2O$	0.8627	8.627	10
	$CuSO_4 \cdot 5H_2O$	0.0025	0.025	
BT 硝酸盐	KNO_3	505.5500	5055.500	10
BT 铁盐	$FeSO_4 \cdot 7H_2O$	0.8341	8.341	
	Na_2EDTA	1.1167	11.167	10
BT 维生素	Nicotinic acid	0.0492	0.492	
	Pyridoxine HCl	0.0822	0.822	10
	Thiamine HCl	0.1349	1.349	
BT 肌醇	Myo-inositol	18.0160	180.160	10

五、实验步骤(本实验以棉花胚珠培养为例)

1. 外植体的消毒

在超净工作台中,取开花后一天的花朵,除去花瓣和萼片,留下的幼铃用无菌水洗涤 2 次,再用 70% 酒精消毒 1.5min,无菌水冲洗 5 次,而后用 0.1% $HgCl_2$ 溶液消毒 10min,无菌水清洗 5 次。

注意事项:棉花胚珠在离体培养时,纤维是否能很好地从胚珠上长出和伸长,与胚珠是否受精关系较大,实践表明受精胚珠好于未受精胚珠。因此,取棉花胚珠时应取自交或杂交后 24h 的棉铃。

2. 外植体接种与培养

用解剖刀切开幼铃,剥取 1 个子房中的胚珠(20~30 粒),接种在胚珠培养基中,30℃暗培养。

3. 观察

从接种后的第 3 天起,观察到胚珠表皮上长出的纤维,然后纤维进入伸长期,在接种后第 5~15 天伸长最快,第 15~20 天趋缓,第 20~23 天基本停止伸长,最终长度可达 20mm 以上(图 2-10)。棉花纤维伸长趋势呈"S"形曲线。

注意事项:在测量棉花纤维长度时,一般不需要将纤维从胚珠上分离后再测,而是直接在胚珠上测量。

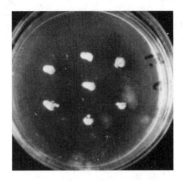

图 2-10　棉花胚珠(左)培养至 30d 时胚珠上长出的纤维(右)

4.记载

观察的同时记载胚珠上纤维的长度。测量方法:首先将胚珠投入沸水浴中煮沸 2min,使纤维相互分离,取出放在载玻片上,用流水轻轻冲洗使棉纤维细胞伸直,然后用 10cm 尺子测量纤维长度。但因发育早期纤维很短,需在体视显微镜下用目镜测微尺测量纤维长度。每个棉花品种取 3 个棉铃,每个棉铃随机测 10 个胚珠的纤维长度,计算平均值。

六、思考题

1.GA$_3$ 和 IAA 对棉花纤维生长有何生理作用?

2.植物胚珠培养在科学研究中有哪些价值?

第三章　目的基因的获得及植物表达载体构建

基因是细胞内 DNA 分子上具有遗传效应的特定核苷酸序列的总称,是具有遗传效应的 DNA 片段。一个完整的基因一般包括启动子、非编码区、编码区以及终止序列等。基因控制蛋白质合成,是不同物种以及同一物种的不同个体表现出不同性状的根本原因。为了揭示基因的功能,或者改变基因的功能,首先需要克隆基因。因此,基因克隆是开展基因工程或分子生物学研究的起点。常见的目的基因克隆方法包括 PCR 扩增法、RT-PCR 扩增法以及人工合成等。为了将外源 DNA 分子导入受体细胞(如细菌或植物细胞),必须借助既能装载 DNA 分子,又能进入细胞的载体,如常见的质粒载体和纳米颗粒等。因此,为了研究基因功能,必须将基因构建到合适的人工载体上。常见的载体构建方法包括酶切-连接法、Gateway 克隆技术、In-Fusion 克隆技术、Gibson 组装技术、Golden Gate 组装技术、TA 克隆技术、TOPO 克隆技术、不依赖序列和连接的克隆技术(sequence and ligation-independent cloning,SLIC)等。

实验一　植物总 DNA 提取和质量测定

一、实验目的

1.了解植物基因组 DNA 提取的基本原理。

2.了解植物基因组 DNA 质量和浓度的测定方法及其原理。

3.掌握植物基因组 DNA 的提取方法及其操作过程。

二、实验原理

DNA 提取是开展植物基因工程的首要步骤。植物总 DNA 主要包括染色体 DNA(核基因组 DNA)、线粒体 DNA(线粒体基因组 DNA)和叶绿体 DNA(叶绿体基因组 DNA)。植物总 DNA 分子量大,常与蛋白质和 RNA 结合以染色质形式存在,而且细胞内还含有较多的多糖和酚类物质。因此,提取植物总 DNA 的关键是采用各种方法将蛋白质、RNA、多糖、酚类等物质去除,并且在提取过程中避免 DNA 被内源或外源 DNase 降解,保证 DNA 的完整性。

(一)植物总 DNA 提取的基本程序及试剂作用机理

1. 材料选择

主要考虑植物的生长状态或生长期、组织或器官类型、样品取材的难易及丰富程度等，以幼嫩组织或器官为宜。

2. 细胞破碎

可采用机械法(如组织研磨仪、玻璃匀浆器、研钵研磨等)、物理法(如反复冻融、冷热交替、超声波处理等)和化学法(如自溶、酶解、表面活性剂处理等)破碎细胞。常用液氮(－196℃)研磨法破碎植物细胞，液氮下不仅组织容易被研磨成粉末，而且 DNase 活性也被抑制。

3. DNA 提取

DNA 提取液中一般含有离子型表面活性剂、抗氧化或强还原剂、EDTA、Tris-HCl 以及 NaCl。其中，离子型表面活性剂包括十二烷基肌氨酸钠(sarkosyl)、十二烷基磺酸钠(sodium dodecyl sulfate,SDS)、十六烷基三甲基溴化铵(cetyl-trimethyl ammonium bromide,CTAB)等，主要作用是溶解细胞膜和核膜蛋白，使核蛋白解聚，同时与蛋白质结合而沉淀蛋白质，致使细胞内的 DNA 释放。抗氧化或强还原剂，如 β-巯基乙醇，不仅能与酚形成络合物，也可与糖结合，去除酚和糖；此外，还有消泡作用。EDTA 的主要作用是抑制 DNase 活性。Tris-HCl 的主要作用是提供缓冲环境，防止核酸被破坏。而 NaCl 的主要作用是提供高盐环境，使 DNA 充分溶解。

4. DNA 纯化

无论采用哪种表面活性剂提取总 DNA，都有不同程度的蛋白质和多糖等物质污染，甚至其中的 RNA 也会干扰 DNA 的后续用途，因此需要进一步利用化学试剂或其他方法纯化 DNA，如有机溶剂抽提、沉淀、柱层析法、梯度离心法以及用酶温和消化杂质等。一般常用酚-氯仿(有时还添加异戊醇)，其中酚-氯仿与蛋白质溶液混合时，蛋白质之间的水分子将被酚-氯仿挤去，使蛋白质失去水合状态而变性，经离心，变性蛋白质的密度以及酚-氯仿的密度均比水大，从而溶有 DNA 的水相在上层。酚对蛋白质的变性作用大于氯仿，但酚与水相大约有 10％～15％的互溶，因此用酚纯化 DNA 时会损失部分 DNA。异戊醇的主要作用是减少抽提过程中的泡沫产生。当然，为了减少 DNA 中的 RNA 干扰，有时还会使用 RNA 酶去除 RNA。

5. DNA 沉淀与溶解

为了去除 DNA 提取过程中的水溶性化学成分，需要对 DNA 溶液进行沉淀，常用的沉淀剂为酒精和异丙醇。酒精与核酸不会发生任何化学反应，对 DNA 很安全，当 DNA 溶液中加入一定量(一般是 DNA 溶液体积的 2 倍)无水乙醇时，乙醇将夺去 DNA 周围的水分子，使 DNA 失水而聚合，经离心后 DNA 沉淀下来，而酒精还有脱盐作用，以及低温下酒精还可抑制 DNase 活性。而异丙醇的疏水作用比无水乙醇大，因此沉淀 DNA 的用量更小，一般仅需 DNA 溶液的 2/3，但异丙醇不易挥发。

DNA 沉淀后，需要用超纯水或 TE(Tris-EDTA 缓冲液,pH 8.0)缓冲液溶解，一般建议用 TE 溶解，主要是碱性 TE 有利于 DNA 的溶解，TE 溶液中的 EDTA 可以抑制 DNase 活性。

(二)DNA 质量测定

1. 紫外分光光度计测定 DNA 质量

核酸的最大吸收波长为 260nm,吸收低谷为 230nm,而蛋白质的最大吸收波长则为 280nm,这种物理学特性为测定核酸浓度奠定了基础。在波长 260nm 处,1OD 值的光密度相当于 $50\mu g/mL$ 双链 DNA 或 $40\mu g/mL$ 单链寡核苷酸。因此,可以据此计算核酸样品的浓度,还可通过测定在 260nm 和 280nm 处 OD 值的比值(OD_{260}/OD_{280})估计核酸的纯度,纯净 DNA 的比值为 1.8,RNA 为 2.0,若比值大于 1.8,说明 DNA 样品中存在 RNA,若样品中含有酚和蛋白质将导致比值降低。当然,也存在既含蛋白质又含 RNA 的 DNA 溶液,其 OD_{260}/OD_{280} 的比值大于 1.8,所以为了确定是否有 RNA 或蛋白质污染,一般需要进一步用琼脂糖凝胶电泳鉴定 DNA,或用测定蛋白质的方法测定蛋白质。此外,紫外分光光度计只能测定浓度大于 $0.25\mu g/mL$ 的核酸溶液,对浓度更小的样品,建议采用荧光分光光度法测定。

2. 凝胶电泳测定 DNA 质量

凝胶电泳是最常规的分子生物学实验方法,常用来鉴定、分离和提纯 DNA。通常来说,核酸的等电点比较低,如 DNA 的等电点为 4.0~4.5,RNA 的等电点为 2.0~2.9。因此,DNA 分子在 pH 值高于其等电点的电泳缓冲溶液中带负电荷,DNA 分子在凝胶介质的支撑下,在电场中向正极移动。

琼脂糖凝胶和聚丙烯酰胺凝胶是常用的两种 DNA 支撑介质,前者的孔径大,适合分离 100bp~60kb 的 DNA 分子,而后者孔径小,适合分离 1~500bp 的 DNA 分子。对于线性 DNA 分子来说,琼脂糖凝胶的浓度与分离 DNA 分子大小呈反比(表 3-1),即分离大片段 DNA 一般采用低浓度;反之,则用高浓度。

表 3-1　琼脂糖凝胶浓度与分离 DNA 分子大小的关系

琼脂糖凝胶浓度(%)	分离线性 DNA 分子的有效长度(kb)
0.3	5~60
0.6	1~20
0.7	0.8~10
0.9	0.5~7
1.2	0.4~6
1.5	0.2~4
2.0	0.1~3

电泳缓冲液不仅用于制作琼脂糖或聚丙烯酰胺凝胶,更是作为电泳场的导体,直接影响 DNA 分子的电泳效率。常用的电泳缓冲液有 TAE、TBE 和 TPE 三种,其中 TAE 缓冲容量较低,但溶解度大、便宜且易储存,双链 DNA 分子迁移速率较 TBE 和 TPE 快 10%,适合片段大的 DNA 分子的较短时间电泳;TBE 缓冲容量大,但溶解度小,适合 DNA 分子的较长时间电泳;TPE 的缓冲能力较强,但由于磷酸盐易在酒精中沉淀而析出,故不宜在需要回收 DNA 片段的电泳中使用。

为了能监测 DNA 电泳过程中 DNA 的迁移位置,一般还需要在 DNA 溶液中加一定颜色的指示剂,常用的指示剂包括溴酚蓝和二甲苯青 FF,两者在 TAE 和 TBE 的琼脂糖凝胶电泳的迁移速率见表 3-2。指示剂一般加在电泳上样缓冲液中,为了使 DNA 样品能沉入凝胶孔中,缓冲液中需要加入适量的蔗糖、聚蔗糖或甘油等化学试剂,以便增加 DNA 样品的相对密度。

表 3-2　指示剂溴酚蓝和二甲苯青 FF 在不同条件下的迁移速率

琼脂糖浓度(%)	溴酚蓝位置大约对应双链线性 DNA 分子大小(bp)		二甲苯青 FF 位置大约对应双链线性 DNA 分子大小(bp)	
	0.5×TBE	1×TAE	0.5×TBE	1×TAE
0.5	750	1150	13000	16700
0.6	540	850	8820	11600
0.7	410	660	6400	8500
0.8	320	530	4830	6500
0.9	260	440	3770	5140
1.0	220	370	3030	4160
1.2	160	275	2070	2890
1.5	110	190	1300	1840
2.0	65	120	710	1040

为了能观测 DNA 分子,一般需要在凝胶中加入核酸染料或者凝胶电泳完成后对凝胶进行染色。常用的核酸染色剂有溴化乙锭(EB)、GelRed/GelGreen、GoldView、SYBR 系列(如 SYBR Green、SYBR Gold 和 SYBR Safe),其中 EB 可以嵌入核酸双链的配对碱基对之间,在紫外光激发下呈橘红色荧光,该染料灵敏度高,是强诱变剂,具有高致瘤性(表 3-3)。

表 3-3　不同核酸染色剂的特性

染料类型	安全性	稳定性	灵敏性	优点	缺点
EB	−	+	++	廉价	强诱变剂
GelRed/GelGreen	+	+	++	安全	价格高
GoldView	−	−	+	大片段染色好	易淬灭
SYBR Geen/Gold	−	−	++	灵敏	稳定性差
SYBR Safe	+	−	+	安全	灵敏性低

三、材料与试剂

1. 主要材料

植物叶片或其他幼嫩组织器官、研钵、离心管、枪头等。

2. 主要试剂

2×CTAB 提取缓冲液[CTAB 20g/L＋Tris-HCl(pH 8.0)100mmol/L＋EDTA 5.84 g/L＋NaCl 81.9g/L＋β-巯基乙醇 40mmol/L]、10%(m/v)CTAB、无水乙醇、TE 缓冲液[Tris-HCl(pH 8.0)10mmol/L＋EDTA 292mg/L]、50×TAE[Tris 242.2g/L＋冰醋酸

5.7%（v/v）＋EDTA（pH 8.0）50mmol/L，pH 8.0]、氯仿-异戊醇（24∶1）、EB 溶液（1mg/mL）、琼脂糖等。

四、主要仪器设备

台式离心机、电泳仪、水平电泳槽、水浴锅、紫外可见分光光度计、低温冰箱、移液枪等。

五、实验步骤

（一）CTAB 法微量提取植物总 DNA

1. 取 0.1g 叶片并在研钵中剪碎，加入 700μL 2×CTAB 提取缓冲液，将组织样品充分研磨成匀浆，而后转移匀浆至 2mL 离心管，65℃水浴 30min，其间每 5min 颠倒离心管混匀样品一次。

注意事项 1：组织样品量大时，建议使用研磨仪研磨样品。

注意事项 2：为了更充分研磨样品，也可用液氮研磨，再将粉末转入离心管，加入预热的 DNA 提取液。

注意事项 3：对于富含酚的植物材料，如棉花叶片，则应在提取液中加入适量聚乙烯吡咯烷酮（polyvinyl pyrrolidone，PVP）。

2. 加入等体积的氯仿-异戊醇（24∶1）溶液，上下颠倒离心管，充分混匀样品。

注意事项：对于富含酚、多糖的植物材料，可以利用 CTAB 及氯仿-异戊醇（24∶1）多次抽提。

3. 室温下 12000r/min 离心 10min，而后将 300～500μL 上清液转移到 1.5mL 离心管。

注意事项：若是采用研磨仪研磨的样品（离心管中加入了钢珠或锆珠），则建议离心速度降至 10000r/min，离心 15min 或更长。

4. 加入 2 倍体积的预冷无水乙醇，轻轻混匀，使无水乙醇与水相充分混合。

注意事项：为了提高 DNA 提取率，建议将无水乙醇-水相混合物置于－20℃冰箱冷冻 1h 以上。

5. 室温下 12000r/min 离心 5min，立即倒掉液体，注意勿将白色 DNA 沉淀倒出，而后将离心管倒立于吸水纸上，去除无水乙醇。

6. 加入 1mL 75%（v/v）酒精，用旋涡仪或用手轻弹离心管底部，使 DNA 沉淀悬于酒精溶液中。

7. 室温下 12000r/min 离心 1min，立即倒掉液体，注意勿将白色 DNA 沉淀倒出，而后将离心管倒立于吸水纸上，去除多余酒精，风干 DNA。

8. 加入 30～50μL ddH$_2$O 或 0.5×TE 溶液，－20℃保存备用。

（二）CTAB 法大量提取植物总 DNA

1. －20℃预冷研钵和研棒。

2. 取 6g 新鲜植物样品（如叶片），尽可能剪碎并置于研钵中，加入液氮充分研磨成粉末。

3. 将粉末转入预冷的 50mL 离心管，加入预热的 2×CTAB 提取缓冲液 20mL，迅速混匀，65℃水浴 30min，其间每 5min 颠倒离心管混匀样品一次。

4. 取出后冷却至室温，加入等体积的氯仿-异戊醇（24∶1），轻轻充分混匀，直至离心管底部变为黑色。

5.室温下 4000r/min 离心 20min,用一开口较大的滴管(或剪去尖端的枪头)吸取上清至新的离心管。

6.加入 1/10 体积的 65℃ 预热的 10% CTAB,轻轻混匀,加入 1 倍体积的氯仿-异戊醇(24：1),轻摇 20min。

7.室温下 4000r/min 离心 20min,用一开口较大的滴管(或剪去尖端的枪头)吸取上清水相至新的离心管。

8.加入 2/3 体积的异丙醇,轻轻混匀,使 DNA 析出,一般可以产生能用玻棒搅起来的长链 DNA,或者是云雾状的 DNA,如果看不到 DNA,则可以将样品在室温下放置数小时甚至过夜。

9.用枪头钩出 DNA 并置于 2mL 离心管中。

10.加入 500μL 58.5g/L NaCl 溶液和 2μL 1μg/μL RNase A,37℃保温 1h。

11.加入 2 倍体积的预冷无水乙醇沉淀 DNA,用枪头钩出 DNA 并转入 1.5mL 离心管。

12.加入 1mL 75% 酒精(内含 NaAc 41g/L),室温放置 20min。

13.用枪头钩出 DNA 并置于 1.5mL 离心管,加入 1mL 无水乙醇,室温放置 5min。

14.弃乙醇,干燥 DNA。

15.加入适量 0.5×TE 溶液,−20℃保存备用。

(三)植物总 DNA 的快速提取

1.剪碎植物叶片(或一粒种子或胚),放入 PCR 板中。

2.加入 50μL 现配溶液 A[Tween 20 2%(v/v)+NaOH 4g/L]。

3.置−80℃冰箱处理 10min。

4.95℃水浴 10min。

5.加入 50μL 现配溶液 B(Tris-HCl 100mmol/L+EDTA 584mg/L, pH 8.0)。混匀后取 1μL 用于 PCR 扩增。−20℃下样品可保存 1 周。

(四)紫外可见分光光度计测定 DNA 的纯度和浓度

1. DNA 测定

取 2~5μL DNA,用 TE 溶液稀释至 1mL,混匀。以 TE 溶液为空白对照,用紫外可见分光光度计测定样品 260nm 和 280nm 波长处的 OD 值,计算 OD_{260}/OD_{280}。

注意事项:$OD_{260}/OD_{280}=1.8~2.0$,说明 DNA 纯度较高,大于 2.0 时说明残留较多 RNA,小于 1.8 时说明有蛋白质污染。或利用核酸微量测定仪,一般 1~2μL DNA 直接测定。

2. DNA 浓度计算

当 $OD_{260}=1$ 时,样品中含有相当于 50μg/mL 的双链 DNA,故可按以下公式计算 DNA 浓度:

样品 DNA 浓度(μg/mL)＝$OD_{260}×50×$稀释倍数

(五)琼脂糖凝胶电泳检测 DNA

1.制备 1% 琼脂糖凝胶

称取琼脂糖 1g,置于 100mL 的 1×TAE 缓冲液中煮沸溶解。待琼脂糖溶液温度降至

50～60℃时,加入 20μL 1mg/mL 的 EB 溶液,混匀后倒入制胶模具,同时插入制胶梳子。室温凝固 20min 以上,而后小心垂直向上拔出梳子,保证点样孔完好。将凝胶置入电泳槽中,加 1×TAE 电泳缓冲液至液面覆盖凝胶 2～3mm。

2.点样

吸取 10μL DNA(约 1μg)样品,加 1×上样缓冲液后,加入点样孔内。

3.电泳

将电泳槽的电线与电泳仪连接,打开电源开关,调节电压至 3～5V/cm,可见到溴酚蓝条带由负极向正极移动,距离胶板约 1cm 处停止电泳。

4.观察和拍照

将琼脂糖凝胶置于凝胶成像系统中,观察并拍照(图 3-1)。

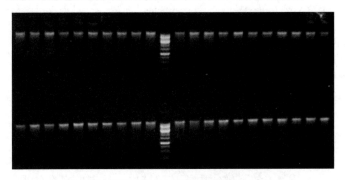

图 3-1 植物总 DNA 的琼脂糖凝胶电泳图

六、思考题

1.如何在植物 DNA 提取过程中减少 DNA 的降解?

2.样品 DNA 进行电泳时应注意哪些事项?

实验二　植物总 RNA 提取和质量测定

一、实验目的

1. 了解植物总 RNA 提取方法及其基本原理。
2. 了解植物总 RNA 的质量测定方法。
3. 掌握植物总 RNA 的提取方法。

二、实验原理

RNA 是基因的转录产物,在基因结构与功能研究中有重要应用价值,如在 Northern 杂交、纯化 mRNA 以用于体外翻译,或建立 cDNA 文库、RT-PCR、qRT-PCR 及 mRNA 差异分析等研究中都需要高质量的 RNA。因此,从植物细胞中提取纯度高、完整性好的 RNA 是顺利进行上述研究的关键。

RNA 是一类极易降解的核酸分子,要得到完整的 RNA,必须最大限度地抑制提取过程中内源及外源 RNase 对 RNA 的降解。由于核酸链内二硫键的存在使得许多 RNase 可抵抗长时间煮沸和温和变性剂,并且变性的 RNase 可立即重新折叠,因此至今尚无简易灭活 RNase 的方法。而且,与大多数 DNase 不同,RNase 不需要二价阳离子激活,因此难以被缓冲液中的 EDTA 或其他金属离子螯合剂失活。而高浓度强变性剂,如异硫氰酸胍(GITC)可溶解蛋白质,破坏细胞结构,分离核蛋白与核酸的结合,失活 RNase,使 RNA 从细胞中释放出来时不被降解。细胞裂解后,除了 RNA,还有 DNA、蛋白质和细胞碎片等杂质,通过酚、氯仿等有机溶剂抽提,去除杂质,纯化 RNA。

本实验分别介绍两种方法制备植物 RNA,一种是异硫氰酸胍-酚抽提法,另一种是用商用单相裂解试剂(表 3-4),如 TRIzol(Invitrogen)提取,前者可根据植物组织的种类不同调整操作步骤,后者适用于小量制备。

表 3-4　商品化单相裂解试剂

商品名称	生产公司
ISOGEN 和 ISOGEN-LS	Nippom Gene
Iso-RNA 裂解试剂	5 Prime
QIAzol 裂解试剂	QIAGEN
RNApure	GenHunter
RNA STAT-60	Tel-Test
TriPure 分离试剂	Roche Applied Science

商品名称	生产公司
TRI 试剂	Ambion
TRIzol 和 TRIzol LS 试剂	Life Technologies
NucleoZOL	NEB

三、材料与试剂

1. 主要材料

植物组织或器官、研钵、无 RNase 的离心管和枪头等。

2. 主要试剂

无 RNase 超纯水、氯仿、无水乙醇、75％乙醇、液氮、焦碳酸二乙酯(DEPC)、吗啉代丙烷磺酸(MOPS)、异硫氰酸胍(GITC)、乙酸钠(NaAc)、水饱和酚、甲醛、乙二胺四乙酸(EDTA)、琼脂糖、异丙醇、柠檬酸钠、十二烷基肌氨酸钠、β-巯基乙醇、甲酰胺、溴化乙锭(EB)等。

RNA 提取液：异硫氰酸胍 472g/L ＋柠檬酸钠 6.45g/L(pH 7.0)＋十二烷基肌氨酸钠 5g/L,使用前加 7ml/L(v/v) β-巯基乙醇。

四、主要仪器设备

高速冷冻离心机、紫外可见分光光度计、恒温水浴锅、低温冰箱、电泳仪、水平电泳槽(使用前用 10g/L NaOH 溶液浸泡过夜,再用 DEPC 水冲洗)、凝胶成像系统、高压灭菌锅等。

五、实验步骤

(一)异硫氰酸胍-酚抽提法提取总 RNA

1. 剪取 1.5g 植物功能叶,剪碎于研钵,加入液氮充分研磨至粉末。将粉末移入无 RNase 的 20mL 离心管,加入 4mL RNA 提取液,300μL 164g/L 乙酸钠,3mL 水饱和酚,0.6mL 氯仿,混匀,冰上放置 30min。

2. 4℃下 12000r/min 离心 15min。将上清转入 20mL 离心管,加等体积异丙醇或 2 倍体积无水乙醇,混匀,－20℃处理 30～60min。

3. 4℃下 12000r/min 离心 20min。弃上清,加 1mL 96g/L LiCl 溶液溶解沉淀,将溶液转入 1.5mL 离心管,冰浴 2h。

4. 4℃下 13000r/min 离心 15min。弃上清,加 400μL DEPC 水及 400μL 氯仿,混匀。

5. 4℃下 13000r/min 离心 6min。取上清,加 1/10 体积 246g/L 乙酸钠及 2 倍体积无水乙醇,－20℃处理 30min。

6. 4℃下 13000r/min 离心 10min,弃上清。用 75％乙醇洗涤沉淀 2 次,弃乙醇相。

7. 沉淀于室温下稍干燥,加 30μL DEPC 水溶解,－70℃保存。

(二)TRIzol 试剂盒提取总 RNA

1. 取 0.1g 植物组织,在研钵中用液氮磨成粉末,将粉末转入 1.5mL 离心管,加 1mL

TRIzol，充分混匀。

2. 室温放置 5min，加 0.2mL 氯仿，剧烈振荡 15s。

3. 4℃下 12000r/min 离心 15min。

4. 取上层水相，转入 1.5mL 离心管，加 0.5mL 异丙醇，混匀，室温放置 10min，4℃下 12000r/min 离心 10min。

5. 弃上清，加 1mL 75％乙醇，涡旋起 RNA 沉淀，4℃下 7500r/min 离心 5min。

注意事项：RNA 沉淀可保存于 75％乙醇，2～8℃可存放一周以上或－20℃可存放一年以上。如需长期保存，RNA 可溶于 100％甲酰胺，－70℃可长期保存。

6. 小心去上清，室温下适当干燥，加入适量（如 20μL）无 RNase 的 ddH$_2$O，必要时可 55～60℃水浴 10min。－70℃保存样品。

注意事项：注意不要过分干燥，否则会降低 RNA 的溶解度。

(三)紫外分光光度法测定 RNA 质量

1. RNA 测定

取 1μL RNA，用无 RNase 的 ddH$_2$O 稀释至 1mL，混匀。以无 RNase 的 ddH$_2$O 为空白对照。在紫外可见分光光度计下测定样品在 260nm 和 280nm 波长处的 OD 值，计算 OD$_{260}$/OD$_{280}$。

注意事项：若 OD$_{260}$/OD$_{280}$≥1.8，说明 RNA 质量符合要求。

2. RNA 浓度计算

当 OD$_{260}$＝1 时，样品中含有相当于 40μg/mL 单链 RNA，故可按以下公式计算 RNA 浓度：

样品 RNA 浓度（μg/mL）＝OD$_{260}$×40×稀释倍数

(四)甲醛变性琼脂糖凝胶电泳分析 RNA 质量

1. 1.5％变性琼脂糖凝胶制备

称取 1.5％琼脂糖，加 72mL DEPC 水，加热溶解，待温度降至 60℃左右，加 10mL 10×MOPS 缓冲液（10×MOPS：MOPS 41.9g/L＋NaAc 8.2g/L＋EDTA 3.72g/L，pH 7.0）以及 18mL 37％甲醛，混匀，胶盘制胶并插入合适的梳子，室温凝固 0.5～1.0h 后，小心拔出梳子。

注意事项：1.5％琼脂糖凝胶适合分离 0.5～8.0kb 的 RNA；更大的 RNA 应采用 1.0％或 1.2％的凝胶。

2. 变性 RNA 样品制备

取 1～3μg RNA，加等体积 2×RNA 上样缓冲液［2×RNA Loading Dye：甲醛 95％（v/v）＋SDS 0.25g/L＋溴酚蓝 0.25g/L＋二甲苯青 FF 0.25g/L＋EB 0.25g/L＋EDTA 0.5mmol/L］，混匀，70℃处理 10min，置于冰上 3min，上样前短暂离心。

3. 电泳检测

将琼脂糖凝胶放入水平电泳槽中，加 1×MOPS 电泳缓冲液，液面略低于胶面，100V 预电泳 10min。将 RNA 样品加到凝胶点样孔中，100V 电泳 5min，待样品及标准物进入凝胶后，再加入 1×MOPS 电泳缓冲液，让液面高于凝胶约 1mm，100V 电泳 30～60min，在紫外灯下观察 RNA 并拍照（图 3-2）。

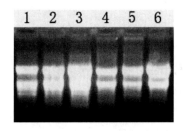

图 3-2　植物总 RNA 的 1.5％甲醛变性琼脂糖凝胶电泳

六、思考题

1.成功提取 RNA 的关键是什么？

2.如何在 RNA 提取过程中避免 RNA 降解？

3.如何避免提取的 RNA 中被 DNA 污染？

实验三　PCR 扩增目的基因

一、实验目的

1. 了解 PCR 扩增的基本原理。
2. 了解影响 PCR 反应的因素。
3. 了解常用 PCR 技术的种类。
4. 掌握 PCR 扩增的基本过程。

二、实验原理

1. PCR 技术的基本原理

聚合酶链反应(PCR)的基本原理类似于 DNA 的天然复制过程,是在体外进行的特异性依赖于与靶序列两端互补的寡核苷酸引物介导的酶促 DNA 扩增反应。PCR 反应液中包含模板 DNA、引物、4 种脱氧核糖核苷酸(dNTP)、DNA 聚合酶以及 PCR 缓冲液,经高温变性(denaturing)(变性温度通常大于 90℃,94～98℃是最常用的变性温度)、低温退火(annealing)[退火温度设定为低于熔解温度(melting temperature,Tm)5℃,一般为 45～55℃]和引物延伸(extension)(延伸温度为 55～72℃,最常用的是 72℃)三个基本步骤循环构成。

常规 PCR 技术已广泛应用于 DNA 片段的扩增,反应循环数为 25～35,变性温度为 94℃,退火温度低于引物 Tm 值 5℃,延伸温度为 72℃,DNA 扩增拷贝数为 $10^6 \sim 10^9$。

2. 特异引物设计原则

引物是影响 PCR 扩增效率和扩增特异性的关键因素。引物设计通常遵循以下原则:

(1)引物长度通常为 18～30nt,引物过短会造成 Tm 过低,引物不能与模板很好地配对或配对专一性差,而引物过长又将导致其延伸温度大于 74℃。一对引物的长度差一般不超过 3nt。

(2)引物的 G+C 含量一般控制在 40％～60％,且 4 种核苷酸在引物上均匀分布。

(3)引物和靶序列形成的二聚物的最佳 Tm 介于 55～60℃,同一对引物之间的 Tm 差距不超过 2～3℃。长度 25nt 以下的引物 Tm 计算公式:Tm＝4℃×(G+C)+2℃×(A+T);大于 25nt 的引物 Tm 计算公式:Tm＝81.5+16.6×lg[Na$^+$]＋0.41×(％GC)－600/引物长度,其中[Na$^+$]是指 PCR 反应体系中 Na$^+$ 的最终浓度。

(4)引物自身(尤其是引物 3′端)不含反向重复序列或>3bp 的自互补序列。

(5)引物之间不能有连续 4 个碱基以上的互补。

(6)最靠近引物 3′端的 5 个碱基中的 G 或 C 可帮助引物牢固结合在模板上,且引物 3′端以 G 结尾有利于提高引物的扩增效率和特异性,但是,最后的 5 个碱基中应避免超过 3 个 G 或 C。

(7)一些和模板不配对而有用的序列(如基因克隆中需要在引物 5′端外接限制性内切酶

位点),但多数限制性内切酶在切割 DNA 末端序列的酶切位点时效率很差,因此,一般在酶切位点的 5′端还需再加入至少 3 个保护碱基。

3. DNA 聚合酶

合理选择耐热 DNA 聚合酶是决定 PCR 成败的另一个关键因素。因此,选择最合适的耐热聚合酶是进行 PCR 反应的首要考虑问题。不同耐热 DNA 聚合酶的主要区别在于特异性、保真性、耐热性、扩增速率、扩增片段长度等。依据这些特性,将耐高温 DNA 聚合酶分为以下两类。

(1)第一类是普通 DNA 聚合酶。该类酶扩增效率高,但没有校正功能,即具有很强的 5′→3′方向合成 DNA 的功能,但没有 3′→5′方向的外切酶活性,但合成效率高,合成过程中容易出错。Taq DNA 聚合酶就是其中的代表,该酶来自栖热水生菌(*Thermus aquaticus*)。

(2)第二类是高保真 DNA 聚合酶。该类酶既具有 5′→3′方向合成 DNA 的功能,又具有 3′→5′方向外切酶的活性和纠错功能,但 DNA 合成效率与普通 Taq 酶相比大大降低。常用的高保真 DNA 聚合酶包括:来源于 *Pyrococcus furiosus* 的 Pfu DNA 聚合酶、来源于 *Thermococcus litoralis* 的 Tli DNA 聚合酶(也称为 Vent DNA 聚合酶)、来源于 *Thermococcus*(*Pyrococcus*)*kodakaraensis* 的 KOD DNA 聚合酶,以及其他高保真 DNA 聚合酶(如 TKSGflex、Q5、Phanta、Pyrobest、PrimerSTAR 等)。

4. PCR 类型

针对目的片段的不同扩增目的及要求,常用的 PCR 类型有热启动 PCR、降落 PCR(touchdown PCR)、反转录 PCR(reverse transcription polymerase chain reaction,RT-PCR)、实时荧光定量 PCR(quantitative real-time PCR,qRT-PCR)、兼并引物 PCR、巢氏 PCR、反向 PCR、热不对称 PCR、原位 PCR、cDNA 末端快速扩增技术(rapid-amplification of cDNA ends,RACE)、免疫 PCR、甲基化特异 PCR(methylation specific PCR,MSPCR)等。

三、材料与试剂

1. 主要材料

植物总 DNA 或质粒 DNA(浓度为 1pg~1μg)、0.2mL PCR 管或 PCR 板等。

2. 主要试剂

高保真 DNA 聚合酶(如本实验使用 Takara 公司的 PrimeSTAR HS DNA Polymerase)、基因的开放阅读框(open reading frame,ORF)的特异引物(本实验引物用于扩增 *Amp* 基因(861bp),上游引物:5′-ATGAGTATTCAACATTTCCG-3′;下游引物:5′-TTACCAATGCTTAATCAGTGAG-3′)、琼脂糖、50×TAE 缓冲液、核酸染料 EB、超纯水等。

四、主要仪器设备

PCR 仪、水平电泳槽、电泳仪、移液枪、微波炉、天平、凝胶成像系统等。

五、实验步骤

1. 配制 PCR 反应体系

将表 3-5 中的各种试剂加入 0.2mL 离心管中。

表 3-5　PCR 反应体系

成分	含量
5×PrimeSTAR Buffer	10μL
DNA 模板	20~50ng
dNTPs(10mmol/L)	1μL
上游引物(10μmol/L)	1μL
下游引物(10μmol/L)	1μL
PrimeSTAR HS DNA Polymerase	1U
ddH$_2$O	至 50μL

2.PCR 扩增

将含样品的离心管稍离心后,插入 PCR 仪的样品板上。设定 PCR 反应程序:热盖温度 105℃,98℃ 3min,使模板充分变性,而后进行 30~35 个循环(包括 98℃ 10s,56℃ 15s, 72℃ 45s),72℃延伸 5min,补平 DNA 末端。

注意事项 1:如果 PCR 仪没有配制加热盖,则应在反应混合液层加一滴矿物油,防止样品在反复的冷热循环中蒸发。

注意事项 2:一般来说,普通 DNA 聚合酶的延伸速度为 1kb/min,而高保真 DNA 聚合酶的延伸速度为 0.5kb/min。

3.PCR 产物检测

取 5~10μL PCR 反应液,加入 1×上样缓冲液,配制含有 EB 的 1%琼脂糖凝胶进行电泳。电泳结束后,将琼脂糖凝胶置于凝胶成像系统中,观察并拍照(图 3-3)。

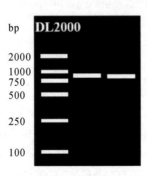

图 3-3　*Amp* 基因 PCR 扩增产物的琼脂糖凝胶电泳图

注意事项:电泳时,需要外加一个大小合适的 DNA 标准物。

六、思考题

1.影响 PCR 扩增效率的因素有哪些?

2.如何解决非特异性扩增甚至无扩增产物?

3.琼脂糖凝胶电泳时,如何选择琼脂糖浓度及电泳时的电压和电流?

实验四　RT-PCR 扩增目的基因

一、实验目的

1. 了解 RT-PCR 技术的基本工作原理。
2. 掌握利用 RT-PCR 技术从植物 RNA 中扩增目的基因的基本操作过程。

二、实验原理

(一)RT-PCR 的基本原理

普通 PCR 是以植物基因组 DNA 为模板扩增目的基因,但结构基因基本上由编码区(转录区)和非编码区(侧翼序列)两部分组成,其中编码区包括能够编码蛋白质的序列(外显子)和一般不能够编码蛋白质的序列(内含子)。在真核细胞基因表达时,首先由 DNA 转录形成前体 mRNA(pre-messenger RNA),然后经剪切(将内含子的转录部分切除并将外显子的转录部分连接起来)形成成熟 mRNA。因此,用普通 PCR 方法从基因组 DNA 中扩增获得的目的基因序列包含基因的全部内含子和外显子,不仅不能用于基因工程的直接表达,而且有时因为内含子序列过长而难以扩增及克隆。如果用人工方法剔除内含子则极其烦琐、费时费力,而利用 RT-PCR 则简单快捷。RT-PCR 是以植物总 RNA 或 mRNA 为模板,在反转录酶的催化下,在随机引物、Oligo(dT)或基因 $3'$ 端特异性引物的引导下合成互补 DNA(complementary DNA,cDNA),再以 cDNA 为模板,按照普通 PCR 的方法扩增获得不含内含子的可编码完整基因的 DNA 序列。若 DNA 的 $5'$ 和 $3'$ 端经一定的改造(如加上合适的限制性内切酶酶切位点),则可直接用于表达载体的构建,最终用于植物基因工程,因此 RT-PCR 是获取植物目的基因的重要途径。

(二)反转录酶

反转录酶(reverse transcriptase)又称逆转录酶或依赖 RNA 的 DNA 聚合酶。1970 年,Temin 等在致癌 RNA 病毒中发现了一种特殊的 DNA 聚合酶,该酶以 RNA 为模板,以 dNTP 为底物,tRNA(主要是色氨酸 tRNA)为引物,在 tRNA $3'$-OH 末端上,根据碱基配对原则,按 $5' \rightarrow 3'$ 方向合成一条与 RNA 模板互补的 DNA 单链,这条 DNA 单链叫互补 DNA(cDNA)。因此,反转录酶是决定 RT-PCR 是否成功的关键酶之一。常用反转录酶如下。

1. AMV 反转录酶

禽成髓细胞瘤病毒(avian myeloblastosis virus,AMV)反转录酶,来源于鸟类成髓细胞白血病病毒,由两条肽链组成,具有 $5' \rightarrow 3'$ 依赖引物的聚合酶活性和很强的 $3' \rightarrow 5'$ 的 RNA 酶 H 活性,反应温度为 $37 \sim 58℃$,最适温度为 $42℃$,最适 pH 为 8.3,特别适用于具有复杂二级结构的模板反转录。

2. M-MLV 反转录酶

M-MLV 反转录酶来源于鼠白血病病毒（moloney murine leukemia，M-MLV），由单条肽链组成，有 RNA 聚合酶活性和相对较弱的 RNA 酶 H 活性（或缺失 RNAse H 活性），第一代 M-MLV 的最适温度为 37℃，最适 pH 为 7.6。目前，也有对 M-MLV 进行定点突变的酶，能耐受更高的温度，如 ThermoFisher 的 Superscript Ⅲ 反转录酶最高可以耐 65℃，最佳反应温度 50～55℃，这有利于打开易折叠的 RNA 二级结构，提高复杂 RNA 模板的扩增性能及反转录 cDNA 长度和产量，从而提高后续检测的灵敏度。

3. 嗜热 Tth DNA 聚合酶

嗜热 Tth DNA 聚合酶是来源于嗜热细菌（*Thermus thermophilus* HB8）的耐热 DNA 聚合酶，在有 Mg^{2+} 等二价阳离子存在的情况下，具有 DNA 多聚酶活性，被广泛用于 PCR 反应，同时该酶的耐热性比 Taq 酶高，因此对高 GC 含量模板的 PCR 也有较好的效果；在 Mn^{2+} 条件下还具有反转录酶活性。

三、材料与试剂

1. 主要材料

植物总 RNA 或 mRNA、0.2mL PCR 管或 PCR 板等。

2. 主要试剂

反转录酶（如 AMV 或 M-MLV，本实验使用 Promega 公司生产的 GoScript 反转录酶，货号 A5002）、高保真 DNA 聚合酶（如 PrimeSTAR HS DNA Polymerase）、目的基因特异引物、琼脂糖、TAE 缓冲液、核酸染料（如 EB）、超纯水、无 RNA 酶的超纯水（RNase-free H_2O）、RNA 酶抑制剂（RNase inhibitor）等。

四、主要仪器设备

PCR 仪、水平电泳槽、电泳仪、移液枪、微波炉、天平、凝胶成像系统等。

五、实验步骤

1. 目的基因特异引物设计

本实验以水稻 *OsACL-A3*（LOC_Os12g37870）为例（图 3-4），该基因含有 10 个内含子及 11 个外显子，编码 425aa）特异引物（上游引物：5′- ATGGCGCGGAAGAAGATCCG-3′；下游引物：5′-TCAGGATCCTGCTTCAGCCATG-3′）。

图 3-4 *OsACL-A3* 基因结构示意图

注意事项：为了增强基因的翻译效率，设计引物时通常还需要考虑 Kozak 序列。Kozak 序列是位于真核生物 mRNA 5′端帽子结构后面的一段核酸序列，单子叶植物为

GCNATGGC,双子叶植物为 AANATGGC。

2.第一链 cDNA 合成

(1)制备 RNA-引物混合液(表 3-6)。

表 3-6 RNA-引物混合液

成分	含量
Oligo(dT)$_{18}$ 或下游特异引物	$0.5\mu g$
总 RNA	最多 $5\mu g$
RNase-free H_2O	至 $5\mu L$

(2)溶液混匀后 70℃处理 5min,而后立即于冰水浴静置 5min,再稍微离心。

(3)制备反转录混合液(表 3-7)。

表 3-7 反转录混合液

成分	含量
GoScript 反转录酶	$1\mu L$
GoScript $5\times$反应缓冲液	$4\mu L$
RNase inhibitor	20U
dNTPs(10mmol/L each)	$1\mu L$
$MgCl_2$	$2\mu L$
RNase-free H_2O	至 $15\mu L$

(4)将 $15\mu L$ 反转录混合液与 $5\mu L$ RNA-引物混合液充分混匀,25℃温浴 5min 后 42℃反应 1h。

(5)70℃处理 15min,使反转录酶失活。

3.制备 PCR 反应体系

以上述第一链 cDNA 产物为模板进行常规 PCR 反应,反应体系见表 3-8。

表 3-8 PCR 反应体系

成分	含量
$5\times$PrimeSTAR Buffer	$10\mu L$
第一链 cDNA 产物	$0.1\sim1.0\mu L$
dNTPs(10mmol/L each)	$1\mu L$
上游引物($10\mu mol/L$)	$1\mu L$
下游引物($10\mu mol/L$)	$1\mu L$
PrimeSTAR HS DNA Polymerase	1U
ddH_2O	至 $50\mu L$

4. PCR 扩增

将含样品的离心管稍离心后,插入 PCR 仪的样品板上。设定 PCR 反应程序:热盖温度 105℃,98℃ 3min,使模板充分变性,而后进行 35 个循环(包括 98℃ 10s, 56℃ 15s,72℃ 60s),然后 72℃再延伸 5min,以补平 DNA 末端。

5. PCR 产物检测

取 5～10μL PCR 反应液,加入 1×上样缓冲液,配制含有 EB 的 1‰琼脂糖凝胶进行电泳。电泳结束后,将琼脂糖凝胶置于凝胶成像系统中,观察并拍照(图 3-5)。

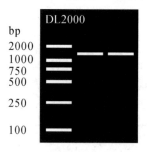

图 3-5 *OsACL-A3* 基因 RT-PCR 扩增产物的琼脂糖凝胶电泳图

六、思考题

1. 当 RT-PCR 出现非特异性甚至无扩增产物时,如何解决?

2. 如何避免实验过程中无处不在的 RNase?

实验五 目的基因克隆

一、实验目的

1. 了解克隆载体的分类和特点。
2. 掌握载体构建的常用方法。

二、实验原理

1. 载体的分类与特点

(1)按载体的来源和性质,可以将其分为质粒(plasmid)载体、噬菌体载体、黏性载体(cosmid)、人工载体[如 BAC(细菌人工染色体)、YAC(酵母人工染色体)和 PAC(P1 噬菌体人工染色体)]、病毒载体等。其中,质粒载体和病毒载体是植物生物技术中最常用的载体。

(2)按载体的功能和用途,可以将其分为克隆载体、表达载体(包括原核和真核表达载体)、测序载体(多克隆位点旁有合适的测序引物的互补序列)、转化载体(如整合载体,可以通过同源重组或其他方式整合到目标细胞的基因组中)、穿梭载体(能在两种不同的生物中复制的载体,含多个 ori,能携带插入序列在不同种类宿主中繁殖,在原核生物和真核细胞中都能复制和表达)以及多功能载体等。

(3)基因工程载体的特点:①有独立的复制起始位点,能在宿主细胞中复制繁殖;②含有多克隆位点,即含有多个限制性酶切位点的序列,便于外源 DNA 片段插入且插入后不影响其进入宿主细胞并在细胞中的复制;③容易从宿主细胞中分离纯化出来;④有易筛选的标记基因,如抗抗生素标记基因;⑤分子量小、多拷贝且易于操作。

(4)质粒的生物特性:质粒是细菌、酵母菌、植物和放线菌等生物中染色体(或拟核)以外的 DNA 分子,存在于细胞质中,具有自主复制能力,使其在子代细胞中也能保持恒定的拷贝数,并表达所携带的遗传信息,是闭合环状的双链 DNA 分子,大小为 1~200kb。质粒载体是在天然质粒的基础上为适应实验室操作而进行人工构建的质粒。与天然质粒相比,质粒载体通常带有一个或一个以上的选择性标记基因(如抗生素抗性基因)和一个人工合成的含有多个限制性内切酶识别位点的多克隆位点序列,并去掉了大部分非必需序列,分子量更小且便于基因工程操作。在生物细胞内,质粒 DNA 分子常以三种形态存在,即超螺旋 DNA (共价闭环 DNA,covalently closed circular DNA,cccDNA)、开环 DNA(open circular DNA,ocDNA,即两条链中的一条链发生一处或多处断裂的质粒分子)、线形 DNA(linear DNA,lDNA,即质粒 DNA 的两条链在同一处发生断裂形成的 DNA 分子)。在凝胶电泳中,这三种结构的 DNA 分子的迁移速率不同,cccDNA 的迁移速率最快,而 ocDNA 则最慢。此外,不同的质粒由于复制子的不同,导致质粒 DNA 的拷贝数也不同(表 3-9)。

表 3-9　质粒载体及其拷贝数

质粒	复制子	拷贝数
pBR322 及其衍生质粒	pMB1	15～20
pUC 系列质粒及其衍生质粒	改良 pMB1	500～700
pACYC 及其衍生质粒	P15A	10～212
pSC101 及其衍生质粒	pSC101	～5
ColE1	ColE1	15～20

2. DNA 连接酶

DNA 连接酶是基因克隆和载体构建必不可少的工具酶之一,最早的 DNA 连接酶来自 T4 噬菌体。常用 DNA 连接酶有两种,即来自大肠杆菌的 DNA 连接酶和来自噬菌体的 T4 DNA 连接酶,两者的作用机理类似,都可以催化黏性末端或平末端双链 DNA 的 $5'$-磷酸末端和 $3'$-羟基末端之间以磷酸二酯键结合,从而使两段 DNA 连接成环形 DNA 分子。此外,T7 DNA 连接酶来源于 T7 噬菌体,是一种 ATP 依赖型双链 DNA 连接酶,该酶仅催化双链 DNA 相邻黏性末端 $5'$-磷酸末端和 $3'$-羟基末端之间形成磷酸二酯键,不能催化平末端连接。

3. TOPO TA 克隆技术

传统 TA 克隆是在 DNA 连接酶的作用下将 T 载体与 PCR 片段相连,对 PCR 产物的质量要求较高且连接反应时间很长、阳性率低。而 TOPO TA 克隆技术是通过 TOPO 载体上偶联的异构酶(topoisomerase)实现插入片段的快速克隆。TOPO TA 克隆的关键是 DNA 拓扑异构酶 I,该酶同时具有限制性内切酶和连接酶的作用,即在复制过程中起到切割和重新加入 DNA 的作用。牛痘病毒拓扑异构酶 I 特异性识别五聚体序列 $5'$-(C/T)CCTT-$3'$,并与附着在 $3'$ 胸苷上的磷酸基团形成共价键。它切割一条 DNA 链,使 DNA 能够解开,然后,酶将切割链的末端降级,并从 DNA 中释放出来。不同于传统的 TA 克隆,TOPO TA 克隆技术能够在 2～5min 内快速完成插入片段和载体的连接反应,操作简单,连接效率极高,克隆阳性率接近 100%。

4. Gateway 克隆技术

由 Invitrogen 开发的 Gateway 克隆技术是噬菌体感染细菌时发生的整合和切割重组反应的体外版本,利用两种不同的酶混合液,各自完成一种不同类型的重组反应。其中,BP 克隆混合酶对 attP 位点和 attB 位点进行重组,产生 attL 位点和 attR 位点;而后在 LR 克隆混合酶的催化下,重新产生 attP 和 attB 位点。BP 克隆混合酶包括 λ 噬菌体整合酶(Int)与大肠杆菌整合宿主因子(IHF);LR 克隆混合酶包括 λ 噬菌体整合酶(Int)、切除酶(Xis)和大肠杆菌整合宿主因子(IHF)。对于重组位点来说,不同的重组位点其长度存在明显差异(表 3-10)。

5. In-Fusion 克隆技术

与传统 PCR 产物克隆相比,唯一的差异在于载体末端与引物末端之间应具有 15～20 个同源碱基序列,由此得到的 PCR 产物两端便分别携带 15～20nt 与载体序列同源性的碱基,依靠碱基间作用力互补配对成环,无须酶连即可直接用于转化宿主菌,进入宿主菌中的线性质粒(环状)依靠自身酶系将缺口修复。因此可以在质粒的任何位点进行一个或多个目标 DNA 片断的插入,而不需要限制性内切酶和连接酶。

表 3-10　重组位点基本信息

重组位点	长度(bp)	存在位置	序列
*att*B	25	表达载体或克隆片段上(引物5′端)	*att*B1:5′-ACAAGTTTGTACAAAAAAGCAGGCT-3′ *att*B2:5′-ACCACTTTGTACAAGAAAGCTGGGT-3′
*att*P	200	供体载体	
*att*L1	67~117	入门载体或克隆片段上(引物5′端)	5′-CCCCGATGAGCAATGCTTTTTTATAATGCCAACT TTGTACAAAAAAGCAGGCTCCTGCAGGACCATG-3′
*att*L2	62~113		5′-GGGGGATAAGCAATGCTTTCTTATAATGCCAACT TTGTACAAGAAAGCTGGGTCTCGAGCTA-3′
*att*R	125	目标载体	

三、材料与试剂

1. 主要材料

质粒 DNA、目的基因 DNA 或植物基因组 DNA、大肠杆菌感受态细胞(如 DH5α 化学感受态细胞)、0.2mL PCR 管或 PCR 板、枪头等。

2. 主要试剂

T4 DNA 连接酶、限制性内切酶、琼脂糖、50×TAE 缓冲液、核酸染料(如 EB)、超纯水、DNA 标准物等。

四、主要仪器设备

移液枪、离心机、水浴锅、电泳槽、电泳仪、凝胶成像系统、天平等。

五、实验步骤

(一)PCR 产物的 TA 克隆

1. 主要试剂

质粒 pBluescrip SK(+)、T4 DNA 连接酶、普通 Taq 酶、PrimerSTAR 高保真 DNA 聚合酶等。

2. 实验过程

(1)T 载体制备(也可以购买商用的)

①用限制性内切酶 *Eco*R V 完全酶切 5μg 质粒 pBluescrip SK(+),总体系 100μL。

注意事项:进行下一步之前,需要进行凝胶电泳,检测质粒是否已完全酶切。

②加入 2μL 0.5mmol/L EDTA 溶液终止酶切反应。

③利用商用 DNA 纯化试剂盒纯化质粒 DNA 酶切产物,或者进行琼脂糖凝胶电泳,而后切胶纯化,最后加 90μL ddH$_2$O 溶解。

④依次加入 10μL 10×Taq 缓冲液、2μL 100mmol/L dTTP 和 5U Taq DNA 聚合酶。

⑤72℃孵育 2h。

⑥利用商用 DNA 纯化试剂盒纯化孵育后的产物,加 $30\mu L$ TE(pH 7.8)溶解。

⑦取 $1\mu L$ 溶解后的 DNA 进行琼脂糖凝胶电泳,同时加一个 DNA 标准物以便估算 T 载体的浓度,最后分装 T 载体并保存在 $-20℃$ 冰箱。

(2)PCR 扩增目的基因

利用普通 Taq 酶扩增获得 DNA 片段,凝胶电泳并纯化获得高纯度的 DNA 片段。而对于用高保真 DNA 聚合酶扩增获得的 DNA 片段,由于片段的两端是平末端,需要利用普通 Taq 酶在 DNA 两端加 A,步骤如下:

①利用商用 DNA 纯化试剂盒获得高纯度的 PCR 产物,最后加 $25\mu L$ ddH_2O 溶解。

②依次加入 $3\mu L$ $10\times$Taq 缓冲液、$1\mu L$ 100mmol/L dATP 和 5U Taq DNA 聚合酶。

③72℃孵育 $15\sim30min$。

④利用商用 DNA 纯化试剂盒纯化上述产物,最后加 $20\mu L$ ddH_2O 溶解。

⑤测定 DNA 浓度。

(3)PCR 产物与 T 载体连接反应

连接反应体系中,载体:PCR 产物摩尔比应控制在 $1:(2\sim6)$,最佳比例为 $1:3$,即片段要多。两者使用量的计算公式:PCR 产物质量(ng)= PCR 片段与载体的摩尔比(insert/vector molar ratio)×载体质量(ng)×PCR 片段与载体长度比(ratio of insert/vector lengths)。按表 3-11 建立连接反应体系。反应液于 16℃孵育 4h 或 4℃过夜。

表 3-11 T 载体与 PCR 产物的连接反应体系

试剂	体积
PCR 产物	x μL
T 载体(50ng/μL)	$1\mu L$
$10\times$T4 连接酶缓冲液	$1\mu L$
T4 DNA 连接酶	$1\mu L$
ddH_2O	至 $10\mu L$

(4)连接产物转化及重组质粒鉴定

连接液转化大肠杆菌感受态细胞,进行蓝白斑筛选(实验原理见本章实验六)(图 3-6)。利用菌落 PCR 鉴定,或者挑取白斑单克隆进行培养并提取质粒,酶切鉴定或测序鉴定(实验操作见本章实验六)。

(二)PCR 产物的 TOPO 或 TOPO TA 克隆(以 TOPO TA 克隆为例)

1. 主要试剂

ThermoFisher 的 TOPO TA 克隆试剂盒(货号 451641)、普通 Taq 酶、PrimerSTAR 高保真 DNA 聚合酶等。

2. 实验过程

(1)PCR 扩增 DNA 片段

按上述 TA 克隆方法准备带 A 的 PCR 产物。

（2）PCR 产物与 TOPO TA 载体的连接反应

按表 3-12 建立连接反应体系。反应液于 16℃孵育 4h 或 4℃过夜。

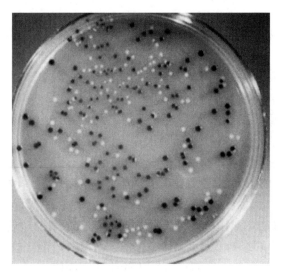

3-1　蓝白斑
筛选

图 3-6　重组载体的蓝白斑筛选

表 3-12　TOPO TA 载体与 PCR 产物的连接反应体系

试剂	体积
PCR 产物	$0.5\sim4.0\mu L$
TOPO TA 载体	$1\mu L$
盐溶液	$1\mu L$
ddH$_2$O	至 $6\mu L$

注意事项：若是采用电转化，则盐溶液仅需加 $0.25\mu L$。

（3）连接产物转化及重组质粒鉴定

连接液转化大肠杆菌感受态细胞，进行蓝白斑筛选。利用菌落 PCR 鉴定，或者挑取白斑单克隆进行培养并提取质粒，酶切鉴定或测序鉴定。

（三）酶切-连接法克隆 DNA 片段

1.主要试剂

质粒 pBluescrip SK（＋）、T4 DNA 连接酶、普通 Taq 酶、PrimerSTAR 高保真 DNA 聚合酶等。

2.实验过程

（1）PCR 扩增目标 DNA 片段

①设计特异引物，并在上游和下游引物的 5′端加上限制性内切酶酶切位点及保护碱基，用高保真 DNA 聚合酶经 PCR 扩增获得目标片段。

注意事项：进行下一步操作之前，必须进行凝胶电泳，确保扩增片段与目标片段大小一致。

②利用商用 PCR 产物纯化试剂盒或 DNA 胶回收试剂盒纯化获得 PCR 片段，加适量的

ddH$_2$O 溶解。

③利用双酶酶切 PCR 产物,跑胶并纯化获得酶切后的 PCR 片段。

酶切注意事项如下:

注意事项 1:酶切反应的 PCR 产物(或质粒)要求纯度高,过高的盐分或痕量酚与氯仿等均抑制酶切反应。

注意事项 2:严格限制限制性内切酶的用量(用量控制在总反应体积的 10% 以内),因为甘油浓度过高会抑制酶活性。

注意事项 3:酶切操作尽可能在冰上进行。

注意事项 4:双酶中至少一个产生黏性末端。

注意事项 5:双酶中应避免同尾酶,即产生相同黏性末端的酶。

注意事项 6:双酶切时应考虑各酶在同一缓冲液中的酶切效率,若酶切效率低,则应分步酶切。

注意事项 7:对于 DNA 片段已进行亚克隆的,可以双酶切质粒获得目标片段。

注意事项 8:对于平末端 DNA 片段或单酶切 DNA 片段的克隆,则需要用碱性磷酸酶(如 Takara 公司的碱性磷酸酶,货号 2120A)去除线性化载体的 5′-末端磷酸基团,减少载体的自连,同时在质粒鉴定时,需要确认 DNA 片段的插入方向。

(2)线性化载体

①提取高纯度的质粒,如用商用质粒提取试剂盒提取。

②利用双酶酶切质粒,跑胶并纯化获得酶切后的线性化质粒。

(3)DNA 片段与线性化载体连接反应

连接反应体系中,线性化载体与 DNA 片段摩尔比为 1∶3。按表 3-13 建立连接反应体系。

表 3-13　线性化载体与 DNA 片段的连接反应体系

试剂	体积
酶切后的 PCR 产物或 DNA 片段	x μL
线性化载体(50ng/μL)	1μL
10×T4 连接酶缓冲液	1μL
T4 DNA 连接酶	1μL
ddH$_2$O	至 10μL

(4)16℃孵育 4h 或 4℃过夜。

(5)连接液转化大肠杆菌感受态细胞,进行蓝白斑筛选。

(6)挑取白斑单克隆进行培养并提取质粒,酶切鉴定或测序鉴定。

(四)Gateway 技术克隆 DNA 片段

1. 主要试剂

供体载体(如 pDONR221)或入门载体(pENTR1A)或 pENTR/D-TOPO、目标载体[如 pB7GWIWG2(Ⅱ)]、T4 DNA 连接酶、普通 Taq 酶、PrimerSTAR 高保真 DNA 聚合酶、大肠杆菌 DB3.1 感受态细胞、大肠杆菌感受态细胞(如 DH5α)等。

2.实验过程

（1）目标 DNA 片段的入门克隆

入门克隆方法一（BP 克隆反应）：

①设计特异引物，并在上游和下游引物的 5′端加上 att B 序列（表 3-14），用高保真 DNA 聚合酶经 PCR 扩增获得目标片段。

表 3-14　特异引物设计

引物名称	引物序列
上游引物（att B1-F）	5′-GGGG ACA AGT TTG TAC AAA AAA GCA GGC TNN NNNNNN$_{15\text{-}25}$-3′
下游引物（att B2-R）	5′-GGGG AC CAC TTT GTA CAA GAA AGC GTN NNNNNN$_{15\text{-}25}$-3′

注意事项 1：引物设计时注意不要移码。

注意事项 2：根据需要在起始密码子前还可额外加限制性内切酶酶切位点，同时注意不要移码。

注意事项 3：根据需要，在下游引物 3′端加上或去除终止密码子，同时注意不要移码。

注意事项 4：为了增强基因的翻译效率，引物设计时通常还需要考虑 Kozak 序列。Kozak 序列是位于真核生物 mRNA 5′端帽子结构后面的一段核酸序列，单子叶植物为 GCNATGGC，双子叶植物为 AANATGGC。

②利用商用 PCR 产物纯化试剂盒或 DNA 胶回收试剂盒纯化获得 PCR 片段，加适量的 ddH$_2$O 溶解。

③按表 3-15 建立 PCR 片段与 pDONR221 的 BP 反应体系。

表 3-15　BP 反应体系

成分	用量
att B-PCR 产物	50～100ng
pDONR221	50～100ng
BP Clonase™ Ⅱ	0.5μL
TE 缓冲液（pH 8.0）	至 5μL

25℃孵育 1h，对于片段大于 5kb 的，应适当延长孵育时间，甚至过夜。

④连接反应液转化大肠杆菌感受态细胞 DH5α，铺板筛选获得单克隆。

⑤挑取单克隆摇菌培养，提取质粒，酶切鉴定或测序鉴定。

入门克隆方法二（TOPO 克隆）：

①设计特异引物，上游引物设计成 5′-C ACC ATG（起始密码子）NNN$_{15\text{-}25}$-3′，下游引物 3′端则根据需要加上或去除终止密码子。用高保真 DNA 聚合酶经 PCR 扩增获得目标片段。

注意事项 1：引物设计时注意不要移码。

注意事项 2：根据需要在起始密码子前或终止密码子后还可额外加限制性内切酶酶切

位点。

注意事项 3：为了增强基因的翻译效率，引物设计时通常还需要考虑 Kozak 序列。Kozak 序列是位于真核生物 mRNA 5′端帽子结构后面的一段核酸序列，单子叶植物为 GCNATGGC，双子叶植物为 AANATGGC。

②利用商用 PCR 产物纯化试剂盒或 DNA 胶回收试剂盒纯化获得 PCR 片段，加适量的 ddH₂O 溶解。

③以 PCR 片段与 pENTR/D-TOPO 的摩尔比为 0.5∶1～2∶1，按表 3-16 建立连接反应体系。

表 3-16　PCR 片段与 pENTR/D-TOPO 的连接反应体系

成分	化学法转化用量	电激法转化用量
平末端 PCR 产物	0.5～4.0μL(5～50ng)	0.5～4.0μL(5～50ng)
pENTR/D-TOPO	1μL(15～20ng)	1μL(15～20ng)
盐溶液(1.2mol/L NaCl＋0.06mol/L MgCl₂)	1μL	0.25μL
ddH₂O	至 6μL	至 6μL

25℃孵育 5min。

④连接反应液转化 One Shot™ TOP10 感受态细胞，铺板筛选获得单克隆。

⑤挑取单克隆摇菌培养，提取质粒，酶切鉴定或测序鉴定。

入门克隆方法三（酶切法）：

①设计特异引物，上游、下游引物的 5′端携带适合双酶切的酶切位点及保护碱基，引物设计时注意不要移码。利用高保真酶经 PCR 扩增获得目标 DNA 片段。

②利用商用 PCR 产物纯化试剂盒或 DNA 胶回收试剂盒纯化获得 PCR 片段，加适量的 ddH₂O 溶解。

③利用限制性内切酶酶切 pENTR1A 和 PCR 纯化产物，而后分别纯化酶切产物，获得线性化载体及 PCR 产物。以线性化载体与 DNA 片段摩尔比为 1∶3，按表 3-17 建立连接反应体系。

表 3-17　线性化载体与 DNA 片段的连接反应体系

试剂	体积
PCR 产物	x μL
pENTR1A(50ng/μL)	1μL
10×T4 连接酶缓冲液	1μL
T4 DNA 连接酶	1μL
ddH₂O	至 10μL

④16℃孵育 4h 或 4℃过夜。

⑤连接反应液转化 One Shot™ TOP10 感受态细胞，铺板筛选获得单克隆。

⑥挑取单克隆摇菌培养，提取质粒，酶切鉴定或测序鉴定。

（2）表达载体的构建

①按表 3-18 建立 LR 连接反应体系。

表 3-18　LR 连接反应体系

试剂	用量
入门克隆（来自上述方法一至三的产物）	100ng
目标载体	100ng
LR 克隆酶Ⅱ混合液	1μL
TE 缓冲液（pH 8.0）	至 5μL

②LR 反应液混匀后于室温下孵育过夜。

③连接反应液转化大肠杆菌感受态细胞 DH5α，铺板筛选获得单克隆。

④挑取单克隆摇菌培养，提取质粒，酶切鉴定或测序鉴定。

Gateway 同源重组技术载体构建方法总结于图 3-7 中。

3-2　Gateway
重组技术

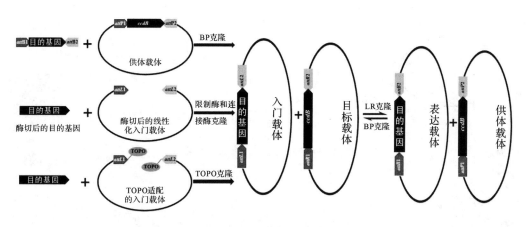

图 3-7　Gateway 同源重组技术载体构建方法

（五）In-Fusion 技术克隆 DNA 片段（以 Takara 公司的 In-Fusion 试剂盒为例，图 3-8）

1.设计特异引物，根据需要插入的位置，在上下游引物 5′端添加与载体同源的序列 15～20bp。

2.利用高保真酶经 PCR 扩增获得目标 DNA 片段。

3.利用商用 PCR 产物纯化试剂盒或 DNA 胶回收试剂盒纯化获得 PCR 产物。

4.利用酶切或者 PCR 扩增方法将载体线性化并用 DNA 胶回收试剂盒纯化获得线性化载体。

5.将目的 DNA 片段和线性化载体以摩尔比 2∶1 加到试管中进行重组反应，反应体系见表 3-19。

6.混匀后在 PCR 仪中 50℃孵育 15～30min，然后转移至冰上。

7.连接反应液转化大肠杆菌感受态细胞 DH5α,铺板筛选获得单克隆。

8.挑取单克隆摇菌培养,提取质粒,酶切鉴定或测序鉴定。

In-Fusion 同源重组技术载体构建方法总结于图 3-8 中。

表 3-19　In-Fusion 反应体系

试剂	用量
PCR 产物	$x\ \mu L$
线性化载体	100ng
5×In-Fusion 混合液	$2\mu L$
ddH$_2$O	至 $10\mu L$

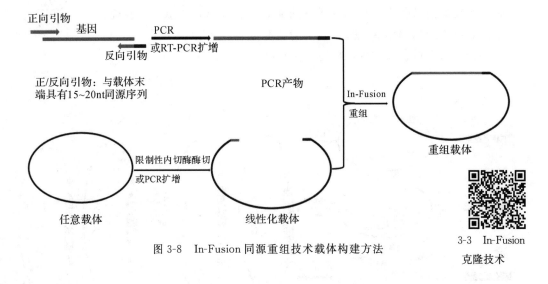

图 3-8　In-Fusion 同源重组技术载体构建方法

3-3　In-Fusion 克隆技术

六、思考题

1.影响 PCR 产物与载体连接的因素有哪些?

2.连接产物转化大肠杆菌后没有菌落或单克隆菌落长出的原因是什么?

3.什么是限制性内切酶的星号活性? 如何避免?

实验六　大肠杆菌(重组)质粒 DNA 提取与鉴定

一、实验目的

1.了解质粒 DNA 提取原理。
2.掌握质粒 DNA 提取方法。
3.掌握菌落 PCR 操作过程。
4.掌握质粒 DNA 酶切鉴定方法。

二、实验原理

1.质粒 DNA 提取

大肠杆菌的质粒(plasmid in *E. coli*)是染色体外能独立复制的共价闭合环状双链 DNA 分子,能够提供给宿主细胞一些表型,如抗药性和分解复杂有机物的能力。天然质粒经过改造后可以作为基因工程的载体,这种质粒载体在基因工程中具有极高的应用价值。因此,质粒 DNA 的分离与提取是植物基因工程中最常用、最基本的实验技术之一。

大肠杆菌质粒 DNA 的提取包括细菌培养、菌体收集和裂解、质粒 DNA 纯化等步骤。细菌培养通常在选择性液体培养基中(含合适浓度的抗生素)接种含有质粒的宿主菌,37℃摇床 150~250r/min 振荡过夜培养。细菌收集可以采用离心法。为了防止细菌代谢产物影响质粒纯度,可以用液体培养基或生理盐水漂洗细菌沉淀 1~2 次。细胞裂解的方法有很多,如去污剂法、煮沸法、碱裂解法等。其中,碱裂解法是最常用的方法,该方法具有 DNA 提取产量高、速度快等优点。基本原理:在 pH 高达 12.6 的碱性条件下,双链 DNA 的氢键断裂,DNA 双螺旋结构遭破坏而发生变性,但由于质粒 DNA 分子量较小,且呈环状超螺旋结构,即使在高碱性条件下,两条互补链也不会完全分离,当加入中和缓冲液时,变性质粒 DNA 又恢复到原来的构型;而线性的大分子量的细菌染色体 DNA 则不能复性,与细胞碎片、蛋白质、SDS 等形成不溶性复合物,通过离心沉淀,细胞碎片、染色体 DNA 和大部分蛋白质等可被去除,而质粒 DNA 及小分子量的 RNA 则留在上清液中。混杂的 RNA 可用 RNase 消除,再用酚-氯仿处理,可去除残留蛋白质。本实验只介绍碱裂解法提取质粒,对于利用质粒试剂盒提取质粒可按照试剂盒操作说明书进行操作。

2.蓝白斑筛选重组质粒

很多克隆或表达载体(如 pUC19、pCAMBIA 系列)都带有一段大肠杆菌的 DNA 短区段,包括 β-半乳糖苷酶基因(*lacZ*)的启动子和 N 端 146 个氨基酸(即 α 肽链)的编码序列且在编码区中插入了一个不破坏读框的多克隆位点(MCS),而宿主则含有编码 β-半乳糖苷酶的 C 端序列(即 ω 肽链),当两者的产物组装在一起时,将产生具有活性的 β-半乳糖苷酶,此现象称为 α-互补。所以,任何携带 *lacZ'* 基因的质粒载体转化大肠杆菌,在 IPTG(异丙基硫代-β-D-半乳糖苷)诱导下,产生具有活性的 β-半乳糖苷酶,催化无色 X-Gal 生成深蓝色产物,致使携带 lacZ′ 基因的原始细菌形成蓝色菌落。然而,当外源 DNA 片段插入质粒多克隆位点后,将破坏 α 肽链的形成而失去 α-互补能力,致使带有重组质粒的细菌形成白色菌落。这种重组子筛选方法被称为蓝白斑筛选。

3.质粒 DNA 的菌落 PCR 鉴定

常规 PCR 需经历细菌培养、质粒 DNA 提取等步骤,费时费力。而菌落 PCR(colony PCR)则不必提取质粒 DNA 或酶切鉴定,而以短暂的热解或碱裂解的菌体可直接以菌体为 DNA 模板进行 PCR 扩增,省时少力。

4.质粒 DNA 的酶切鉴定

限制性内切酶(restriction enzyme)简称内切酶,能识别双链 DNA 中特定核苷酸序列,并在合适的反应条件下,切割每条链上特定位点的磷酸二酯键,产生具有 3′-羟基基团和 5′-磷酸基团的 DNA 片段。利用内切酶切割 DNA 片段是基因克隆的关键步骤之一。在酶切反应过程中,应该注意如下事项:

(1)当内切酶在非最适条件下(如酶过量、温育时间过长、错用缓冲液以及反应液中的甘油高于 5% 等)使用时,可能会产生非特异性切割,即星号活性。

(2)加入内切酶的量应不超过总体积的 10%,以避免甘油过量引起的星号活性。

(3)内切酶的识别序列是有方向性的(5′→3′)。

(4)内切酶在识别序列以外还要求有一定数目的额外碱基,才能实现切割,特别是当识别序列靠近 DNA 序列的末端时,这些额外的碱基被称为保护碱基(表 3-20)(http://www.neb-china.com/tshow.asp?id=338)。

表 3-20　DNA 片段近末端酶切(常用限制性内切酶)的保护碱基数及其效率

内切酶	距末端碱基长度(bp)				
	1	2	3	4	5
BamH I	+	++	+++	+++	+++
EcoR I	+	+	++	++	+++
EcoR V	++	++	++	+++	+++
Hind III	−	+	+++	+++	+++
Kpn I	+	+++	+++	+++	+++
Nco I		++	+++	+++	+++
Not I	++	++	++	++	++
Pst I	+	+++	+++	+++	+++
Sac I		++	+++	+++	+++
Sal I	−	++	+++	+++	+++
Sma I	+++	+++	+++	+++	+++
Xba I	++	++	++	++	++
Xho I	++	++	++	+++	+++

备注:−:酶切效率为 0;+:酶切效率为 >0~20%;++:酶切效率为 >20%~50%;+++:酶切效率为 >50%~100%。

三、材料与试剂

1. 主要材料

含质粒 pCAMBIA1301 或其他质粒（如 pUC19）的大肠杆菌 DH5α、培养用试管、量筒、冰盒、1.5mL 离心管、塑料离心管架、滴管、移液枪、枪头等。

2. 主要试剂

LB 液体和固体培养基、50mg/L 卡那霉素（Km）或氨苄青霉素、20μg/mL RNase A、异丙醇、70％乙醇、无水乙醇、酚-氯仿（1：1，v/v）、上样缓冲液等。

（1）溶液 I

葡萄糖 9g/L ＋ EDTA 2.92g/L ＋ Tris-HCl 25mmol/L（pH 8.0），使用前加溶菌酶 2mg/mL。

（2）溶液 II

NaOH 8g/L＋SDS 10g/L，现配现用。

（3）溶液 III

KAc 246g/L＋冰醋酸 11.5％（v/v），pH 4.8。

（4）TE 缓冲液

Tris-HCl 10mmol/L＋EDTA 292mg/L，pH 8.0。

三、主要仪器设备

高压灭菌锅、超净工作台、恒温摇床、台式高速离心机、旋涡振荡器等。

四、实验步骤

(一)碱裂解法提取质粒 DNA

1. 大肠杆菌培养

（1）LB 固体培养基（含合适的抗生素）上划线或涂板含质粒或转化连接产物的大肠杆菌，37℃过夜培养，获得单克隆菌落。

（2）挑取单克隆菌落，接种到 5mL LB 液体培养基（含合适的抗生素）中，置于 37℃摇床中振荡（转速约 200r/min）过夜培养。

注意事项：如需大量提取质粒 DNA，则可以增大 LB 液体培养基体积。

2. 质粒 DNA 抽提

（1）吸取 2mL 菌液至 2mL 离心管。

（2）13500r/min 离心 2min，用力甩尽上清。

注意事项：若需提取更多质粒 DNA，需离心更多菌液。

（3）加 100μL 预冷溶液 I，用移液枪重悬菌体。

（4）加 200μL 溶液 II，反复颠倒离心管数次，温和混匀溶液，室温放置 5min。

（5）加 150μL 预冷溶液 III，反复颠倒数次混匀，冰水浴 5～10min。

（6）13500r/min 离心 2min，将上清倒入新的离心管。

（7）加等体积酚-氯仿，振荡混匀，抽提，13500r/min 离心 2min。

(8)将上清液转入干净离心管中,加入 1/100 体积的 RNase 溶液,37℃温育至少 30min,去除 RNA。

(9)加 2 倍体积室温无水乙醇(大量提取时上清液的体积大,可用 0.6 倍体积异丙醇代替乙醇),混匀,室温放置 2min。室温 13000r/min 离心 5min,倒掉上清液。抽真空或把离心管倒扣在吸水纸上,吸干液体。

(10)加 0.5mL 70%乙醇振荡,洗 DNA 沉淀一次,离心 2min,倒掉上液。

(11)真空干燥或室温自然干燥。加 18μL TE 缓冲液使 DNA 完全溶解,−20℃保存备用。质粒 DNA 的产量一般为 3~5μg/mL 菌液。此 DNA 可直接用于限制性内切核酸酶切割等反应。如需要更高纯度的 DNA,可进一步纯化,或使用商用质粒纯化试剂盒提取。

(二)菌落 PCR 鉴定质粒 DNA

1.在 PCR 板或 0.2mL 离心管中加入 10~20μL 0.02mol/L NaOH 溶液。

2.用 10μL 枪头蘸部分单克隆菌落,插入 NaOH 溶液中处理 3~5min。

注意事项:也可以直接挑取单克隆菌落进行 PCR 扩增。

3.取 1~2μL 上述溶液为 DNA 模板进行常规 PCR 扩增。

4.扩增产物用琼脂糖凝胶电泳检测(以 pUC19 的氨苄青霉素抗性基因为例,引物序列见本章实验三)(图 3-9)。

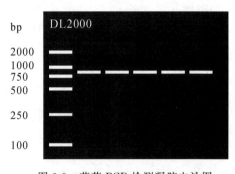

图 3-9　菌落 PCR 检测凝胶电泳图

(三)质粒电泳检测

取上述提取的质粒 10μL 与上样缓冲液 2μL 混合,将混合液加到琼脂糖凝胶的点样孔中,然后电泳。电泳后经 EB 染色,在紫外灯下常常看到 3 条质粒带型,根据质粒移动的快慢,从负极(凝胶点样孔一端)到正极,分别为缺口环状(nicked circular)、线状(linear)和超螺旋(supercoiled)三种形式(图 3-10)。根据其中线状条带的位置与已知分子量的标准线状 DNA 分子(Marker)比较,可以估算质粒的分子量。如果样品中污染了细菌染色体 DNA,则表现电泳点样孔中有亮带,多由碱裂解中振荡过于剧烈造成细菌染色体 DNA 剪切或加入溶液Ⅱ后放置时间过长等原因引起。试剂盒提取的质粒 DNA 分子超螺旋形式多,电泳结果往往只有一条带或两条带。

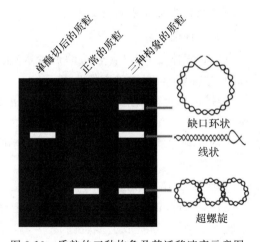

图 3-10　质粒的三种构象及其迁移速率示意图

(四)质粒 DNA 酶切鉴定

1.按表 3-21 建立酶切反应体系。

2. 37℃保温 1～2h 或更长。

3. 琼脂糖凝胶电泳检测(图 3-11)。

表 3-21　酶切反应体系

成分	含量
质粒 DNA	1μg
Nco I(NEB)	1μL
Hind Ⅲ(NEB)	1μL
10×Cutsmart 缓冲液	2.5μL
ddH$_2$O	至 25μL

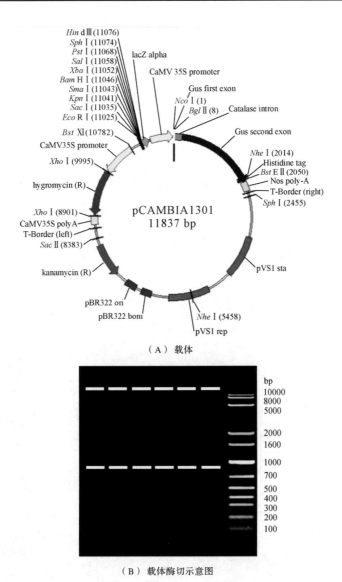

（A）载体

（B）载体酶切示意图

图 3-11　质粒 pCAMBIA1301 的双酶切鉴定示意图

六、思考题

1.碱裂解法中的溶液Ⅰ、溶液Ⅱ和溶液Ⅲ分别起什么作用？

2.在碱裂解法中,细菌染色体 DNA 与质粒 DNA 分离的主要依据是什么？ 操作时应注意什么？

3.提取的质粒经电泳后为什么有 3 条带,而单酶切后只有 1 条带？

实验七　植物双元表达载体的构建

一、实验目的

1. 了解植物双元表达载体的工作原理。
2. 掌握常见植物双元表达载体的构建方法与过程。

二、实验原理

1. 植物双元表达载体

植物双元表达载体（binary vector）是指由两个分别含 T-DNA 和 Vir 区且两者具有相容性的突变 Ti 质粒构成的双质粒系统，其中一个质粒为辅助 Ti 质粒，缺失 T-DNA 区域但含有 Vir 基因，因此该质粒完全丧失致瘤作用，Vir 蛋白提供识别并切割左边界（left border，LB）、右边界（right border，RB）区域中的相应位点，激活处于反式位置上的 T-DNA 转移；另一质粒是微型 Ti 质粒（mini-Ti plasmid），它在 T-DNA 左右边界序列之间提供植物选择标记，如 *NPT*Ⅱ基因以及 *lacZ* 基因等。与一元载体（共整合载体）不同的是，双元载体不依赖两个质粒之间的同源序列，不需要共整合过程就能在农杆菌内独立复制，而且质粒较小，有利于基因克隆。

用于克隆基因的典型植物双元表达载体至少包括多克隆位点、左边界序列、右边界序列、用于植物筛选的标记基因、用于细菌筛选的标记基因、农杆菌复制子、大肠杆菌复制子、迁移作用（mobilization）的序列（部分载体缺少该序列）。基于这些特征，科学家们构建了大量双元载体（表 3-22）。

表 3-22　常用的植物双元及超级双元载体

载体名称	植物筛选标记	细菌筛选标记	边界来源	农杆菌复制子	大肠杆菌复制子	迁移性	载体使用频率
pBin19	Km	Km	pTiT37	IncP	IncP	有	高
pBI121	Km	Km	pTiT37	IncP	IncP	有	高
pGreen 系列	Km，Hyg，Bar	Km	pTiT37	IncW	pUC	无	高
pCAMBIA 系列	Km，Hyg，Bar	Cm，Km	pTiC58	pVS1	ColE1	有	高
pPZP 系列	Km，Gm	Cm，Sp	pTiT37	pVS1	ColE1	有	高
pPCV001	Km	Amp	RB：pTiC58 LB：PTiT37	IncP	ColE1	有	低
pGA482	Km	Tet，Km	pTiT37	IncP	ColE1	有	低
pCLD04541	Km	Tet，Km	Octopine	IncP	IncP	有	低
pMON 系列	Km，Hyg，Bar	Strep/Sp	pTiT37	RK2	ColE1	有	低

续表

载体名称	植物筛选标记	细菌筛选标记	边界来源	农杆菌复制子	大肠杆菌复制子	迁移性	载体使用频率
pBIBAC 系列	Km，Hyg	Km	Octopine	pRi	F factor	有	低
pYLTAC 系列	Hyg，Bar	Km	Octopine	pRi	Phage P1	无	低
pSB11	None	Sp	pTiT37	None	ColE1	有	低
pSB1	None	Tet	none	IncP	ColE1	有	低

2.植物过表达载体

过表达载体的构建主要应考虑目的基因表达部位,若是所有组织表达,则用组成型表达启动子。常用的组成型表达启动子有 CaMV 35S、激动蛋白基因的启动子、泛素基因的启动子等;若是仅在部分组织器官中表达,则需要用特异启动子,如花粉特异表达启动子、绿色组织特异表达启动子等。当然,为了高表达目的基因,还会在启动子上额外添加增强子,如 $4\times$ 35S 增强子。

3.植物 RNAi 载体

RNA 干扰(RNA interference,RNAi)是由双链 RNA(double-stranded RNA,dsRNA)引发的转录后基因沉默。基本原理是:双链 RNA 进入细胞后,被胞质中的 RNase Ⅲ 核酸内切酶 Dicer 剪切成 $21\sim23$nt 的双链小干扰 RNA(small interfering RNA,siRNA),而后 siRNA 在 RNA 解旋酶作用下解链成正义和反义链,其中反义链再与其他酶(如内切酶、解旋酶和外切酶等)及其他因子结合,形成 RNA 诱导沉默复合物(RNA-induced silencing complex,RISC),活化的 RISC 受单链 siRNA 引导,特异性结合在靶 mRNA 上并将其切断,引发靶 mRNA 的特异性降解。同时,单链 siRNA 还可作为引物与靶 RNA 结合并在 RNA 聚合酶作用下合成更多的 dsRNA,再由 Dicer 切割产生大量的次级 siRNA,从而放大 RNAi 的作用,最终可能完全降解 mRNA。RNAi 载体的构建主要应考虑目的基因沉默部位,若是部分组织沉默表达,则采用特异性启动子。同时为了提高沉默效果,应尽可能选择 5′端序列或者基因功能域序列。当然,很多基因还存在高度同源基因,因此,若是仅考虑沉默单个基因,则应尽可能避免选择高度保守同源区域。

4.CRISPR/Cas 基因编辑系统

CRISPR/Cas[clustered regularly interspaced short palindromic repeats(CRISPR)/CRISPR-associated protein,CRISPR/Cas]系统是由高度保守的回文重复序列及间隔序列的间隔排列组成的 CRISPR 序列、前导序列(leader sequence)、Cas 核酸内切酶基因组成的(图3-12),其中的回文重复序列可形成保守 RNA 二级结构,对间隔序列识别原间隔序列(protospacer)起决定性作用,并与 Cas 核酸内切酶结合形成 Cas 复合物,最终对原间隔序列毗邻基序(protospacer adjacent motifs,PAM)附近的双链 DNA 进行切割,形成双链断裂(double strand break,DSB),而后在 DNA 修复过程中造成核苷酸的插入、缺失及替换等。依据依赖 Cas 蛋白的数量可将 CRISPR/Cas 系统分成两大类,进一步依据 Cas 蛋白特性又可细分为 Ⅰ~Ⅵ六种亚类,即第一类 CRISPR/Cas 基因编辑系统(含 Ⅰ、Ⅲ和Ⅳ等三个亚类)

依赖于多蛋白效应复合物,而第二类基因编辑系统(含Ⅱ型、Ⅴ型和Ⅵ型等三个亚类)则仅依赖于单个效应蛋白复合物。目前广泛应用于植物基因组编辑的是Ⅱ型CRISPR/Cas系统,使用的Cas蛋白包括Cas9和Cas12(也称Cpf1)野生型蛋白或修饰改良蛋白(表3-23)。

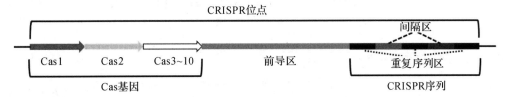

图 3-12 CRISPR/Cas 系统的结构示意图

利用不同的Cas蛋白,可以实现基因敲除(gene knockout)、基因敲入(gene knockin)、基因敲高(gene knockup)和基因激活(gene activation)等。

表 3-23 应用于植物基因组编辑的 Cas 蛋白及其特征

Cas 蛋白	PAM 序列	蛋白突变位点	主要特点
SpCas9	NGG	WT	高效
SpCas9-VQR	NGA	D1135V/R1335Q/T1337R	替代 PAM
SpCas9-EQR	NGAG	D1135E/R1335Q/T1337R	替代 PAM
SpCas9-VRER	NGCG	D1135V/G1218R/R1335E/T1337R	替代 PAM
SpCas9-NG	NG	R1135V/L1111R/D1335V/G1218R/E1219F/A1322R/T1337R	高度宽泛 PAM
dSpCas9	NGG	D10A/H840A	转录激活
iSpymacCas9	NAA	R221K/N394K	适合富含 A 的位点
SpCas9-HF1	NGG	N497A/R661A/Q695A/Q926A	低脱靶
eSpCas9	NGG	K810A/K1003A/R1060A	低脱靶
HypaCas9	NGG	N692A/M694A/Q695A/H698A	低脱靶
eHF1-Cas9	NGG	N497A/R661A/Q695A/K848A/Q926A/K1003A/R1060A	低脱靶
eHypa-Cas9	NGG	N692A/M694A/Q695A/H698A/K848A/K1003A/R1060A	低脱靶
HFi-Cas9	NGG	R691A	低脱靶
xCas9	NG, GAA, GAT	A262T/R324L/S409I/E480K/E543D/M694I/E1219V	低脱靶,可变 PAM
SaCas9	NNGRRT	自然变异	低脱靶,高效
SaCas9-KKH	NNNGRRT	E782K/N968K/R1015H	低脱靶,高效
St1Cas9	NNAGAAW	自然变异	可变 PAM
ScCas9	NNG	自然变异	替代 PAM

续表

Cas 蛋白	PAM 序列	蛋白突变位点	主要特点
XNG-Cas9		R1335V/A262T/R324L/S409I/E480K/E543D/M694I/L1111R/D1135V/G1218R/E1219V/E1219F/A1322R/T1337R	高度宽泛 PAM
SpRY	NGD，NAN	D1135L/S1136W/G1218K/E1219Q/R1335Q/T1337R	高度宽泛 PAM
SpG	NG	D1135L/S1136W/G1218K/E1219Q/R1335Q/T1337R	高度宽泛 PAM
SpCas9-NRRH	NRRH	I322V/S409I/E427G/R654L/R753G/R1114G/D1135N/V1139A/D1180G/E1219V/Q1221H/A1320V/R1333K	可变 PAM
SpCas9-NRCH	NRCH	I322V/S409I/E427G/R654L/R753G/R1114G/D1135N/E1219V/D1332N/R1335Q/T1337N/S1338T/H1349R	可变 PAM
SpCas9-NRTH	NRTH	I322V/S409I/E427G/R654L/R753G/R1114G/D1135N/D1180G/G1218S/E1219V/Q1221H/P1249S/E1253K/P1321S/D1322G/R1335L	可变 PAM
AsCas12a	TTTV	自然变异	富含 T 的 PAM
LbCas12a	TTTV	自然变异	富含 T 的 PAM
LbCas12a-RR	TYCV，CCCC	G532R/K595R	替代 PAM
LbCas12a-RVR	TATV	G532R/K538V/Y542R	替代 PAM
FnCas12a-RVR	TATG	N607R/K613V/N617R	替代 PAM
enLbCas12a	TTTV	D156R/G532R/K538R	耐温
ttLbCas12a	TTTV	D156R	耐温
AacCas12b	VTTV	自然变异	耐温
AaCas12b	VTTV	自然变异	高效
BthCas12b	ATTN	自然变异	富含 T 的 PAM
BhCas12b v4	ATTN	自然变异	富含 T 的 PAM
BvCas12b	ATTN	自然变异	富含 T 的 PAM
Lb5Cas12a	TTTV	自然变异	富含 T 的 PAM
BsCas12a	TTTV	自然变异	富含 T 的 PAM
MbCas12a	TTV	自然变异	富含 T 的 PAM
TsCas12a	TTTV	自然变异	富含 T 的 PAM
MlCas12a	TTTV	自然变异	富含 T 的 PAM
BoCas12a	TTTV	自然变异	富含 T 的 PAM

续表

Cas 蛋白	PAM 序列	蛋白突变位点	主要特点
MbCas12a	TTTV	自然变异	富含 T 的 PAM
MbCas12a-RVR	TATV	N563R/K569V/N573R	替代 PAM
MbCas12a-RVRR	TTTV，TTV，TATV，TYCV，CCCV，CTCV	N563R/K569V/N573R/K625R	可变 PAM

5.植物双元表达载体的构建方法

除 TA 克隆以外，双元载体的构建方法与基因克隆的方法基本一致，可以采用酶切-连接法、Gateway 克隆技术、In-Fusion 克隆技术、Gibson 组装技术以及 Golden Gate 组装技术。

三、材料与试剂

LB 液体（固体）培养基、植物双元表达载体（如 pBI121 和 pFGC5941 等）（图 3-13）、卡那霉素（Km）、SOC 液体培养基、常用限制性内切酶等。

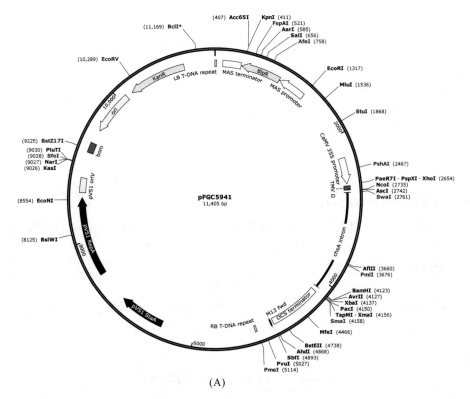

(A)

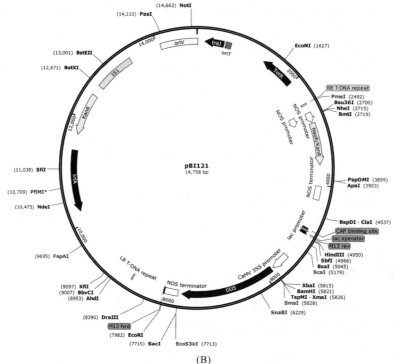

3-4 双元载体
结构示意图

图 3-13　双元载体 pBI121 和 pFGC5941 的结构示意图

四、主要仪器设备

水平电泳槽、电泳仪、PCR 仪、恒温水浴锅、天平、移液枪、恒温培养箱、超净工作台、灭菌锅等。

五、实验步骤

(一)植物过表达载体的构建

1.本实验以 pBI121 载体为例(该质粒含有 CaMV 35S 启动子,常用于双子叶转基因植物的过表达),利用双酶切(*Xba* I 与 *Sac* I)连接克隆 DNA 片段。

2.实验过程

(1)PCR 扩增目标 DNA 片段

①目的基因特异引物设计,并在上游引物 5′端加上 *Bam* H I 酶切位点及保护碱基、下游引物 5′端加上 *Sac* I 及保护碱基(表 3-24),用高保真 DNA 聚合酶经 PCR 扩增获得目标片段。

表 3-24　扩增目的基因的特异引物序列

引物名称	引物序列(5′→3′)
上游引物	GCCGGGATCC ATG NNN NNN$_{15\sim18}$
下游引物	GCCGGAGCTC CTA NNN NNN$_{15\sim18}$

注意事项 1:一定确保目的基因中不含有 *Bam*H Ⅰ 和 *Sac* Ⅰ 酶切位点,若含有,则需要用其他限制性内切酶,或者改用其他克隆方法或载体。

注意事项 2:进行下一步之前,必须进行凝胶电泳,确定扩增片段与目标片段大小一致。

注意事项 3:对于 DNA 片段已进行亚克隆的,可以双酶切质粒获得目标片段。

注意事项 4:为了增强基因的翻译效率,引物设计时通常还需要考虑 Kozak 序列。Kozak 序列是位于真核生物 mRNA 5′端帽子结构后面的一段核酸序列,单子叶植物为 GCNATGGC,双子叶植物为 AANATGGC。

③利用商用 PCR 产物纯化试剂盒或 DNA 胶回收试剂盒纯化 PCR 产物或双酶切质粒,获得的目标 DNA 片段,加适量的 ddH_2O 溶解。

④利用双酶酶切 PCR 产物,跑胶并纯化获得酶切后的 PCR 片段。

(2)线性化载体

利用 *Bam*H Ⅰ 和 *Sac* Ⅰ 酶切质粒 pBI121,跑胶并纯化获得酶切后的线性化质粒。

(3)DNA 片段与线性化载体连接反应

按表 3-25 建立连接反应体系。在连接反应体系中,线性化载体与 DNA 片段的摩尔比为 1∶3。

表 3-25　线性化载体与 DNA 片段的连接反应体系

试剂	体积
酶切后的 PCR 产物或酶切获得的目标 DNA 片段	x μL
pBI121 线性化载体(200ng/μL)	1μL
10×T4 连接酶缓冲液	1μL
T4 DNA 连接酶	1μL
ddH_2O	至 10μL

(4)16℃孵育 4h 或 4℃过夜。

(5)连接液转化大肠杆菌感受态细胞 DH5α(冻融法或电激法),37℃活化 1h 后铺 LB 平板(内含 50mg/L 卡那霉素)。倒置平板培养 16～24h。

(6)挑取单克隆培养并提取质粒,酶切鉴定或测序鉴定。

(二)植物 RNAi 载体构建

1.PCR 扩增目标 DNA 片段

(1)目的基因特异引物设计,并在上游引物 5′端加上 *Bam*H Ⅰ 和 *Swa* Ⅰ 酶切位点及保护碱基,下游引物 5′端加上 *Nco* Ⅰ 和 *Sma* Ⅰ 酶切位点及保护碱基(表 3-26),用高保真 DNA 聚合酶经 PCR 扩增获得目标片段。

表 3-26　扩增目的基因的特异引物序列

引物名称	引物序列(5′→3′)
上游引物	GCCGGGATCCATTTAAATNNN NNN$_{18～23}$
下游引物	GCCGCCCGGGCCATGGNNN NNN$_{18～23}$

（2）利用商用 PCR 产物纯化试剂盒纯化 PCR 产物，加适量的 ddH₂O 溶解。

（3）利用 *Nco* Ⅰ和 *Swa* Ⅰ酶切，以及 *Bam*HⅠ和 *Sma* Ⅰ酶切 PCR 产物，跑胶并纯化获得酶切后的 PCR 片段。

2. 线性化载体

利用 *Nco* Ⅰ和 *Swa* Ⅰ酶切质粒 pFGC5941，跑胶并纯化获得酶切后的线性化质粒。

3. DNA 片段与线性化载体连接反应

按表 3-27 建立连接反应体系。在连接反应体系中，线性化载体与 DNA 片段的摩尔比为 1∶3。

表 3-27　线性化载体与 DNA 片段的连接反应体系

试剂	体积
Nco Ⅰ和 *Swa* Ⅰ酶切获得的 PCR 片段	x μL
Nco Ⅰ和 *Swa* Ⅰ酶切的 pFGC5941(200ng/μL)	1μL
10×T4 连接酶缓冲液	1μL
T4 DNA 连接酶	1μL
ddH₂O	至 10μL

4. 16℃孵育 4h 或 4℃过夜。

5. 连接液转化大肠杆菌感受态细胞 DH5α（冻融法或电激法），37℃活化 1h 后铺 LB 平板（内含 50mg/L 卡那霉素）。倒置平板培养 16～24h。

6. 挑取单克隆培养并提取质粒，*Nco* Ⅰ和 *Swa* Ⅰ酶切鉴定或测序鉴定，获得正确的质粒，命名为 pFGC5941-F1。

7. 利用 *Bam*HⅠ和 *Sma*Ⅰ酶切质粒 pFGC5941-F1，跑胶并纯化获得酶切后的线性化质粒。

8. DNA 片段与线性化载体连接反应

按表 3-28 建立连接反应体系。在连接反应体系中，线性化载体与 DNA 片段的摩尔比为 1∶3。

表 3-28　线性化载体与 DNA 片段的连接反应体系

试剂	体积
Bam HⅠ和 *Sma* Ⅰ酶切获得的 PCR 片段	x μL
Bam HⅠ和 *Sma* Ⅰ酶切的 pFGC5941-F1(200ng/μL)	1μL
10×T4 连接酶缓冲液	1μL
T4 DNA 连接酶	1μL
ddH₂O	至 10μL

9. 16℃孵育 4h 或 4℃过夜。

10. 连接液转化大肠杆菌感受态细胞 DH5α（冻融法或电激法），37℃活化 1h 后铺 LB 平板（内含 50mg/L 卡那霉素）。倒置平板培养 16～24h。

11. 挑取单克隆培养并提取质粒，*Bam* HⅠ和 *Sma* Ⅰ酶切鉴定或测序鉴定，获得正确的质粒。

(三)植物 CRISPR/Cas9 基因编辑载体构建

本实验过程仅涉及一个靶点的载体构建,2 个以上靶点的构建则需要采用其他克隆方法,如 In-Fusion 克隆技术、Gibson 组装技术或 Golden Gate 组装技术等。本实验以基因编辑载体 BGK03(图 3-14)为例介绍单个靶点的构建过程。

1. 靶点位置选择

为了降低脱靶风险,1 个基因一般设计 2 个或 2 个以上靶点。选择的位置尽可能位于 ORF 5′端和功能结构域。设计靶点一般原则如下:

3-5　载体 BGK03 结构示意图

(1)靶点序列 GC 含量为 50%~70%。

(2)靶点序列中(5′→3′方向)不存在连续 4 个以上的 T,以防 RNA Pol Ⅲ将其作为转录终止信号。

(3)基因的靶点特异性分析,使用在线软件 CRISPR-P(http://crispr.hzau.edu.cn/cgi-bin/CRISPR2)分析,获得可用的靶点。

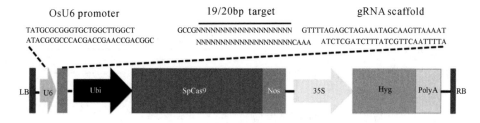

图 3-14　载体 BGK03 结构示意图

(4)把可用的靶点序列连接到 sgRNA 序列的 5′端[(20bp target)GTTTTAGAGCTAG AAATAGCAAGTTAAAATAAGGCTAGTCCGTTATCAACTTGAAAAAGTGGCACC GAGTCGGTGCTTTTTTT],利用在线软件 RNA Folding Form (http://mfold.rna.albany.edu/?q=mfold/RNA-Folding-Form2.3)做二级结构分析。靶序列与 sgRNA 序列产生连续配对 7bp(注意:RNA 可以产生 U-G 配对)以上会抑制其与染色体 DNA 靶序列结合靶点,因此要避免使用连续配对 7bp 以上的靶序列。

2. 靶点设计与合成

启动靶点转录的启动子属于Ⅲ型 RNA 聚合酶基因的启动子,如 U6 和 U3 基因启动子,这类启动子的转录起始点是唯一的,如 U6 的起始位点是碱基 G,而 U3 的起始点则为碱基 A。因此,由 U6/U3 启动子驱动的 sgRNA 首碱基一定是 G 或者 A。但是设计的靶序列的首碱基不一定刚好是 G 或者 A,因此设计接头引物时需分两种情况。

(1)如果目标区 NGG(PAM)上游第 20 碱基是 A(用 U3 启动子)或 G(用 U6 启动子),这类靶序列为 PAM 结构上游的 19 碱基,需要合成两条互补引物(图 3-15)。

(2)如果目标区 NGG 上游第 20 碱基不是 A 或 G,则靶序列为 PAM 结构上游的 20 碱基,需要合成两条互补引物(图 3-16)。

3. 两条单链互补引物退火形成双链

配制 10×退火缓冲液:100mmol/L Tris-HCl(pH 7.5)+1mol/L NaCl+10mmol/L EDTA。按表 3-29 建立反应体系。

19nt

靶序列：　　5′-NNNNNN(A/G)NNNNNNNNNNNNNNNNNNGGNNNNN-3′

合成正向引物序列　　5′-GCCGNNNNNNNNNNNNNNNNNNN-3′（正向引物）

（适合OsU6启动子）　　3′-NNNNNNNNNNNNNNNNNNNCAAA-5′（反向引物）

图 3-15　靶点序列及其互补引物设计示意图

20nt

靶序列：　　5′-NNNNN(T/C)NNNNNNNNNNNNNNNNNNNGGNNNNN-3′

合成正向引物序列　　5′-GCCGT/CNNNNNNNNNNNNNNNNNNN-3′（正向引物）

（适合OsU6启动子）　　3′-A/GNNNNNNNNNNNNNNNNNNNCAAA-5′（反向引物）

图 3-16　靶点序列及其互补引物设计示意图

在 PCR 仪中先 94℃保温 5min，然后按 0.1℃/s 的降温速度降至 25℃。

4.线性化载体

利用 *Bsa* Ⅰ酶切质粒 BGK03，跑胶并纯化获得酶切后的线性化质粒。

5.双链引物片段与线性化载体连接反应

按表 3-30 建立连接反应体系。在连接反应体系中，线性化载体与 DNA 片段的摩尔比为 1∶3。

6.16℃孵育 4h 或 4℃过夜。

7.连接液转化大肠杆菌感受态细胞 DH5α（冻融法或电激法），37℃活化 1h 后铺 LB 平板（内含 50mg/L 卡那霉素）。倒置平板培养 16～24h。

8.挑取单克隆培养并提取质粒，酶切鉴定或测序鉴定，获得正确的质粒。

六、思考题

1.如何培育无标记基因的转基因植株？

2.影响目的基因表达的主要元件是什么？

表 3-29　互补引物退火成双链的反应体系

成分	用量
引物 1(10μmol/L)	2μL
引物 2(10μmol/L)	2μL
10×退火缓冲液	1μL
ddH₂O	5μL

表 3-30　线性化载体与 DNA 片段的连接反应体系

试剂	体积
双链引物片段	2μL
Bsa Ⅰ酶切的 BGK03 (200ng/μL)	1μL
10×T4 连接酶缓冲液	1μL
T4 DNA 连接酶	1μL
ddH₂O	5μL

实验八　重组质粒转化大肠杆菌或农杆菌

一、实验目的

1. 了解化学感受态和电激感受态细胞的制备原理与方法。
2. 了解细菌的基本保存方法。
3. 掌握重组质粒转化大肠杆菌或农杆菌的基本操作过程。

二、实验原理

1. 化学感受态细胞制备及冻融法转化质粒的基本原理

感受态细胞(competent cell)是指细菌(包括大肠杆菌和农杆菌)用理化方法诱导细胞,使其处于最适摄取和容纳外来 DNA 的生理状态。这种状态的细胞特征为:①细胞表面正电荷增加;②细胞的细胞壁和细胞膜的通透性增加,有利于外源 DNA 分子的吸附与吸收;③细胞的不完整性,导致 DNA 的吸收非选择性。研究表明,在 0℃条件下低渗 $CaCl_2$ 溶液可诱导细菌细胞壁变松变软,致使细胞膨胀成球形,同时 Ca^{2+} 使细胞膜磷脂层形成液晶结构,促使细胞外膜与内膜中的部分核酸酶解离,从而形成感受态;Ca^{2+} 与 DNA 分子结合,在细菌表面形成抗 DNase 的羟基-钙磷酸复合物,经 42℃(大肠杆菌)或 37℃(农杆菌)热激处理,细胞膜的液晶结构发生剧烈扰动并随之产生许多缝隙,为 DNA 分子进入细胞提供通道。

2. 电激感受态细胞制备及电激转化质粒的基本原理

MicroPulser 系统是一种简单而灵活的仪器,能安全且可重复转化细菌、酵母和其他微生物体。转化时施加短暂的高压放电,电流会使细胞产生瞬时的"小窝",然后在细胞膜上形成瞬时的疏水孔隙。一些较大的疏水孔隙可转换为亲水孔隙,从而为 DNA 分子进入细胞提供通道,实现 DNA 分子转移,转化效率远远高于化学方法。

MicroPulser 系统包括一个脉冲发生器(pulse generator)模块、一个电激腔(shocking chamber)和一个内置电极的透明电击杯(cuvette)。被处理样品加入电击杯的两极间。脉冲发生器内的电容器负荷高电压;电容器内的电流将导入电击杯,从而对样品产生作用。

对数生长期的大肠杆菌或农杆菌经冷却、离心及预冷,用 10%甘油充分洗净以降低悬浮细胞液的离子强度,最后用预冷的 10%甘油悬浮大肠杆菌或用预冷的山梨醇悬浮农杆菌,制备成电激感受态细胞。电激转化效率与温度有关,室温下转化效率较低,为了提高效率,建议在 0~4 ℃下进行转化。

3. 常见农杆菌特征

大多数根癌农杆菌(*Agrobacterium tumefaciens*)和放射形农杆菌(*A. radiobacter*)能在含盐及碳源的基本培养基上生长。而发根农杆菌(*A. rhizogenes*)、悬钩子农杆菌(*A. rubi*)及其他一些营养缺陷型农杆菌菌株,就需要在基本培养基中添加一些诸如生物素、烟酸、泛酸盐和谷氨酸盐等生长因子才能正常生长。通常农杆菌生长的 pH 是 6.8~7.2,而偏酸的

培养基有助于诱导 *vir* 基因的表达。农杆菌生长的最适温度是 25～30℃。反复继代培养或生长在高温（如 37℃）可能会丢失质粒。在 25℃条件下，平板培养 2d 后才出现菌落，但也随菌株和培养基成分的不同而有所变化，当培养基中添加氨基酸和维生素时会加快原养型农杆菌的生长速度。此外，液体培养需要有氧条件，220r/min 摇床可满足其要求。较大体积培养时，培养瓶的体积应是菌液的 4～5 倍，如在 1L 的瓶中培养 200mL 菌液较适宜；对于少量液体培养（如 2～3mL），用玻璃试管（16mm×125mm）即可。在培养基中一般要添加抗生素（表 3-31），主要用于杀死杂菌，纯化农杆菌；选用哪种抗生素取决于农杆菌菌株携带的抗性基因（表 3-32、图 3-17）。

表 3-31　用于农杆菌培养及抗性筛选的抗生素

抗生素名称	溶剂	母液浓度（mg/mL）	一般工作浓度（mg/L）
Cb	水	100	30～50
Cm	无水乙醇	50	12.5～25.0
Ery	无水乙醇	100	100
Gm	水	100	100
Km	水	50	30～50
Rif	DMSO	25	10～25
Sp	水	100	30～50
Tet	50%乙醇	3	1.5

注意事项 1：可根据菌种及其所含抗性基因拷贝数的不同，调节抗生素浓度。
注意事项 2：部分农杆菌对氯霉素及四环素具有自然抗性（natural resistance）。

表 3-32　用于植物遗传转化的农杆菌菌株

菌株名称	菌株遗传背景	致瘤性(T)/缺失菌株(C)/含辅助质粒(H)	抗性	Ti 辅助质粒
GV3101	C58C1	C	Rif	—
GV3101::pMP90	C58C1	H	Rif, Gm	pMP90
GV3101::pMP90RK	C58C1	H	Rif, Gm, Km	pMP90RK
LBA288	C58C1	C	Rif, Nal	—
LBA1100	C58C	H	Rif, Nal, Sp	pTiB6
A136	C58C	C	Rif, Nal	—
A281	C58C	T	Rif, Nal	pTiBo542
A348	C58C	T	Rif, Nal	pTiA6
EHA101	C58C	H	Rif, Nal, Km	pEHA101
EHA105	C58C	H	Rif, Nal	pEHA105

续表

菌株名称	菌株遗传背景	致瘤性(T)/缺失菌株(C)/含辅助质粒(H)	抗性	Ti辅助质粒
AGL-0	C58C	H	Rif,Nal	pTiBo542
AGL-1	C58C	H	Rif,Nal	pTiBo542
C58-Z707	C58C	H	Km	pTiC58
C58C1(pTiB6S3ΔT)H	C58C	H	Rif,Cb,Tet	pTiB6S3,pTiBo542(virG),pTiA6(virE)
NT1(pKPSF2)	C58C	H	Ery	pTiChry5
LBA4404	Ach5C	H	Rif,Strep	pTiChry5
KYRT1	Chry5C	H	Rif	pTiChry5
LBA4404(pSOUP)	Ach5C	H	Rif,Strep,Tet	pTiChry5,pSOUP
EHA105(pSOUP)	C58C	H	Rif,Tet	pTiBo542,pSOUP
GV3101(pSOUP)	C58C1	H	Rif,Gm,Tet	pTiC58,pSOUP
GV3850	C58C	H	Rif,Cb	pGV3850

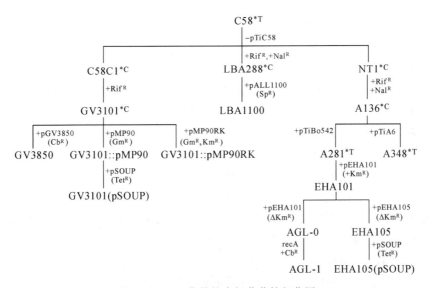

图 3-17 C58 背景的农杆菌菌株衍化图

4. 细菌的常用保存方法

为了方便相关实验的进行,需要对原始菌株、各种感受态细胞、转化后的大肠杆菌或农杆菌进行保存。常用的保存方法包括穿刺培养保存法和冷冻保存法。穿刺培养保存法是一种简单而廉价的方法,只需间隔一定时期将大肠杆菌或农杆菌转移到新鲜培养基中便可持续保存该菌株。如果不需要保存很多菌株,该法应是最好的选择。但值得注意的是,连续继代培养可能会发生基因突变、质粒丢失和被其他微生物污染的危险。而冷冻保存法适合长期保存,但依赖于−70℃或−80℃超低温冷冻冰箱,该方法可避免基因突变,以及不需要反复继代培养细菌。因此,在选择细菌(如大肠杆菌和农杆菌等)保存方法时,需要考虑的因素包括细胞存活持续时间、贮存期间细胞的遗传稳定性、保存的数量和成本,以及保存与复苏的频率。在植物组织培养及基因工程实验中,通常会采用冷冻保存法,具体为细菌培养基中至少加入终体积15%以上的甘油或DMSO溶液,−80℃冰箱长期保存。

三、材料与试剂

1. 主要材料

大肠杆菌菌株(如 DH5α)和农杆菌菌株(如 EHA105)、质粒 pUC19 和 pCAMBIA1301、培养皿、电击杯、各种型号枪头、各种型号离心管、吸水纸等。

2. 主要试剂

酵母提取物、胰蛋白胨、氯化钠、甘油、琼脂粉、氨苄青霉素和卡那霉素(50mg/ml)、氯化钙等。

四、主要仪器设备

恒温培养箱、超净工作台、恒温摇床、冷冻高速离心机、灭菌锅、−80℃超低温冰箱、分光光度计、伯乐 MicroPulser 电穿孔仪。

五、实验步骤

(一)质粒转化大肠杆菌(冻融法)

1. 试剂及培养基

(1)ITB 溶液

$CaCl_2$ 1.665g/L+$MnCl_2$ 6.93g/L+KCl 1.863g/L+PIPES(pH 6.7) 3.02g/L,用超纯水配制,过滤灭菌。

(2)YEB 液体(固体)培养基

酵母提取物 1g/L+牛肉提取物 5g/L+胰蛋白胨 5g/L+$MgSO_4 \cdot 7H_2O$ 4g/L+蔗糖 5g/L,pH 7.4,高压蒸汽灭菌 15min。固体培养基添加琼脂 15g/L。

(3)0.5mol/L PIPES(pH 6.7)

15.1g PIPES 溶解在 80mL 超纯水中,用 5mol/L KOH 溶液调 pH 至 6.7,定容至 100mL,过滤灭菌,分装后−20℃保存。

(4)5mol/L KOH 溶液

28g KOH 溶解在 80mL 超纯水中,而后定容到 100mL。

(5)SOC 液体培养基

胰蛋白胨 20g/L+酵母提取物 5g/L+氯化钠 0.5g/L+氯化钾 186mg/L+氯化镁 950mg/L+葡萄糖 3.6g/L,pH 7.0,过滤灭菌。

2. 操作过程

(1)感受态细胞制备

①取−80℃保存的大肠杆菌 DH5α 于 YEB 平板上划线培养,37℃培养 12～20h 获得单克隆菌落。

②挑取单菌落接种于 20mL YEB 液体培养基中,37℃、200r/min 振荡培养 6～8h(取出

后可以放置在 4℃ 冰箱暂存）。

③取过夜培养的菌液 20mL,接种于 250mL YEB 液体培养基中,37℃、200r/min 振荡培养至 OD$_{600}$ 为 0.55 左右,其间不时用分光光度计测定 OD 值。

④菌液转入 50mL 离心管,冰浴 30min;同时冰浴 ITB 溶液。

⑤将装有菌液的离心管放入 4℃ 离心机,4000r/min 离心 10min,弃上清,用无菌滤纸吸干残留液体。

⑥加入 80mL 预冷 ITB 溶液,非常轻柔地重悬菌体。

⑦4000r/min、4℃ 离心 10min,弃上清,用无菌滤纸吸干残留液体。

⑧加入 20mL 预冷的 ITB 溶液,轻悬细胞。

⑨加入 1.5mL DMSO,混匀。

⑩分装于 0.5mL 无菌离心管中,每管 100μL,液氮速冻后于 −80℃ 保存备用或直接用于转化。

(2)质粒转化

①取 100μL 上述感受态细胞,冰上或用手握住离心管解冻细胞,加入 10ng pUC19 或重组质粒,混匀,冰上放置 30min 以上。

②42℃ 水浴 90s。

③加入预冷的 1mL SOC 液体培养基,37℃、200r/min 活化 1h。

④取 20~50μL 培养物均匀平铺在 SOB 固体培养基(内含 50mg/L Amp$^+$ 或其他合适的抗生素)。

注意事项:对于基因克隆过程中的重组质粒转化,在活化完后,先 13000r/min 离心 1min 收集菌体,弃 800μL 上清后重悬菌体,取 100μL 涂于 SOB 固体培养基(内含 50mg/L Amp$^+$)。

⑤将平板倒置于 37℃ 恒温培养 12~16h,至长出单克隆细菌(图 3-18)。

⑥挑取单克隆进行菌落 PCR 鉴定,或者摇菌后提取质粒进行酶切或测序鉴定。

⑦利用冷冻法保存含正确质粒的菌液。

(二)质粒转化大肠杆菌(电激法)

1.试剂及培养基

(1)10%甘油

126g 甘油溶解于 900mL 双蒸水中,高压蒸汽灭菌 15min。

(2)LB 液体(固体)培养基

NaCl 10g/L＋胰蛋白胨 10g/L＋酵母提取物 5g/L,pH 7.0。对于固体培养基则需添加琼脂粉 15g/L,高压蒸汽灭菌 15min。

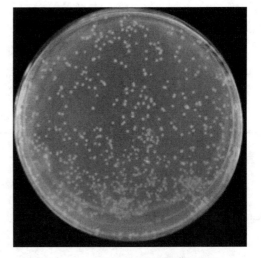

图 3-18　质粒 pUC19 转化大肠杆菌 DH5α 产生的单菌落

（3）SOC 液体培养基

胰蛋白胨 20g/L＋酵母提取物 5g/L＋氯化钠 0.5g/L＋氯化钾 186mg/L＋氯化镁 950mg/L＋葡萄糖 3.6g/L，pH 7.0，过滤灭菌。

2. 操作过程

（1）电激感受态细胞的制备

①取－80℃保存的大肠杆菌 DH5α 于 LB 固体培养基上划线培养，37℃培养 12～20h 获得单克隆菌落。

②挑取单菌落接种于 10mL LB 液体培养基中，37℃、200r/min 振荡过夜培养。

③取过夜培养的菌液 2.5mL 接种于 250mL LB 液体培养基中，37℃、300r/min 振荡培养至 OD_{600}＝0.5～0.7。

④菌液转入 50mL 离心管，冰浴 30min；同时冰浴 10％甘油。

⑤将装有菌液的离心管放入 4℃离心机，4000g 离心 15min，弃上清。

⑥加入等体积预冷 10％甘油重悬，4℃、4000g 离心 15min，弃上清。

⑦加入 250mL 预冷 10％甘油重悬，4℃、4000g 离心 15min，弃上清。

⑧加入 100mL 预冷 10％甘油重悬，4℃、4000g 离心 15min，弃上清。

⑨加入 50mL 预冷 10％甘油重悬，4℃、4000g 离心 15min，弃上清。

⑩加入 1～2mL 预冷 10％甘油重悬，分装（每份 20～50μL），液氮速冻，－80℃保存备用。

（2）质粒转化

①取 20～50μL 上述感受态细胞，解冻后加入 10ng pUC19 质粒，混匀，将混合液转入 0.1cm 电击杯（电激转化时，选择 Ec1）或 0.2cm 电击杯（电激转化时，选择 Ec2 或 Ec3）（表 3-33），轻敲电击杯使混合液置于其底部，冰上放置 30min 以上。注意：0.2cm 电击杯最多装 0.4mL 溶液，0.1cm 电击杯最多装 0.08mL 溶液。

②将 MicroPulser 电穿孔仪设置到 Ec1、Ec2 或 Ec3（利用 Setting button 选择）。

表 3-33　电激参数

	Mnemonic	Organism	Cuvette(cm)	Voltage(kV)	NO. of Pulse	Time constant(ms)
	Ec1	*E. coil*	0.1	1.8	1	—
	Ec2	*E. coil*	0.2	2.5	1	—
Bacteria	StA	*S. aureus*	0.2	1.8	1	2.5
	Agr	*A. tumefaciens*	0.1	2.2	1	—
	Ec3	*E. coil*	0.2	3.0	1	—
	Sc2	*S. cerevisiae*	0.2	1.5	1	—
	Sc4	*S. cerevisiae*	0.2	3.0	1	—
Fungi	ShS	*S. pombe*	0.2	2.0	1	—
	Dic	*D. discoideum*	0.4	1.0	2	1.0
	Pic	*P. pastoris*	0.2	2.0	1	—

③将电击杯插入电击腔的滑槽中。将滑槽推入电击腔使电击杯与电击腔的电极紧密接触。

④按 Pulse 键,LED 显示屏将显示 PLS,直到"滴滴"声结束,表明脉冲已经给出。

⑤立即取出滑槽中的电击杯,迅速加入预冷的 1mL SOC 液体培养基,混匀后将其转入离心管,37℃复苏培养 1h(200r/min)。

⑥取 10～30μL 涂于 LB 固体培养基(内含 50mg/L Amp$^+$)。

注意事项:对于基因克隆过程中的重组质粒转化,在活化完后,先 13000r/min 离心 1min 收集菌体,弃 800μL 上清后重悬菌体,取 100μL 涂于 LB 固体培养基(内含 50mg/L Amp$^+$)。

⑦将平板倒置于 37℃恒温培养箱培养 12～16h,至单克隆细菌长出。

⑧挑取单克隆进行菌落 PCR 鉴定,或者摇菌后提取质粒进行酶切或测序鉴定。

⑨利用冷冻法保存含正确质粒的菌液。

(三)双元载体转化农杆菌(冻融法)

1.试剂及培养基

(1)10mmol/L CaCl$_2$ 溶液

0.11g CaCl$_2$ 溶解于 100mL 双蒸水中,高压蒸汽灭菌 15min。

(2)YEB 培养基

酵母提取物 1g/L＋牛肉提取物 5g/L＋胰蛋白胨 5g/L＋MgSO$_4$ · 7H$_2$O 4g/L＋蔗糖 5g/L,pH 7.4,高压蒸汽灭菌 15min。对于固体培养基,则需添加琼脂粉 15g/L。

(3)CaCl$_2$/10％ DMSO 混合液

0.11g CaCl$_2$,10mL DMSO,加双蒸水定容至 100mL,高压蒸汽灭菌 15min。

(4)LB 液体(固体)培养基

NaCl 10g/L＋胰蛋白胨 10g/L＋酵母提取物 5g/L,pH 7.0。对于固体培养基,则需添加琼脂粉 15g/L,高压蒸汽灭菌 15min。

2.操作过程

(1)感受态细胞制备

①取－80℃保存的农杆菌 EHA105 于 LB 固体培养基(含 50mg/L Rif)上划线,28℃培养 48h 获得单克隆菌落。

②挑取单菌落接种于 20mL YEB 液体培养基(含 50mg/L Rif)中,28℃、200r/min 振荡培养过夜(取出后可 4℃暂存)。

③取过夜培养的菌液 5mL 接种于 100mL YEB 液体培养基(含 50mg/L Rif),28℃、200r/min 振荡培养至 OD$_{600}$ 为 0.5 左右,其间不时用分光光度计测定 OD 值。

④菌液转入 50mL 离心管,冰浴 30min;同时冰浴 10mmol/L CaCl$_2$ 溶液。

⑤将装有菌液的离心管放入 4℃离心机,4000r/min 离心 8min,弃上清,用无菌滤纸吸干残留液体。

⑥加入 20mL 预冷 10mmol/L CaCl$_2$ 溶液重悬,冰上放置 20min 后,4℃、4000r/min 离心 8min,弃上清,重复 1～2 次。

⑦加入 4mL 预冷的含 10％ DMSO 的 10mmol/L CaCl$_2$ 溶液,轻悬细胞。

⑧农杆菌悬浮液分装于 0.5mL 无菌离心管中,每管 200μL,液氮速冻后于－80℃保存备用或直接用于转化。

(2)农杆菌质粒转化

①取 200μL 上述感受态细胞,加入 2～5μL pCAMBIA1301 质粒,混匀,冰上放置 30min以上。

②液氮中速冻 5min 后,37℃水浴 5min。

③加入预冷的 1mL LB 液体培养基,30℃、200r/min 振荡活化 2h。

④13000r/min 离心 1min 收集菌体,弃 800μL 上清后重悬菌体,取 100μL 涂于 LB 固体培养基(含 50mg/L Rif),28℃恒温培养 48h(图 3-19)。

⑤农杆菌鉴定,可以采用菌落 PCR 鉴定或者提取农杆菌质粒进行酶切鉴定,确保质粒已导入农杆菌中。

⑥利用冷冻法保存含正确质粒的菌液。

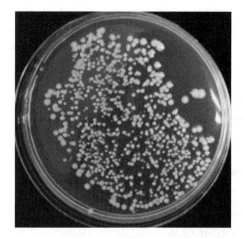

图 3-19　质粒 pCAMBIA1301 转化农杆菌
EHA105 产生的单菌落

(四)双元载体转化农杆菌(电激法)

1.试剂及培养基

(1)10%甘油

将 100mL 甘油与 900mL 双蒸水混匀,高压蒸汽灭菌 15min。

(2)YM 培养基

酵母提取物 0.4g/L＋甘露醇 10g/L＋NaCl 0.1g/L＋$MgSO_4$ 0.1g/L＋KH_2PO_4·$3H_2O$ 0.3g/L,pH 7.0,高压蒸汽灭菌 15min。若是固体培养基,则需加琼脂粉 15g/L。

3-6 质粒转化
(视频)

(3)1mol/L 山梨醇溶液

182.2g 山梨醇溶解于 1000mL 双蒸水中,高压蒸汽灭菌 15min。

(4)LB 液体(固体)培养基

NaCl 10g/L＋胰蛋白胨 10g/L＋酵母提取物 5g/L,pH 7.0。对于固体培养基,则需添加琼脂粉 15g/L,高压蒸汽灭菌 15min。

2.操作过程

(1)电激感受态细胞的制备

①取－80℃保存的农杆菌 EHA105 于 LB 固体培养基(含 50mg/L Rif)上划线,28℃培养 48h 获得单克隆菌落。

②挑取单菌落接种于 20mL LB 液体培养基(含 50mg/L Rif)中,28℃、200r/min 振荡培养过夜(取出后可 4℃暂存)。

③取过夜培养的菌液 15mL 接种于 500mL YM 液体培养基(含 50mg/L Rif)中,28℃、200r/min 振荡培养至 OD$_{600}$＝0.5～0.7,其间不时用分光光度计测定 OD 值。

④菌液转入 50mL 离心管,冰浴 30min;同时冰浴 1mol/L 山梨醇溶液及 10％甘油。

⑤将装有菌液的离心管放入 4℃离心机,4000r/min 离心 8min,弃上清。

⑥加入 50mL 预冷 10％甘油重悬,4℃、4000r/min 离心 8min,弃上清,重复 3～5 次。

⑦加入预冷 10％甘油重悬,合并所有菌体,4℃、4000r/min 离心 8min,弃上清。

⑧加入 0.3～0.5mL 预冷的 1mol/L 山梨醇溶液,轻悬细胞,分装(每份 20～50μL),液氮速冻,－80℃保存备用。

(2)农杆菌质粒转化

①取 20～50μL 上述感受态细胞,加入 1μL pCAMBIA1301 质粒,混匀,将混合液转入 0.1cm 电击杯,轻敲电击杯使混合液置于其底部,冰上放置 30min 以上。

②将 MicroPulser 电穿孔仪设置到 Agr(利用 Setting button 选择)(表 3-33)。

将电击杯插入电击腔的滑槽中,将滑槽推入电击腔使电击杯与电击腔的电极紧密接触。

③按 Pulse 键,LED 显示屏将显示 PLS,直到"滴滴"声结束,表明脉冲已经给出。

④立即取出滑槽中的电击杯,迅速加入预冷的 1mL LB 液体培养基,混匀后将其转入离心管(200r/min),30℃复苏培养 2h。

⑤取 50μL 涂于 LB 固体培养基(含 50mg/L Rif)上,28℃恒温培养 48h。

⑥挑取单克隆进行菌落 PCR 鉴定,或者摇菌后提取质粒进行酶切或测序鉴定。

⑦利用冷冻法保存含正确质粒的菌液。

六、思考题

1.影响质粒转化效率的因素有哪些?

2.细菌经热激后,为什么要在无抗生素的液体培养基中活化培养?

第四章 植物遗传转化及
转基因后代分子检测

植物遗传转化是应用重组 DNA 技术、离体培养技术或种质系统转化技术,有目的地将外源基因或 DNA 片段导入受体植物基因组中,最终获得完整再生植株或目标组织器官,是确定基因功能的重要手段。成功的基因转化不仅依赖于植物基因型,还受转化表达载体、遗传转化系统的影响,因此建立高效植物遗传转化系统是开展基因工程的关键所在。本章主要介绍常用植物遗传转化方法,如根癌农杆菌介导的遗传转化、花粉管通道介导的遗传转化、基因枪介导的遗传转化、花序浸泡法介导的遗传转化以及 VIGS 介导的遗传转化等。

利用不同遗传转化系统获得转基因再生植株后,确定外源目的基因是否整合到植物基因组中、整合到基因组的外源目的基因是否表达,以及外源目的基因是否产生目的表型,在农作物遗传改良过程中甚至还包括标记基因是否已删除等,这些都需要进行一系列的分子生理生化鉴定。常见的分子鉴定包括 DNA 水平的鉴定,如 PCR 和 Southern 杂交等;RNA 水平的鉴定,如 RT-PCR、qRT-PCR 和 Northern 杂交等;蛋白质水平的鉴定,如 ELISA、Western 杂交、表达蛋白含量测定等。本章主要介绍 PCR、Southern 杂交、qRT-PCR、Northern 杂交、Western 杂交和转基因植物的 gus 组织染色。

实验一 根癌农杆菌介导的植物遗传转化

一、实验目的

1. 了解根癌农杆菌介导的植物遗传转化的基本原理。

2. 掌握重要农作物(包括水稻、玉米、小麦、棉花、油菜、大豆、大麦、黄瓜、番茄、烟草)的根癌农杆菌介导的遗传转化操作过程。

二、实验原理

根癌农杆菌(*Agrobacterium tumefaciens*)属于根瘤菌科土壤杆菌属的革兰氏阴性细菌,最适生长温度为 25~30℃,最适 pH 为 6.0~9.0。根癌农杆菌侵染宿主植物时,细菌通过原有病斑或伤口进入宿主,诱导产生冠瘿瘤。致瘤的根癌农杆菌中含有一类质粒,即致瘤质粒(tumor-inducing plasmid),简称 Ti 质粒,是根癌农杆菌染色体外的遗传物质,为双链闭合环状 DNA 分子,大小为 200~300kb。根据 Ti 质粒诱导的植物冠瘿瘤中所合成的冠瘿碱种类不同,可以将其分成章鱼碱型(octopine)、胭脂碱型(nopaline)、农杆碱型(agropine)和琥珀碱型(succinamopine)。不同菌株的 Ti 质粒均含有 4 大部分:①T-DNA 区(transferred-DNA region),T-DNA 是农杆菌侵染植物宿主细胞时从 Ti 质粒上切割下来并整合到植物基因组上的一段 DNA,该片段与致瘤相关,农杆菌一旦丢失该质粒则失去致瘤能力;②Vir 区(virulence region),该区段的基因能激活 T-DNA 转移;③ Con 区 (region encoding conjugation),该区段上存在与细菌间结合转移的相关基因,控制 Ti 质粒在农杆菌不同菌株间的转移;④Ori 区(origin of replication),控制 Ti 质粒自我复制。在农杆菌介导的植物遗传转化过程中,农杆菌首先依附于植物表面伤口,受伤植物分泌的酚类小分子化合物诱导 *VirA* 和 *VirG* 等基因表达 Vir 产物,继而诱导 Ti 质粒产生一条新的 T-DNA 单链分子。单链分子从 Ti 质粒上脱离并与 VirD2 共价结合,而后进一步与 VirD4、VirB 和 VirE2 等蛋白结合形成 T 复合物(T-complex),进入植物细胞核并整合到基因组中。

三、材料与试剂

1.主要材料

各种植物外植体、培养皿、枪头、量筒、再生瓶、试剂瓶、滤纸、吸水纸、记号笔、镊子、手术刀、封口膜或保鲜膜等。

2.主要试剂

各类培养基及其组成化合物(如 MS、B5、N6、AA、CC、YEB、LB 等)、生长调节剂[如各类生长素、细胞分裂素、脱落酸(ABA)]、碳源(如蔗糖、麦芽糖、果糖等)、凝固剂(如琼脂、植物凝胶)、抗生素(如卡那霉素、壮观霉素、头孢霉素、替卡西林、利福平、潮霉素等)及乙酰丁香酮等。

三、主要仪器设备

超净工作台、恒温摇床、高速离心机、分光光度计、光照培养箱或培养室、生化培养箱、酒精灯或电热灭菌器或红外灭菌器、微量移液器或分液器、高压灭菌锅、搅拌器、pH 计、电子分析天平等。

五、实验步骤

(一)根癌农杆菌介导的水稻遗传转化

1.实验材料

水稻品种日本晴、中花 11、空育 131 及 Kasalath 等成熟种子,携带有 pCAMBIA1305 的农杆菌 EHA105。

4-1 水稻转化
(视频)

2.培养基

(1)愈伤组织诱导培养基

N6 基本培养基+脯氨酸 0.6g/L+酪蛋白水解物(casein hydrolysate)0.8g/L+蔗糖 30 g/L+2,4-D 2.5mg/L+gelrite 3.0g/L,pH 6.0,高压蒸汽灭菌。

(2)LB 液体(固体)培养基

胰蛋白胨 10g/L+酵母提取物 5g/L+氯化钠 10g/L(固体培养基加琼脂粉 15g/L),pH

7.0,高压蒸汽灭菌。

(3)共培养培养基(CC)

CC 基本培养基(表 4-1)+酪蛋白水解物 50mg/L+蔗糖 20g/L+葡萄糖 10g/L+甘露醇 36.43g/L+2,4-D 2.5mg/L+gelrite 3.0g/L,pH 6.0。高压蒸汽灭菌后添加乙酰丁香酮 19.6mg/L。

(4)农杆菌悬浮培养基(AA)

AA 基本培养基(表 4-1)+酪蛋白水解物 0.5g/L+蔗糖 68.5g/L+葡萄糖 36g/L+2,4-D 2.5mg/L,pH 5.2。高压蒸汽灭菌后添加乙酰丁香酮 19.6mg/L。

表 4-1　CC 和 AA 基本培养基

成分	CC(mg/L)	AA(mg/L)
KNO_3	1212.00	
NH_4NO_3	640.00	
KCl		2950.00
$MgSO_4 \cdot 7H_2O$	247.00	250.00
$CaCl_2 \cdot 2H_2O$	588.00	150.00
KH_2PO_4	136.00	
$NaH_2PO_4 \cdot H_2O$		150.00
$MnSO_4 \cdot H_2O$	83.00	10.00
$ZnSO_4 \cdot 7H_2O$	57.60	2.00
$CuSO_4 \cdot 5H_2O$	0.025	0.025
H_3BO_3	31.00	3.00
KI	0.84	0.75
$CoCl_2 \cdot 6H_2O$	0.025	0.025
$Na_2MoO_4 \cdot 2H_2O$	0.25	0.25
$FeSO_4 7H_2O$	27.80	
Na_2EDTA	37.30	
Nicotinic acid	6.00	1.00
Thiamine HCl	8.50	10.00
Pyridoxine HCl	1.00	1.00
Myo-inositol	90.00	100.00
Glutamine		876.00
Aspartic acid		266.00
Arginine		174.00
Glycine	2.00	7.50

（5）筛选培养基

N6 基本培养基＋酪蛋白水解物 0.5g/L＋蔗糖 30g/L＋2,4-D 2.5mg/L＋gelrite 3.0 g/L,pH 6.0。高压蒸汽灭菌后添加过滤灭菌的头孢霉素 500mg/L 和潮霉素 50mg/L。

（6）预分化培养基

N6 基本培养基＋酪蛋白水解物 1g/L＋蔗糖 30g/L＋激动素 2mg/L＋萘乙酸 1mg/L＋gelrite 3.0g/L,pH 6.0。高压蒸汽灭菌后添加过滤灭菌的头孢霉素 500mg/L 和潮霉素 50mg/L。

（7）分化培养基

N6 基本培养基＋酪蛋白水解物 1g/L＋蔗糖 30g/L＋6-BA 4mg/L＋萘乙酸 1mg/L＋gelrite 6g/L,pH 6.0。高压蒸汽灭菌后添加过滤灭菌的头孢霉素 500mg/L 和潮霉素 50mg/L。

3. 实验过程

（1）种子消毒

将水稻成熟种子去壳获得糙米,用 75％酒精消毒 1min,再用 10％ NaClO 溶液于摇床（100～150r/min）中消毒 25min,最后用无菌水清洗 3～5 次。

（2）愈伤组织诱导与继代培养

将无菌种子接种到愈伤组织诱导培养基（每个直径 90mm 的培养皿接种约 20 粒种子）（图 4-1A）,28℃暗培养 30～40d,而后将胚性愈伤组织继代培养（图 4-1B、C）,每 12～14d 1 次。

（3）农杆菌活化

侵染前 2d,取农杆菌于 LB 固体培养基（内含 Km 50mg/L＋Rif 25mg/L）上划线,28℃暗培养 2d。

（4）农杆菌侵染液制备

将活化的农杆菌刮入含抗生素的 LB 液体培养基中,28℃、180r/min 振荡培养 30～60min,菌液 OD_{600}＝0.3～0.5（或者挑单克隆过夜培养）,室温下 4000r/min 离心收集菌体,用等量的 1.2g/L $MgSO_4$ 溶液清洗一次,再用 AA 液体培养基将菌体重悬至 OD_{600}＝0.1～0.2。

（5）农杆菌侵染及共培养

将胚性愈伤组织放入农杆菌悬浮液中,静置 10～30min,倒掉菌液,用灭菌滤纸充分吸干愈伤组织表面的菌液（置超净工作台上风干 30min 以上,也可根据愈伤组织多少确定风干时间）。吹干后将愈伤组织转入表面覆盖有一层灭菌滤纸的 CC 固体培养基上,28℃暗培养 36～55h（图 4-1D）。

注意事项:对于粳稻材料,可以不需要 CC 培养基,共培养时仅需在培养皿中铺两层滤纸。

（6）筛选培养

将表面无菌的愈伤组织接种到筛选培养基上,28℃暗培养,其间每 12d 继代培养 1 次（图 4-1E、F）。

（7）预分化培养

筛选 2～3 次后,将抗性愈伤组织转入预分化培养基,28℃暗培养 5～7d。

（8）分化培养

将预分化的愈伤组织接种到分化培养基上，于 28℃ 下培养（光周期为 16h 光照/8h 黑暗）（图 4-1G）。

（9）生根培养

待抗性愈伤组织在分化培养基上形成 3～4cm 高的再生苗时，将其转入 1/2MS 生根培养基上培养，形成完整的植株（图 4-1H）。

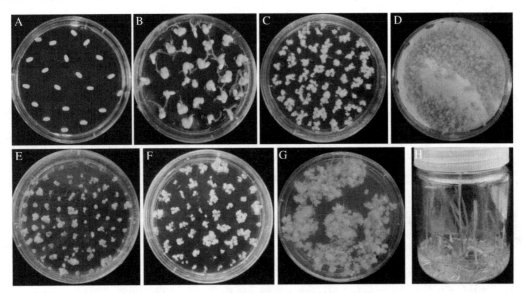

图 4-1　根癌农杆菌介导的水稻遗传转化
(A)接种；(B)初生愈伤组织诱导；(C)胚性愈伤组织继代培养；
(D)共培养；(E,F)筛选培养；(G)分化培养；(H)生根培养

(二)根癌农杆菌介导的水稻快速遗传转化

1.实验材料

水稻品种日本晴、中花 11、空育 131 及 Kasalath 等的成熟胚，携带有 pCAMBIA1305 的农杆菌 EHA105。

4-2　水稻转化

2.培养基

（1）愈伤诱导培养基

N6 基本培养基＋脯氨酸 0.6g/L＋酪蛋白水解物 0.8g/L＋蔗糖 30g/L＋2,4-D 2.5mg/L＋gelrite 3.0g/L，pH 6.0。

（2）LB 液体(固体)培养基

胰蛋白胨 10g/L＋酵母提取物 5g/L＋氯化钠 10g/L(若是固体培养基，则加琼脂 15g/L)，pH 7.0。

（3）共培养培养基(CC)

CC 基本培养基＋酪蛋白水解物 50mg/L＋蔗糖 20g/L＋葡萄糖 10g/L＋甘露醇 36.43g/L＋2,4-D 2.5mg/L＋gelrite 3.0g/L，pH 6.0。高压蒸汽灭菌后添加乙酰丁香酮 19.6mg/L。

（4）农杆菌悬浮培养基（AA）

AA 基本培养基＋酪蛋白水解物 0.5g/L＋蔗糖 68.5g/L＋葡萄糖 36g/L＋2,4-D 2.5mg/L,pH 5.2。高压蒸汽灭菌后添加乙酰丁香酮 19.6mg/L。

（5）筛选培养基

N6 基本培养基＋酪蛋白水解物 0.5g/L＋蔗糖 30g/L＋2,4-D 2.5mg/L＋gelrite 3.0 g/L,pH 6.0。高压蒸汽灭菌后添加过滤灭菌的头孢霉素 500mg/L 和潮霉素 50mg/L。

（6）预分化培养基

N6 基本培养基＋酪蛋白水解物 1g/L＋蔗糖 30g/L＋激动素 2mg/L＋萘乙酸 1mg/L＋gelrite 3g/L,pH 6.0。高压蒸汽灭菌后添加过滤灭菌的头孢霉素 500mg/L 和潮霉素 50mg/L。

（7）分化培养基

N6 基本培养基＋酪蛋白水解物 1g/L＋蔗糖 30g/L＋6-BA 4mg/L＋萘乙酸 1mg/L＋gelrite 6g/L,pH 6.0。高压蒸汽灭菌后添加过滤灭菌的头孢霉素 500mg/L 和潮霉素 50mg/L。

3. 实验过程

（1）种子消毒

将水稻成熟种子去壳获得糙米,75% 酒精消毒 1min,再用 10% NaClO 溶液于摇床（100～150r/min）中消毒 25min,最后用无菌水清洗 3～5 次。

（2）愈伤组织诱导

将无菌种子接种到愈伤诱导培养基（每个直径 90mm 的培养皿接种约 20 粒种子）,32℃连续光照培养 5～8d。

（3）农杆菌活化

侵染前 2d,取农杆菌于 LB 固体培养基（内含 Km 50mg/L＋Rif 25mg/L）上划线,28℃暗培养 2d。

（4）农杆菌侵染液制备

将活化的农杆菌刮入含抗生素的 LB 液体培养基中,28℃、180r/min 振荡培养 30～60min,菌液 OD_{600}＝0.3～0.5（或者挑单克隆过夜培养）,室温下 4000r/min 离心收集菌体,用等量的 1.2g/L $MgSO_4$ 溶液清洗一次,再用 AA 液体培养基将菌体重悬至 OD_{600}＝0.1～0.2。

（5）农杆菌侵染及共培养

剥离培养 5～8d 的水稻初生愈伤组织,放入农杆菌悬浮液中,静置 10～30min,倒掉菌液,用灭菌滤纸充分吸干愈伤组织表面的菌液（置超净工作台上风干 30min 以上,也可根据愈伤组织的量确定风干时间）。吹干后将愈伤组织转入覆盖有两层灭菌滤纸的培养皿中,28℃暗培养 36～55h。

（6）筛选培养

将共培养后的无菌愈伤组织（若共培养后农杆菌过多,则可用含 500mg/L 头孢霉素的无菌水清洗 3～4 次,而后吸干愈伤组织表面的水分）接种到筛选培养基上,32℃连续光照下培养,其间每 12d 左右继代培养 1 次。

（7）预分化培养

筛选 2～3 次后,将抗性愈伤组织转入预分化培养基,28℃暗培养 5～7d。

（8）分化培养

将预分化的愈伤组织接种到分化培养基上,于28℃下培养(光周期为16h光照/8h黑暗)。

（9）生根培养

待抗性愈伤组织在分化培养基上形成3~4cm高的再生苗时,将其转入1/2MS生根培养基上培养,至形成完整的植株。

(三)根癌农杆菌介导的大豆遗传转化

1.实验材料

大豆品种天隆1号成熟种子,携带pLM-B001(含抗除草剂草丁膦的 *bar* 基因)的农杆菌EHA101。

4-3 大豆转化
（视频）

2.培养基

（1）种子萌发培养基（GM）

B5基本培养基(Phytotech, catalog number:G398)3.2g/L＋蔗糖20g/L＋琼脂8g/L, pH 5.8。

（2）YEP液体(固体)培养基

胰蛋白胨10g/L,酵母提取物10g/L,氯化钠5g/L(若是固体培养基,则加琼脂12g/L)。高压蒸汽灭菌后添加过滤灭菌的壮观霉素100mg/L和卡那霉素50mg/L。

（3）共培养培养基（CCM）

B5基本培养基0.31g/L＋蔗糖30g/L＋6-BA 1.67mg/L＋MES 3.9g/L(若是固体培养基,则加琼脂6g/L),pH 5.4。高压蒸汽灭菌后添加过滤灭菌的赤霉素(GA$_3$)0.25mg/L和乙酰丁香酮58.86mg/L。

（4）芽诱导培养基（SI）

B5基本培养基3.21g/L＋蔗糖30g/L＋6-BA 1.67mg/L＋MES 0.59g/L,琼脂8g/L, pH 5.7。高压蒸汽灭菌后添加过滤灭菌的替卡西林(ticarcilin)250mg/L＋头孢霉素(cefotaxime)100mg/L＋草丁膦5mg/L。

（5）芽伸长培养基（SE）

MS基本培养基(Phytotech, catalog number:M519)4.43g/L＋蔗糖30g/L＋MES 0.59g/L＋琼脂9g/L,pH5.7。高压灭菌后添加过滤灭菌的天门冬酰胺50mg/L＋谷氨酰胺50mg/L＋IAA 0.1mg/L＋ZT 1mg/L＋GA$_3$ 0.5mg/L＋替卡西林(ticarcilin)250mg/L＋头孢霉素(cefotaxime)100mg/L＋草丁膦5mg/L。

（6）生根培养基（RM）

MS基本培养基2.23g/L＋蔗糖20g/L＋MES 0.59g/L＋琼脂8g/L,pH 5.8。高压蒸汽灭菌后添加过滤灭菌的IBA 0.5mg/L。

3.实验步骤

（1）种子挑选

挑选粒大饱满、无病斑、种皮无裂纹的种子,用含75%酒精的擦镜纸除去种子表面的污渍和灰尘,放入无菌培养皿中。

注意事项:最好选择当年新收的种子作为受体材料。

（2）种子灭菌

将上述大豆种子平铺在 100mm×15mm 的皮氏培养皿中（每皿大约 150 粒种子）；将装有种子的培养皿放入干燥器并打开培养皿盖，培养皿中间放置一个 250mL 的烧杯；烧杯中加入 75mL 次氯酸钠，然后沿杯壁缓慢加入 3.5mL 浓盐酸；立即盖上干燥器盖，灭菌 16h 左右后将培养皿盖上（图 4-2A），移入超净工作台，将培养皿打开约 30min 以便除去多余氯气。室温下，表面灭菌的种子可以保存约 2 周。

图 4-2　根癌农杆菌介导的大豆遗传转化

（A）大豆灭菌；（B）种子萌发；（C）子叶侵染；（D）外植体共培养；（E）丛生芽诱导培养；（F、G）芽伸长培养；（H）生根培养；（I、J）炼苗移栽

（3）种子萌发

将上述灭菌后的大豆种子（脐朝下）播种在 GM 培养基上（每个 100mm×25mm 大约放 20 粒种子），于 24℃、18h 光照/6h 黑暗的培养箱中培养 2d（图 4-2B）。

4-4 大豆转化

（4）农杆菌活化培养

将−80℃保存的 20μL 农杆菌菌液加入 5mL YEP 液体培养基中（含相应抗生素），置于 28℃、240r/min 的摇床中培养 14h 以上至饱和状态，而后将菌液全部转入 240mL YEP 液体培养基中（含相应抗生素），在 28℃、180r/min 的摇床中继续培养（约 10h）至 $OD_{650}=0.6\sim0.8$。

（5）农杆菌准备

将上述农杆菌菌液常温离心（转速 3500r/min），收集菌体并用 50mL 液体 CCM 培养基重悬。

（6）外植体制备与侵染

用手术刀将胚根及部分下胚轴切除，但保留靠近子叶节的下胚轴（长约 5mm）；沿两片子叶纵向切开下胚轴，除尽切口处的茎尖分生组织，垂直靠近切口的子叶处切 7～8 个切口（每个切口深 0.5mm，长 3～4mm），将菌液加入制备好的外植体中，充分浸泡和轻微振荡 30min（图 4-2C）。

（7）外植体共培养

将切口朝上的外植体接种在铺有一层无菌滤纸的固体 CCM 培养基上（每皿 7 个外植

体),22℃弱光[1~5μmol/(m² · s)]培养3d(图4-2D)。

(8)丛生芽诱导培养

将外植体转入不含草丁膦的SI培养基上(外植体的下胚轴部分插入培养基,且再生组织与培养基平面成30°~45°角斜插),每皿7个外植体,在24℃、18h光照/6h黑暗的培养箱中培养3~7d。将外植体转入SI培养基,同等培养条件下继续培养7d后,切除坏死的下胚轴。将子叶柄插入SI培养基(分化区域平行于培养基),同等培养条件下再诱导培养14d(图4-2E)。

(9)芽伸长培养

将分化丛生芽上的子叶及丛生芽基部的其他坏死组织切除,丛生芽转入SE培养基,在24℃、18h光照/6h黑暗的培养箱中培养2~8周,其间每隔2周将黄化和褐化的芽及芽基部坏死组织切除并继代培养(图4-2F、G),直到长出健康的伸长芽。

(10)生根培养

待分生芽长至3cm以后,将其从丛生芽上切下,芽切口先在1mg/mL IBA溶液中蘸1~2s,然后转入RM培养基诱导根的生长(图4-2H)。

(11)炼苗移栽

待再生植株长出一定的根系(至少2条根以上),将植株从培养基中移出并轻轻洗净培养基,将幼苗移植到混有蛭石的基质中,盖上留有适量透气孔的透明罩,在24℃、18h光照/6h黑暗的培养箱中培养1周以上,再将幼苗转入普通基质中,于温室中继续培养(图4-2I、J)。

(四)根癌农杆菌介导的大麦遗传转化

1.实验材料

大麦品种Golden Promise未成熟胚(幼胚直径大小以2mm为宜),携带pBRACT214(含目的基因和潮霉素筛选标记基因)的农杆菌AGL1。

4-5 大麦转化
(视频)

2.培养基

(1)YEB液体(固体)培养基

胰蛋白胨10g/L+酵母提取物10g/L+NaCl 5g/L(若是固体培养基,则加琼脂15g/L),pH 7.0。

(2)MG液体(固体)培养基

胰蛋白胨5g/L+甘露醇5g/L+酵母提取物2.5g/L+L-谷氨酸(L-glutamic acid)1.0g/L+KH_2PO_4 250mg/L+NaCl 100mg/L+$MgSO_4 \cdot 7H_2O$ 100mg/L+生物素1μg/L(若是固体培养基,则加琼脂15g/L),pH 7.2。

(3)愈伤诱导培养基(CI)

MS基本培养基(表1-7)(Duchefa,catalog number:M0221)4.3g/L+麦芽糖30g/L+酪蛋白水解物1g/L+肌醇350mg/L+脯氨酸690mg/L+盐酸硫胺1mg/L+$CuSO_4 \cdot 5H_2O$ 1.25mg/L+植物凝胶3.5g/L,pH 5.8。高压蒸汽灭菌后加经过滤灭菌的麦草畏2.5mg/L。

(4)愈伤筛选培养基(CIS)

取无菌CI培养基,加经过滤灭菌的潮霉素50mg/L及特泯菌(Timentin)160mg/L。

(5)抗性愈伤继代培养基(T)

MS培养基(Duchefa,catalog number:M0238)2.7g/L+麦芽糖20g/L+NH_4NO_3

165mg/L＋肌醇 100mg/L＋盐酸硫胺 0.4mg/L＋CuSO₄ • 5H₂O 1.25mg/L＋2,4-D 2.5mg/L＋6-BA 0.1mg/L＋植物凝胶 3.5g/L,pH 5.8。高压蒸汽灭菌后加经过滤灭菌的潮霉素 40mg/L＋特泯菌 120mg/L＋谷氨酰胺 750mg/L。

（6）分化培养基(B13M)

MS 微量元素（表 1-8）＋N6 大量元素（表 1-9）＋N6 铁盐（表 1-9）＋B5 有机成分（表 1-7）＋麦芽糖 30g/L＋肌醇 100mg/L＋脯氨酸 690mg/L＋2,4-D 0.1mg/L＋6-BA 1.0mg/L＋植物凝胶 3.5g/L,pH 5.8。高压蒸汽灭菌后加经过滤灭菌的潮霉素 30mg/L＋特泯菌 80mg/L。

（7）生根培养基(R)

MS 基本培养基(Duchefa,catalog number：M0221) 4.3g/L＋麦芽糖 25g/L＋酪蛋白水解物 1g/L＋肌醇 350mg/L＋脯氨酸 690mg/L＋盐酸硫胺 1mg/L＋植物凝胶 3.2g/L,pH 5.8。高压蒸汽灭菌后加经过滤灭菌的潮霉素 20mg/L 及特泯菌 40mg/L。

3.实验步骤

（1）未成熟种子灭菌

从大麦穗部取下未成熟种子,将摘除麦芒、种皮完整、种子饱满、幼胚大小 2mm 的未成熟种子收集于 50mL 离心管中。加适量 70% 酒精消毒 30s,用灭菌水清洗 3 次;加 50%（v/v）次氯酸钠溶液,上下颠倒 5～6 次,静置 4min,用灭菌水清洗 5 遍(图 4-3A)。将灭菌好的种子铺于无菌滤纸上,吸去多余水分。

4-6　大麦转化

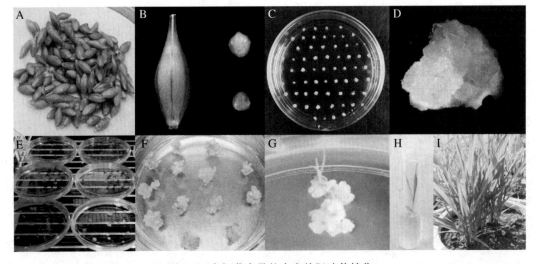

图 4-3　农杆菌介导的大麦幼胚遗传转化

(A)种子表面灭菌;(B)外植体制备;(C)农杆菌侵染;(D)含潮霉素的 CIS 培养基上筛选 2 周;(E)含潮霉素的 CIS 培养基上筛选 4 周;(F)预分化培养基绿点生成;(G)抗性芽分化;(H)抗性芽生根;(I)移栽

（2）幼胚分离

用双镊子夹击法,种子腹沟朝下,左手持镊子尖端刺穿种子中央并固定好,右手持镊子尖端从刺穿处撕下部分种皮,找准胚芽鞘与盾片缝隙部位,用镊子尖端剥离胚芽鞘。取出完整盾片,将其正面朝上放入 CI 愈伤诱导培养基,每皿放 60～100 个,23 ℃暗培养 2～4d(图 4-3B)。

（3）农杆菌培养及侵染

取单克隆农杆菌于 YEB 培养液（Rif＋Km 抗性）中培养，测定菌液 $OD_{600}＝0.5\sim0.6$，分装 0.5mL/管。农杆菌菌液加入 5mL MG 液体培养液，测定侵染液 $OD_{600}＝0.8\sim1.2$。在超净工作台上，使用 $100\mu L$ 移液枪吸取菌液，滴加在盾片中央，立即吸回多余菌液，依次逐个滴加至一皿全部侵染，侵染 $1\sim3$ 皿后，用镊子将盾片换至新的 CI 愈伤诱导培养基，去除盾片上的培养基。23℃黑暗共培养 $2\sim3d$（图 4-3C）。

（4）愈伤诱导与筛选培养

共培养 $2\sim3d$，用镊子将盾片转移到 CIS 愈伤筛选培养基，每皿放 $30\sim40$ 个盾片。23℃黑暗培养 $4\sim6$ 周（图 4-3D、E）。每 2 周继代培养一次。

（5）抗性愈伤继代及分化培养

将淡黄色、结构松散、具有明显颗粒状的愈伤组织转移到 T 培养基，每皿转移 $10\sim15$ 个愈伤组织团，23℃弱光培养 $2\sim4$ 周。挑选有绿点分化的愈伤组织，转移到 B13M 分化培养基（图 4-3F、G），弱光培养 $2\sim6$ 周，每 2 周继代培养一次。

（6）再生植株的生根和炼苗

待绿点成苗长至叶片长度 $2\sim3cm$ 时，将绿点及其周边少量愈伤组织转移到 R 生根培养基（图 4-3H）。根系建成（$2\sim3$ 条根）后开盖炼苗，加灭菌水（$1\sim2cm$）适应 2d，洗净根部培养基，1/2 Hoagland 大麦水培营养液培养 $1\sim2$ 周。土培生长 $3\sim4$ 个月（图 4-3I），繁种，收获足量种子。

(五)根癌农杆菌介导的玉米遗传转化

1. 实验材料

玉米品种 Hi-Ⅱ雌穗未成熟胚种子，携带 pCAMBIA2301 的农杆菌 EHA105。

2. 培养基

（1）YEP（固）液体培养基

胰蛋白胨 10g/L＋酵母提取物 10g/L＋NaCl 5g/L（若是固体培养基，则加琼脂 15g），pH 7.5。高压蒸汽灭菌后添加经过滤灭菌的利福平 25mg/L 和卡那霉素 50mg/L。

（2）侵染培养基(Inf)

N6 基本盐培养基（表 1-9）(Sigma,catalog number：C1416) 4g/L＋N6 维生素母液（表 1-9）(200×) 0.5%(v/v)＋脯氨酸 0.7g/L＋蔗糖 68.4g/L＋葡萄糖 36g/L＋2,4-D 1.5mg/L＋琼脂 8g/L,pH 5.2。高压蒸汽灭菌后添加乙酰丁香酮 19.2mg/L。

（3）共培养培养基(CO-C)

N6 基本盐培养基 2g/L＋N6 维生素母液(200×) 0.5%(v/v)＋脯氨酸 0.7g/L,蔗糖 30g/L＋2,4-D 1.5mg/L＋琼脂 8g/L,pH 5.7。高压蒸汽灭菌后添加乙酰丁香酮 19.2mg/L 及过滤灭菌的 DTT 0.152g/L＋$AgNO_3$ 0.85mg/L＋半胱氨酸 400mg/L。

（4）静息培养基(Resting)

N6 基本盐培养基 4g/L＋N6 维生素母液(200×) 0.5%(v/v)＋脯氨酸 0.7g/L,蔗糖 30g/L＋2,4-D 1.5mg/L＋琼脂 8g/L,pH 5.8。高压蒸汽灭菌后添加经过滤灭菌的 $AgNO_3$ 0.85mg/L＋羧苄青霉素 100mg/L。

(5)选择培养基(N6S)

N6 基本盐培养基 4g/L+N6 维生素母液(200×)0.5%(v/v)+脯氨酸 0.7g/L+蔗糖 30g/L+2,4-D 1.5mg/L+植物凝胶 3.8g/L,pH 5.8。高压蒸汽灭菌后添加经过滤灭菌的 AgNO₃ 0.85mg/L+草丁膦 2.5mg/L+羧苄青霉素 100mg/L。

(6)再生培养基(R-Ⅰ):

MS 基本培养基(Sigma,catalog number:M519)4g/L+肌醇 0.1g/L+蔗糖 60g/L+植物凝胶 3g/L,pH 5.8。高压蒸汽灭菌后添加经过滤灭菌的草丁膦 5mg/L。

(7)再生培养基(R-Ⅱ)

MS 基本培养基 4g/L+肌醇 0.1g/L+蔗糖 60g/L+6-BA 0.35mg/L+植物凝胶 3g/L,pH 5.8。高压蒸汽灭菌后添加经过滤灭菌的草丁膦 5mg/L。

(8)生根培养基

MS 基本培养基 4g/L+肌醇 0.1g/L+蔗糖 30g/L+植物凝胶 3g/L,pH 5.8。

(9)N6 维生素母液(200×)

甘氨酸 0.4g/L+烟酸 0.1g/L+维生素 B₁ 0.2g/L+维生素 B₆ 0.1g/L。

3.实验步骤

(1)种子挑选

挑选无病斑、授粉 9~14d、幼胚直径大小 1.0~1.5mm 的玉米雌穗,剥去玉米苞叶,每剥一层喷洒 75%酒精,保留最后一层玉米苞叶,放入无菌袋中。

(2)种子灭菌

将上述玉米雌穗在超净工作台上剥去最后一层玉米苞叶,喷洒 75%酒精进行表面灭菌。用灭菌刀片将玉米幼胚从穗子小心剥离,尽量保证幼胚完整性,分装于含 2mL Inf 侵染培养液的离心管中备用。

(3)农杆菌侵染液准备

将−80℃保存的 20μL 农杆菌菌液加入 5mL YEP 液体培养基中(含相应抗生素),置于 28℃、240r/min 的摇床上培养过夜,而后取 1mL 菌液转入 50mL YEP 液体培养基中(含相应抗生素),继续在 28℃、180r/min 的摇床上振荡培养至 OD₆₀₀=0.3~0.4。3000r/min 离心 10min 集菌,弃培养液,加入等量含乙酰丁香酮(AS)的侵染液重悬备用。

(4)农杆菌侵染

取上述灭菌幼胚,置于含 AS 2μmol/L 的 Inf 侵染培养液的离心管,用 Inf 侵染培养液洗涤 3 次,倒掉侵染培养液。幼胚侵染时,加入 1.8mL 农杆菌侵染液,轻轻颠倒混匀 20 次,静置培养 10min(22℃,黑暗)。倒掉吸干菌液,将侵染后的幼胚放置在 CO-C 共培养培养基中,23℃黑暗共培养 2~3d。

(5)愈伤诱导与筛选培养

将上述共培养后的幼胚转入静息培养基,28℃黑暗培养 1~2 周。将愈伤组织转移到 N6S 选择培养基,在 N6S 选择培养基的基础上添加草丁膦作为筛选,草丁膦筛选浓度由低到高依次为 1.5mg/L,2.5mg/L,3.0mg/L,3.5mg/L,每 2 周继代培养一次,筛选和继代培养 4 次。

(6)愈伤预分化培养

将生长致密、淡黄色的抗性愈伤组织,转移到 R-Ⅰ再生培养基生长 1~2 周,弱光条件下 (1000lx),28℃ 16h 光照/8h 黑暗交替培养,进行筛选培养后的恢复生长。

（7）绿芽分化培养

将上述带绿点的愈伤组织块，转移到 R-Ⅱ 培养基中进行绿芽分化，光强 36～54 μmol/(m²·s)，28℃，16h 光照/8h 黑暗交替培养 2～4 周，每 2 周继代培养一次。

（8）生根培养

当再生绿苗长到 3 片伸长叶时，将绿芽转移到生根培养基，28℃，光强 54μmol/(m²·s)，16h 光照/8h 黑暗交替培养。

（9）炼苗移栽

当幼苗根系建成（3 条根）开盖炼苗，加入适量灭菌水，外界环境培养 1～2d，将幼苗从瓶中取出，洗净根系周围多余培养基，移栽至混有营养土和蛭石（1∶1 比例）的花盆。鉴定 T_0 代阳性植株，繁种，收获足量种子。

（六）根癌农杆菌介导的小麦遗传转化

1. 实验材料

小麦品种 Fielder 未成熟胚种子，携带 pCAMBIA1301 的农杆菌 EHA105。

4-7　小麦转化（视频）

2. 培养基

（1）MG 液（固）体培养基

胰蛋白胨 5g/L＋甘露醇 5g/L＋酵母提取物 2.5g/L＋谷氨酸 1g/L＋KH$_2$PO$_4$ 250mg/L＋NaCl 100mg/L＋MgSO$_4$ 100mg/L＋生物素 1μg/L（若是固体培养基，则加琼脂 15g/L），pH 7.2。高压蒸汽灭菌后添加经过滤灭菌的利福平 25mg/L 和卡那霉素 50mg/L。

（2）WLS-liq 培养液

LS 大量元素（10×）10mL/L＋FeEDTA 母液（100×）1mL/L＋LS 微量元素（100×）1mL/L＋MS 维生素（100×）1mL/L＋葡萄糖 10g/L＋MES 0.5g/L，pH 5.8。过滤灭菌，4℃保存。

（3）WLS-inf 侵染液

WLS-liq 培养液＋乙酰丁香酮（AS）100μmol/L。

（4）WLS-AS 共培养培养基

WLS-inf 侵染液＋硫酸铜 1.25mg/L＋琼脂 8g/L。高压蒸汽灭菌后添加经过滤灭菌的硝酸银 0.85mg/L。

（5）WLS 选择培养基

LS 大量元素（10×）100mL/L＋FeEDTA 母液（100×）10mL/L＋LS 微量元素（100×）10mL/L＋MS 维生素（100×）10mL/L＋谷氨酰胺 0.5g/L＋酪蛋白水解物 0.1g/L＋MgCl$_2$ 0.75g/L＋麦芽糖 40g/L＋MES 1.95g/L＋2,4-D 0.5mg/L＋琼脂 5g/L，pH 5.8。高压蒸汽灭菌后添加经过滤灭菌后的氨氯吡啶酸 0.22mg/L＋抗坏血酸 100mg/L＋羧苄青霉素 250mg/L＋ AgNO$_3$ 0.85mg/L。

（6）WLS-Res 培养基

WLS 选择培养基＋过滤灭菌的头孢噻肟（cefotaxime）100mg/L。

（7）LSZ 再生培养基

LS 大量元素（10×）100mL/L＋FeEDTA 母液（100×）10mL/L＋LS 微量元素

(100×)10mL/L＋LS调整维生素(100×)10mL/L＋蔗糖20g/L＋MES 0.5g/L＋硫酸铜2.5g/L＋琼脂8g/L,pH 5.8。高压蒸汽灭菌后添加经过滤灭菌后的玉米素(Zeatin,ZT)5mg/L＋羧苄青霉素250mg/L＋头孢噻肟100mg/L。

(8)LSF生根培养基

LS大量元素(10×)100mL/L＋FeEDTA母液(100×)10mL/L＋LS微量元素(100×)10mL/L＋LS调整维生素(100×)10mL/L＋蔗糖15g/L＋MES 0.5g/L＋植物凝胶3g/L,pH 5.8。高压蒸汽灭菌后添加经过滤灭菌后的IBA 0.2mg/L＋羧苄青霉素250mg/L。

(9)WLS-H15选择培养基

WLS选择培养基＋过滤灭菌的潮霉素15mg/L。

(10)WLS-H30选择培养基

WLS选择培养基＋过滤灭菌的潮霉素30mg/L。

(11)LSZ-H30再生培养基

LS再生培养基＋过滤灭菌的潮霉素30mg/L。

(12)LSF-H15生根培养基

LSZ再生培养基＋过滤灭菌的潮霉素15mg/L。

(13)LS大量元素(10×)

KNO_3 19g/L＋NH_4NO_3 16.5g/L＋$CaCl_2$ 4.4g/L＋$MgSO_4$ 3.7g/L＋KH_2PO_4 1.7g/L。

(14)LS微量元素(100×)

$MnSO_4$ 2.23g/L＋$ZnSO_4$ 1.06g/L＋H_3BO_3 620mg/L＋KI 83mg/L＋Na_2MoO_4 25mg/L＋$CuSO_4$ 2.5mg/L＋$CoCl_2$ 2.5mg/L。

(15)MS维生素(100×)

肌醇10g/L＋甘氨酸0.2g/L＋维生素B_1 100mg/L＋维生素B_6 50mg/L＋烟酸50mg/L。

(16)LS调整维生素(100×)

肌醇10g/L＋维生素B_1 100mg/L＋维生素B_6 50mg/L＋烟酸50mg/L。

(17)FeEDTA母液(100×)

硫酸亚铁2.78g/L＋乙二胺四乙酸二钠3.73g/L。

3.实验步骤

(1)种子挑选

挑选种皮完整、籽粒饱满、幼胚大小2mm的小麦未成熟种子,用灭菌过的镊子去除颖壳、外稃和内稃,分离出完整的小麦幼胚,置于1.5mL离心管。

(2)种子灭菌

取上述分离的小麦幼胚,先用70％乙醇灭菌1min,再用1‰次氯酸钠溶液静置灭菌10min,用灭菌水冲洗3～5次,置超净工作台上晾干,将幼胚收集于2mL WLS-liq培养液备用。

(3)农杆菌活化培养

将DNA重组质粒转化农杆菌感受态EHA105,取20μL农杆菌菌液,加入5mL MG培养液,于28℃、200r/min摇床上培养至OD_{660}=0.3～0.4。3000r/min离心集菌10min,倒掉培养液,加入等体积WLS-inf侵染液,制备农杆菌侵染液。

（4）农杆菌侵染

取灭菌过的幼胚，倒掉 WLS-liq 培养液，加入 1mL 农杆菌侵染液，共同孵育 5min。倒掉侵染液，盾片朝上晾干后，将幼胚转移至 WLS-AS 共培养培养基，23℃暗培养 2～3d。

（5）愈伤诱导与筛选培养

取上述共培养后的幼胚，用镊子和手术刀去除胚轴，转移至新的 WLS-Res 培养基，25℃，黑暗培养 5d。将愈伤组织转移至 WLS-H15 选择培养基，25℃培养 2 周。用手术刀将每个未成熟胚切成两半，转移到 WLS-H30 选择培养基，25℃培养 3 周。

（6）愈伤分化培养

将抗性愈伤组织转移到 LSZ-H30 再生培养基进行绿芽分化，25℃ 连续光照［68μmol/（m² · s）］培养 2～4 周，每 2 周继代培养一次。

（7）生根培养

取上述叶片长至 3 叶期的绿苗，用镊子将绿苗转移到 LSF-H15 生根培养基，25℃连续光照［68μmol/（m² · s）］培养 2～4 周，进行生根培养。

（8）炼苗移栽

将根系建成的再生植株开盖，加入适量灭菌水，炼苗 2～3d，转移到蛭石营养土（1∶1 比例）中于生长室培养 3～4 个月，收获种子。

（七）根癌农杆菌介导的棉花遗传转化

1. 实验材料

转化受体 Coker201 种子，携带 pBI121-目的基因的农杆菌 LBA4404。

4-8　棉花转化
（视频）

2. 培养基

（1）种子萌发和幼苗生长培养基（MS1）

1/2MS 培养基＋2％蔗糖＋0.7g/L 琼脂，pH 5.8，高温灭菌。

（2）预诱导培养基

1％（w/v）葡萄糖＋7.5mmol/L MES＋2mmol/L 磷酸钠缓冲液（pH 5.6），过滤灭菌，使用前再加 100μmol/L 乙酰丁香酮（AS）。

（3）共培养培养基（MSB1）

MS 无机盐＋B5 有机物＋3％（w/v）葡萄糖＋2.5g/L phytagel，pH 5.8，高温灭菌后加 100μmol/L AS。

（4）愈伤诱导选择培养基（MSB2）

MS 无机盐＋B5 有机物＋3％（w/v）葡萄糖＋2,4-D 0.1mg/L＋KT 0.1mg/L＋phytagel 2.5g/L，pH 5.8，高温灭菌后加过滤灭菌的 Km 50mg/L＋Carb 400mg/L。

（5）非胚性愈伤组织增殖培养基（MSB3）

MS 无机盐（硝酸钾加倍，硝酸铵减半）＋B5 有机物＋3％（w/v）葡萄糖＋KT 0.1mg/L＋2,4-D 0.05mg/L＋phytagel 2.5g/L，pH 5.8，高温灭菌后加过滤灭菌的 Km 50mg/L＋Carb 400mg/L。

（6）愈伤组织的分化和胚性愈伤组织的继代培养基（MSB4）

MS 无机盐（硝酸钾加倍，硝酸铵减半）＋B5 有机物＋3％（w/v）葡萄糖＋KT 0.15mg/L＋IBA 0.5mg/L＋Gln 1.0g/L＋Asn 0.5g/L＋2g/L 活性炭＋phytagel 2.5g/L，pH 5.8，高温灭菌

后加过滤灭菌的 Km 50mg/L＋Carb 400mg/L。

（7）成苗生根培养基（MSB5）

MS 无机盐＋B5 有机物＋3％（w/v）葡萄糖＋NAA 0.5mg/L＋IBA 0.5mg/L＋Gln 1.0g/L＋Asn 0.5g/L＋2g/L 活性炭＋phytagel 2.5g/L，pH 5.8，高温灭菌后加过滤灭菌的 Km 150mg/L＋Carb 400mg/L。

3.实验步骤

（1）棉花种子消毒

挑选成熟的棉花种子，去除种皮，在超净工作台上放入 70％酒精中浸泡 2min，用无菌水冲洗 2 次；然后将其放入 10％漂白剂（NaClO）中表面消毒 15min，用无菌 ddH$_2$O 漂洗 3 遍以上，在无菌滤纸上晾干。

注意事项：漂白剂会影响棉花种子的发芽和幼苗生长，因此在种子消毒后漂洗过程中要尽量保证将漂白剂去除，不能有残留，可以适当增加漂洗次数或者延长每次漂洗时浸泡的时间。

（2）无菌苗培养

将消毒后的棉花种子点播在种子萌发培养基 MS1 上，每瓶 4～5 粒种子，置于 28℃，先暗培养 3～4d，待下胚轴长度合适，光强 3000lx、光周期为 14h 光照/10h 黑暗的培养箱中继续培养 1～2d。

注意事项：种子消毒后所有暴露在空气中的操作都要在超净工作台上完成。点种时尽量保持种子底端朝下，最好将种子插入培养基 2～3mm，帮助种子萌发和生长。

（3）农杆菌的活化

配制 LB 液体培养基，分装在 100mL 三角瓶中，每瓶为 20mL，高压灭菌并放凉后添加抗生素 Km 和 Rif，终浓度分别为 100mg/L 和 20mg/L。用牙签或接种环挑取 2～3 个单菌落接种到含抗生素的培养基中，28℃ 200r/min 摇床培养 24h 以上。待 OD$_{600}$ 达到 0.8～1.0后，离心收集菌液，并用预诱导培养基重悬。

注意事项：用于重悬农杆菌的预诱导培养基需要等温度降至室温后使用，高温会使农杆菌失活。

（4）共培养

选择长势良好的 7～10d 苗龄的幼苗，将其下胚轴切成 5～7mm 的小段，放入有农杆菌重悬液的培养皿中，共培养 10min。将下胚轴段水平放置在共培养培养基上，22℃黑暗培养 48h。

注意事项：共培养温度可以为 21～28℃，有研究表明，较低的温度可以提高某些物种的转化效率，如棉花。

（5）愈伤诱导

共培养 48h 后，将下胚轴小段转入含抗生素的愈伤诱导选择培养基上（图 4-4A），28℃，光照 14～16h，光强 2000lx 左右的弱光下培养。在通常情况下，1 周后可见愈伤组织。

注意事项：不同组织器官对抗生素（Km）的敏感性不同，胚性愈伤组织通常比下胚轴小段、非胚性愈伤组织具有较高的 Km 抗性，因此在愈伤诱导阶段，50mg/L 可以抑制绝大多数细胞的生长，而在胚性愈伤选择阶段，Km 筛选浓度需要提高到 150mg/L。

（6）继代培养

培养 4 周后，将愈伤组织转入非胚性愈伤组织增殖培养基（MSB3），3～4 周继代一次，

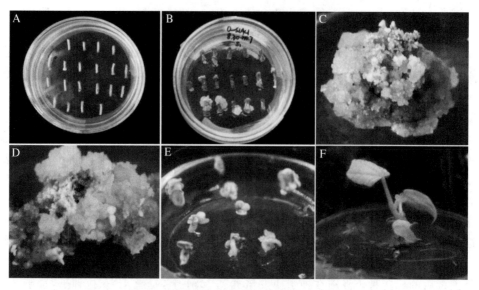

图 4-4　棉花下胚轴转化法转化的不同阶段

（A）侵染后的下胚轴愈伤组织诱导；（B）选择培养基中抗性愈伤组织的筛选；（C）胚性愈伤组织的形成；（D）再分化形成体细胞胚；（E）体细胞胚萌发和幼苗形成；（F）生根培养

至大量愈伤组织形成（图 4-4B）。

（7）将愈伤组织块转移到愈伤组织的分化和胚性愈伤组织的继代培养基（MSB4），之后保持每 4 周继代一次，直至诱导出胚性愈伤组织（图 4-4C），进而形成体细胞胚（图 4-4D）。

4-9　棉花转化

（8）选择鱼雷状胚胎及其后阶段的体细胞胚，将其放入 MSB5 培养基中，大约 2～3 周后可以长成幼苗（图 4-4E）。

（9）再生幼苗转移到新的 MSB5 培养基中继续生长发育（图 4-4F），根系良好的植株可以直接移栽到土里；根系发育不好的还可以通过嫁接移栽，以陆地棉或海岛棉作砧木。

（10）收集再生植株幼嫩叶片提取 DNA，通过 PCR 分析、Southern 杂交等方法鉴定外源基因片段的插入情况。

（八）根癌农杆菌介导的油菜遗传转化

4-10　油菜转化（视频）

1.实验材料

甘蓝型油菜 Westar 或其他品种、携带 pBI121 的农杆菌 GV3101。

2.培养基

（1）LB 液体（固体）培养基

10g/L 胰蛋白胨＋5g/L 酵母提取物＋10g/L NaCl，pH 7.0，高温高压灭菌。若是固体培养基，则需添加 1.5％琼脂。

（2）农杆菌重悬液

MS＋30g/L 蔗糖，pH 5.8，高压蒸汽灭菌后添加 0.1mmol/L AS。

（3）幼苗生长培养基

1/2MS＋30g/L 蔗糖＋2.5g/L phytagel，pH 5.8，高温灭菌。

(4)下胚轴预培养基

MS＋20g/L 蔗糖＋1mg/L 6-BA＋1mg/L 2,4-D＋2.5g/L phytagel,pH 5.8,高温灭菌。

(5)下胚轴共培养基

MS＋30g/L 蔗糖＋2mg/L 6-BA＋2.5g/L phytagel,pH 5.8,高温灭菌。

(6)下胚轴选择培养基 1

MS＋30g/L 蔗糖＋2mg/L 6-BA＋0.1mg/L NAA＋2.5g/L phytagel，pH 5.8，高温灭菌后添加经过滤灭菌的 300mg/L Timentin＋50mg/L Km＋3.5mg/L AgNO$_3$ 溶液。

(7)下胚轴选择培养基 2

MS＋30g/L 蔗糖＋3mg/L 6-BA＋0.1mg/L NAA＋2.5g/L phytagel，pH 5.8，高温灭菌后添加经过滤灭菌的 300mg/L Timentin＋3.5mg/L AgNO$_3$＋50mg/L Km。

(8)生根培养基

MS＋30g/L 蔗糖＋0.1mg/L NAA＋2.5g/L phytagel，pH 5.8，高温灭菌后添加经过滤灭菌的 400mg/L Timentin＋50mg/L Km。

3.实验步骤

(1)油菜无菌苗培育

选取健康的油菜种子,0.1%升汞消毒 8min,用无菌水清洗 4～5 次,每次 30s。将种子接种到幼苗生长培养基上,25℃暗培养至种子萌发,而后转入 16h/d 的弱光下培养 6～7d(图 4-5A)。

注意事项:升汞有剧毒,使用时注意防护。种子消毒还可以选用 NaClO 溶液,或者 75%乙醇与 NaClO 溶液的组合,具体时间根据消毒液浓度和种子表面光滑程度有所不同。

(2)农杆菌的活化与重悬液的准备

取－80℃保存的农杆菌在 LB 平板上划线培养,挑取单克隆于 5mL LB 液体培养基(含卡那霉素和庆大霉素)中,28℃ 300r/min 过夜培养。而后将培养液转入 50mL LB 液体培养基(含卡那霉素和庆大霉素)中培养至 OD$_{600}$＝0.8～1.0。室温下 6000g 离心 10min,弃上清,加入适量的农杆菌重悬液重悬菌体,调整 OD$_{600}$＝0.3～0.4。

(3)外植体分离及预培养

收集下胚轴并将其切成 0.5～0.8cm 的小段,接种于下胚轴预培养基上 25℃培养 2d(图 4-5B)。

(4)外植体侵染

将预培养的下胚轴转入重悬的农杆菌菌液中 8～10min,其间每隔 1～2min 摇晃菌液一次。去菌液后,将下胚轴转入无菌滤纸上,吸去多余菌液。

(5)外植体共培养

将下胚轴转入下胚轴预培养基中,25℃暗培养 2d。

(6)外植体筛选培养

将共培养后的下胚轴转入选择培养基 1,置于 25℃、16h/d 的光照下培养 4d,然后转入选择培养基 2 继续培养,其间每 3 周继代培养一次(图 4-5C)。

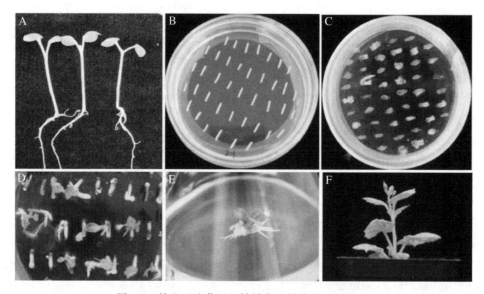

图 4-5 甘蓝型油菜下胚轴转化法转化的不同阶段

(A)培养 6~7d 的无菌苗;(B)下胚轴切成 0.5~0.8cm 小段进行预培养;(C)共培养后在选择培养基中筛选;(D)再分化形成抗性芽;(E)生根培养;(F)移栽成苗

(7)抗性幼苗生根培养

切取健康的再生芽转入生根培养基(图 4-5D),置于 25℃、16h/d 的光照下培养至长出发达根系(图 4-5E)。

(8)再生植株的移栽与分子鉴定

将完整再生植株炼苗 2d,用流水洗净培养基后转入大田或营养土中种植(图 4-5F),其间进行抗性植株的分子鉴定,获得转基因阳性植株。

4-11 油菜转化

(九)根癌农杆菌介导的番茄遗传转化

1.实验材料

商用番茄种子、携带 pBI121 的农杆菌 LBA4404。

2.培养基

(1)1/2MS 固体培养基

1/2MS 基本培养基+蔗糖 10g/L+琼脂 8g/L,pH 5.9,高压蒸汽灭菌。

(2)MS 固体培养基

MS 基本培养基+蔗糖 30g/L+琼脂 8g/L,pH 5.9,高压蒸汽灭菌。

(3)MS 培养液

MS 基本培养基+蔗糖 30g/L+2,4-D 0.2μg/L+KT 0.1μg/L,pH 5.9,高压蒸汽灭菌。

(4)MS 盐培养液

MS 基本培养基+蔗糖 30g/L,pH 5.9,高压蒸汽灭菌。

(5)A1 培养基

MS 基本培养基+蔗糖 30g/L+琼脂 8g/L,pH 5.9,高压蒸汽灭菌后加经过滤灭菌的

ZT 1.75mg/L＋IAA 1mg/L。

（6）A2 培养基

MS 基本培养基＋蔗糖 30g/L＋琼脂 8g/L,pH 5.9,高压蒸汽灭菌后,加经过滤灭菌的 ZT 1.75mg/L＋IAA 1mg/L＋Km 75mg/L＋Timentin 200mg/L。

（7）A3 培养基

MS 基本培养基＋蔗糖 30g/L＋琼脂 8g/L,pH 5.9,高压蒸汽灭菌后,加经过滤灭菌的 ZT 1.75mg/L＋IAA 1mg/L＋Km 50mg/L＋Timentin 200mg/L。

（8）A4 培养基

MS 基本培养基＋蔗糖 30g/L＋琼脂 8g/L,pH 5.9,高压蒸汽灭菌后,加经过滤灭菌的 Km 50mg/L＋Timentin 200mg/L

3. 实验步骤

（1）准备外植体

将番茄种子依次用 75％乙醇浸泡 2～3min,无菌水冲洗 3～4 次,40％ Bleach 浸泡 8～10min,无菌水冲洗 6～7 次,之后用无菌水浸泡 5～6h。将灭菌的种子均匀播在 1/2MS 固体培养基上,置于 26℃(16h 光照)/18℃(8h 黑暗)的培养箱中培养 7～10d。待番茄子叶展平,切去子叶两端,在 MS 培养基中浸泡 1.0～1.5h。倒掉 MS 培养液并用滤纸吸干,将子叶伤口贴在铺有滤纸的 A1 培养基上,封口后用三层纱布包裹,置于相同条件下预培养 1～2d。

（2）农杆菌的准备

取－80℃保存的含有目的质粒的 LBA4404 菌株,于 5mL 含 50μg/mL Km, 50μg/mL Rif, 500μg/mL Strep 的 YEB 液体培养基中,28℃黑暗下,200r/min 摇 1～2d,至菌液呈橙黄色。取 500μL 菌液于 50mL 相同的液体培养基中,相同条件下摇 16h 左右,直到 $OD_{600}=$ 1.8～2.0。将菌液在室温下,4000r/min 离心 10min,去上清后用不含抗生素的 YEB 液体培养基清洗一遍,再次离心,用 40mL MS 盐培养液重悬,用于下一步侵染。

（3）农杆菌的侵染和共培养

将预培养好的子叶浸没到农杆菌侵染液中 1～3s,滤去菌液,用无菌滤纸将菌液吸干,将子叶放回 A1 培养基中(伤口背离培养基),封口后用三层纱布包裹,放回培养箱培养 2～4d。

（4）诱导愈伤组织

将与农杆菌共培养的子叶斜插入 A2 培养基中,培养数周,其间经常照看,发现污染及时转板,每 3～4 周换一次培养基,直至形成愈伤组织。

（5）诱导出芽

将愈伤组织转移到 A3 培养基中诱导出芽,其间经常修剪,去除褐化组织和徒长叶片,每 3～4 周更换一次培养基,直至愈伤组织分化出明显的生长点。

（6）诱导生根

切取生长点,插入 A4 培养基中诱导生根,直到长出明显侧根。

（7）移栽炼苗

挑选生根良好的幼苗,洗净根部培养基,并移至装有基质的塑料花盆中(草炭：蛭石＝ 2∶1,v/v),套上封口袋保湿,放在 25℃ 16h 光照/8h 黑暗条件下培养 3～5d,之后将封口袋逐渐撕开,恢复正常培养。待幼苗足够强壮,将其移栽到温室生长。

(十)根癌农杆菌介导的黄瓜遗传转化

1.实验材料

商用带刺黄瓜种子、携带 pBI121 的农杆菌 EHA105。

2.培养基

(1)农杆菌悬浮培养基

MS 基本培养基＋蔗糖 30g/L,pH 5.8,高压蒸汽灭菌。

(2)SGM 播种培养基

MS 基本培养基＋蔗糖 30g/L＋6-BA 2mg/L＋phytagel 3g/L,pH 5.8,高压蒸汽灭菌后加经过滤灭菌的 ABA 1mg/L。

(3)IM 共培养培养基

MS 基本培养基＋蔗糖 30g/L＋6-BA 2mg/L＋MES 1.25mmol/L＋phytagel 3g/L,pH 5.8,高压蒸汽灭菌后,加经过滤灭菌的 ABA 1mg/L＋乙酰丁香酮 200μmol/L。

(4)SRM 芽再生培养基

MS 基本培养基＋蔗糖 30g/L＋6-BA 2mg/L＋phytagel 3g/L,pH 5.8,高压蒸汽灭菌后,加经过滤灭菌的 ABA 1mg/L＋卡那霉素 100mg/L＋Timentin 200mg/L。

(5)SEM 芽伸长培养基

MS 基本培养基＋蔗糖 30g/L＋6-BA 0.1mg/L＋GA$_3$ 1mg/L＋NAA 0.01mg/L＋phytagel 3g/L,pH 5.8,高压蒸汽灭菌后,加经过滤灭菌的 AgNO$_3$ 2mg/L＋Timentin 100mg/L。

(6)RM 根培养基

MS 基本培养基＋蔗糖 30g/L＋氯化血红素 6.5mg/L＋phytagel 3g/L,pH 5.8,高压蒸汽灭菌后,加经过滤灭菌的 Timentin 100mg/L。

3.实验步骤

(1)种子消毒及接种

种子用蒸馏水浸泡 30min 左右,70％酒精消毒 30～40s,无菌水清洗 3～4 次,再用 6.5％ NaClO 溶液消毒 15min 左右,用无菌水清洗 5～6 次,将种子接种在 SGM 培养基上,28℃暗培养 3～5d。

(2)农杆菌准备

将含有质粒的农杆菌 EH105 接种于含有 50mg/L 卡那霉素(Km)和 50mg/L 利福平(Rif)的 YEB 固体培养基上培养,获得单克隆菌株。挑取单克隆菌落并接种于 5mL YEB 液体培养基(含 50mg/L Km 和 50mg/L Rif)中,28℃ 200r/min 过夜培养。取 2mL 过夜培养的菌液至 50mL YEB 液体培养基(含 50mg/L Km 和 50mg/L Rif)中,28℃继续振荡培养 15h 左右,至 OD$_{600}$＝0.4～0.8。而后将农杆菌菌液 4000r/min 离心 5min,去上清后,用适量农杆菌悬浮液重悬,至 OD$_{600}$ 约为 0.2。

(3)外植体制备、侵染及共培养

去除即将脱离种皮的黄瓜子叶,子叶横切成两半,切除生长点和上半部分,选择下半部分作为外植体,并将外植体在农杆菌液体培养基中真空渗透 3～5min,将侵染的外植体吸干,置于 IM 共培养培养基上,25℃黑暗状态下共同培养 3～5d。

（4）外植体分化培养

培养后的外植体用无菌水冲洗 6～7 次，转移至 SRM 芽再生培养基上，26℃、16h 光照/8h 黑暗状态下培养 2～3 周。

（5）芽伸长培养

用荧光显微镜观察，从带有荧光的外植体上切下长度为 1.0cm 的假定转化体，并转移到 SEM 芽伸长培养基中。

（6）幼苗生根培养及移栽

最后将 4.0cm 的长枝在 RM 根培养基上生根，把阳性苗移栽至大田培养。

（十一）根癌农杆菌介导的烟草遗传转化

1. 实验材料

本氏烟草、携带 pBI121 质粒的农杆菌 GV3101。

2. 培养基

（1）预培养基

MS 基本培养基＋蔗糖 30g/L＋琼脂 8g/L＋6-BA 1mg/L＋NAA 0.1mg/L，pH 5.7，高压蒸汽灭菌后加 p-氯-苯氧基乙酸（pCPA）（用 DMSO 配制）8mg/L。

（2）共培养基

MS 基本培养基＋蔗糖 30g/L＋琼脂 8g/L＋6-BA 1mg/L＋MES 3.7g/L＋NAA 0.1mg/L，pH 5.4，高压蒸汽灭菌后加 p-氯-苯氧基乙酸（pCPA）（用 DMSO 配制）8mg/L＋乙酰丁香酮 38mg/L。

（3）选择培养基

MS 基本培养基＋蔗糖 30g/L＋琼脂 8g/L＋6-BA 1mg/L＋NAA 0.1mg/L，pH 5.7，高压蒸汽灭菌后加羧苄青霉素 100mg/L＋头孢霉素 100mg/L＋卡那霉素 150mg/L。

（4）生根培养基（1L）

1/2MS 基本培养基＋蔗糖 10g/L＋琼脂 8g/L＋NAA 0.1mg/L，pH 5.7，高压蒸汽灭菌后加羧苄青霉素 100mg/L＋头孢霉素 100mg/L＋卡那霉素 70mg/L。

3. 实验步骤

（1）外植体准备

选取充分展开的无菌苗幼嫩叶片，用 5mm 孔径的打孔器打成叶盘（小圆片），而后将叶盘接在预培养基上，每个 15mm×100mm 培养皿中接 30～40 个叶盘。在 25℃ 和光强 $140\mu mol/(m^2 \cdot s)$ 下培养 24h。

注意事项：若叶片取自无菌的组培苗，无须灭菌处理；若从大田或温室取材，则取材后用自来水洗净，2% 次氯酸钠溶液中浸泡 3～5min。

（2）农杆菌侵染液准备

将单克隆农杆菌接种在 2mL 含抗生素的 YEP 培养基中，在 28℃、200r/min 振荡过夜培养，使菌液达饱和。将过夜培养菌液接种到 50mL 含抗生素的 YEP 培养基中，28℃ 继续振荡培养 6～8h。而后 3000～4000g 离心收获菌体，用共培养基悬浮至终 $OD_{660}=0.5～1.0$，置冰上备用。

（3）外植体侵染及共培养

将预培养的外植体转入农杆菌重悬液中 30min,去菌液,用无菌滤纸吸干多余菌液。而后将外植体接种到铺有一层无菌滤纸的共培养基上,24℃、光强 $140\mu mol/(m^2 \cdot s)$ 下共培养 3d。

（4）外植体筛选培养

将共培养后的外植体接种到筛选培养基上,在 28℃、光强 $140\mu mol/(m^2 \cdot s)$ 下培养,每 2 周继代培养一次。约 2 周后,愈伤组织在叶盘边缘长出,4 周后不定芽从愈伤组织中长出。

（5）不定芽生根培养

待不定芽长至 3mm,用解剖刀将不定芽切下,接种到生根培养基上生根。

（6）再生苗的移栽及鉴定

从生根培养基中移出再生完整的植株,用水洗去根部的琼脂,栽在含有土壤(蛭石和土体积比为 3∶1 的混合物)的塑料钵中,适当浇水,罩一个塑料袋以防水分过度蒸发。置光照培养箱中,28℃培养 2～3d 后,揭开塑料袋,将苗连同塑料钵移至温室。其间进行转基因抗性苗的分子鉴定,获得阳性苗。

六、思考题

1. 农杆菌介导的遗传转化过程中为何要添加乙酰丁香酮?

2. 有哪些措施可以提高农杆菌介导的遗传转化效率?

3. 农杆菌介导的遗传转化有哪些优缺点?

实验二 基因枪介导的植物遗传转化

一、实验目的

1. 了解基因枪介导的植物遗传转化工作原理。

2. 掌握基因枪介导的植物遗传转化基本操作过程。

二、实验原理

基因枪法（particle gun）又称微弹轰击法（microprojectile bombardment 或 particle bombardment 或 biolistics）。最早是由美国康奈尔大学（Cornell University）的 Sanford 等（1987）研制出火药引爆的基因枪。1987 年，Klein 等利用基因枪将携带烟草花叶病毒 RNA 的钨粉导入洋葱表皮细胞，并在受体细胞中检测到病毒 RNA 复制，证明此方法可以实现外源遗传物质的遗传转化。1990 年，美国杜邦公司推出首款基因枪 PDS-1000 系统。而后 1992 年美国伯乐公司（Bio-Rad）推出基因枪 PDS-1000/He 系统，该系统被广泛应用于植物遗传转化。1996 年，美国伯乐公司推出第二代 Helios 手持式基因枪。2009 年，Wealtec 公司推出第三代基因枪 GDS-80 低压基因传递系统（又称 GDS-80 基因枪）。

基因枪法的基本工作原理：将外源 DNA 包被在微小的金粒或钨粒表面，甚至质粒 DNA 可直接应用于 GDS-80 基因枪，然后在火药爆炸、高压放电或一定气压（第一代至第三代基因枪要求的高压分别为 1000~2000Psi、100~600Psi 和 10~80Psi，1Psi≈6.895kPa）的作用下，将微粒载体甚至是裸露的 DNA 射入受体细胞或组织，外源 DNA 随机整合到寄主细胞的基因组上并表达，从而实现外源基因的转移。

基因枪法的优点：①无宿主限制；②靶受体类型广泛，不受组织型限制，几乎所有具有潜在分生能力的组织或细胞都可以用于基因枪转化；③可控度高，采用高压放电或高压气体驱动的基因枪，可根据实验需要，将载有外源 DNA 的金属颗粒射入特定层次的细胞（如再生区的细胞），使转化细胞能再生植株，从而提高转化频率；④操作简便、快速，只要在无菌条件下将载有外源基因的金属颗粒轰击受体材料，就可以进行筛选培养或直接进行基因瞬时表达。

基因枪法的缺点：由于基因枪轰击的随机性，外源基因进入宿主基因组的整合位点相对不固定，拷贝数往往较多，从而造成转基因后代容易出现突变、外源基因丢失、引起基因沉默等现象，不利于外源基因在宿主植物的稳定表达。此外，基因枪价格昂贵且运转费用较高。

本实验以第一代基因枪系统 PDS-1000/He 为例介绍植物遗传转化过程。

三、材料与试剂

1. 主要材料

各种植物转化受体材料（如愈伤组织）、质粒 DNA、可裂膜（Rupture disks，如 Bio-Rad 公司提供的 450Psi、650Psi、900Psi、1100Psi、1350Psi、1550Psi、1800Psi、2000Psi 和 2200Psi

等 9 种规格,本实验采用 1100Psi)、载体膜(Macro carries)、阻挡片(Stopping screens)、离心管、培养皿、枪头、金粉(如 Bio-Rad 公司提供的 0.6μm、1.0μm 和 1.6μm 等 3 种规格,本实验采用 0.6μm 的金粉)等材料。

2. 主要试剂

70%(v/v)酒精、无水乙醇、无菌超纯水、277.5g/L CaCl$_2$ 溶液、14.5g/L 亚精胺溶液(过滤灭菌)、50mg/L 卡那霉素、N6 或其他固体培养基(添加合适的植物生长调节剂)。

四、主要仪器设备

超净工作台、PDS-1000/He 型基因枪、高压蒸汽灭菌锅、离心机、真空泵、旋涡仪等。

五、实验步骤

4-12　水稻基因枪转化(视频)

1. 金粉制备

(1)称取 30mg 金粉,置于 1.5mL 灭菌的离心管中,加入 0.5mL 无水乙醇,振荡悬浮数次,10000r/min 离心 1min,弃上清。重复 3 次。

(2)加入 0.5mL 无菌水重悬金粉沉淀,旋涡 1min 并静置 1min,10000r/min 离心 1min,弃上清。重复 3 次。

(3)加 0.5mL 无菌水重悬,平均分成 10 份,现用或 4℃保存备用。

2. 微弹载体制备

(1)取金粉制备液一份,在连续旋涡条件下依次加入 3~5μg 质粒 DNA、50μL 277.5g/L CaCl$_2$、20μL 预冷 14.5g/L 亚精胺,继续旋涡 3min。

(2)10000r/min 离心 10s,弃上清。

(3)加入预冷的无水乙醇,旋涡 2min。

(4)13000r/min 离心 1min,弃上清。

(5)加入 60μL 无水乙醇重新悬浮微弹载体,平均分成 10 份。

3. 受体材料准备

取受体细胞或组织,如小麦开花后 12~16d 的幼胚等,用 0.1%(m/v)HgCl$_2$ 消毒 8~15min,无菌水冲洗 3~5 次,在超净工作台上剥离幼胚,盾片朝上接种于愈伤组织诱导培养基上培养,28℃下暗培养。将预培养 3d 的小麦幼胚转接于高渗培养基上处理,4~6h 后将其作为转化受体进行转化。若用诱导培养获得的水稻或玉米等的愈伤组织,则无须上述处理。

注意事项:在遗传转化前,甚至在转化后的适当时间内用高渗培养基(添加山梨醇 36.4g/L 和甘露醇 36.4g/L)处理植物组织(图 4-6A),有助于显著提高转化效率。

4. 基因枪主要部件及材料的消毒

(1)用 70%(v/v)酒精对基因枪腔体进行消毒处理。

(2)将可裂膜、载体膜及阻挡片置于酒精中浸泡 10min 以上,而后风干备用。

(3)用酒精对可裂膜固定帽(rupture disks retaining cap)、微载体组件(microcarry launch assembly)进行消毒。

5. 装弹

(1)打开真空泵和基因枪的电源开关及阀门。

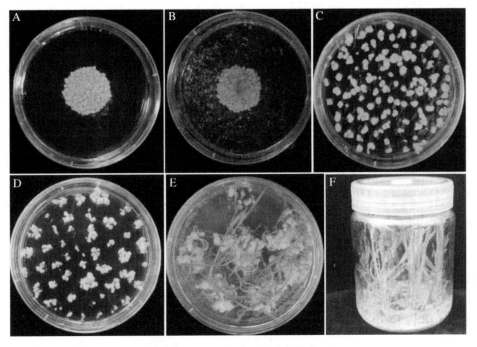

图 4-6　基因枪介导的遗传转化

(A)转化前高渗处理;(B)转化后高渗处理;(C)转化后的恢复培养;(D)筛选培养;(E)分
化培养;(F)生根培养

(2)打开氦气瓶,调整气压(一般将气压调整到高于可裂膜压力 200Psi,
如本实验使用的是 1100Psi 的可裂膜,则气压调整到 1300Psi)。

(3)将可裂膜放置在可裂膜固定帽中央,将其装入基因枪腔体内的氦气
气体加速管(gas acceleration tube)上,用扳手拧紧。

(4)将载体膜装入载体膜支架(macro carrier holder)上,然后将 $10\mu L$
微弹载体涂在载体膜中央约 1cm 的范围,静置约 1min 至酒精基本挥发完,
同时将阻挡片装入微载体组件中。而后将含有载体膜的载体支架(含微弹
载体面朝下)装入微载体组件中。

4-13　基因
枪转化

(5)将微载体组件装入基因枪中。

注意事项:可根据需要确定可裂膜至载体膜之间的距离。

(6)将装有植物组织样品的培养皿放置在样品台上,装入基因枪腔内。

注意事项 1:培养皿一定要打开。

注意事项 2:可根据需要,调整载体膜与样品之间的距离,距离越大,轰击的样品面积
越大。

(7)关上基因枪门。

6.轰击

(1)按下"VAC/VENT/HOLD"键至 VAC 挡对基因枪腔体抽真空,直到真空度为
25mmHg(基因枪上有真空度表盘),而后迅速将"VAC/VENT/HOLD"键置于保持挡
(HOLD 挡)。

（2）按住"FIRE"键，直至可裂膜破裂、氦气压力表显示为零，释放"FIRE"键。

注意事项：若可裂膜装载不到位，则可裂膜不一定会破。

（3）按下放气键（"VENT"键），使真空表读数归零。

（4）打开轰击室门，取出样品。通常每皿轰击1～2次，在第二次轰击前将培养皿水平旋转180°，或将受体材料翻转。

7.植物组织样品正常培养

（1）将植物组织进行后续培养，如高渗培养（图4-6B）、恢复培养（图4-6C）、筛选培养（图4-6D）等。

（2）植物组织的分化培养（图4-6E），完整植株的再生（图4-6F）。

（3）再生植株的分子鉴定等。

六、思考题

1.基因枪法转基因与农杆菌介导法转基因比较，有何优缺点？

2.基因枪法转基因在基因的瞬时表达研究中被广泛应用，为什么？

3.在制备DNA微弹时，为什么要考虑金粉或钨粉的颗粒大小，而在DNA微弹轰击时，要注意阻挡板和靶细胞载物台之间的距离？

实验三　花粉管通道法介导的棉花遗传转化

一、实验目的

1. 了解花粉管通道法介导的基因遗传转化的基本原理。
2. 掌握花粉管通道法介导的棉花遗传转化的基本操作过程。

二、实验原理

花粉管通道法介导的遗传转化是利用花粉管通道将外源基因导入植物胚囊,自花授粉后将外源基因插入植物基因组的转化技术。在授粉过程中,花粉落在柱头上,然后萌发形成花粉管并不断伸长,通过花柱组织到达子房,完成受精。在这一过程中,形成了一条长距离的花粉管通道,可将外源 DNA 导入胚囊,并使卵和合子细胞基因组中插入了外源基因。

三、材料与试剂

1. 实验材料

转化受体陆地棉种子、双元载体 pBI121、标签牌、棉绳、直径约 6cm 花盆、直径约 20cm 花盆、50μL 微量进样器、注射器等。

2. 主要试剂

质粒提取试剂盒、赤霉素(GA₃)溶液、卡那霉素(Km)溶液等。

四、主要仪器设备

普通 PCR 仪和荧光定量 PCR 仪等。

五、实验步骤

1. 受体材料准备及子房注射

(1)田间或温室播种陆地棉种子:田间种植密度为 $3\sim5$ 株$/m^2$,温室内可用直径为 20cm 左右的花盆种植,每盆一株,严格进行水肥管理和病虫防控。

注意事项:为保证花粉管通道法转化受体单株长势旺盛,不易掉铃,田间种植时较常规生产适当降低了种植密度。

(2)质粒 DNA 的准备:用质粒提取试剂盒提取包含外源基因的质粒 DNA,经 PCR 鉴定和酶切检测正确后,调整终浓度至 0.1μg/mL。

(3)在植株进入开花期后,选择第二天即将开放的花朵,用细棉线将花蕾上部花冠部分系住。

(4)第二天 8:00—10:00 花朵绽开后,轻轻去掉棉线绑住的花冠部分,用微量进样器吸取 10μL 质粒 DNA,从花柱顶部向子房垂直穿刺约 5mm 深,然后缩回约 2mm,再将 5~

10μL 质粒 DNA 缓慢注入,小心地从花柱上取下微量注射器。

注意事项:此处操作需要非常小心,尽量减少对胚珠及花梗的损伤,降低落铃率。同时,不要一次性注入太多的 DNA,以免影响胚珠的发育。

(5)在花梗上滴上或涂抹上 GA$_3$,防止幼棉铃脱落。

(6)给棉铃挂上标签牌,标注注射质粒名称、注射日期和操作者姓名。

(7)为保证棉铃生长的养分需求,去掉该枝条上的其他花芽;后期注意水肥和病虫害管理,直至棉桃成熟裂开。

(8)棉桃成熟后,按照单铃收获,并保留标签牌。

2.转化后筛选及鉴定

(1)将收获的种子在温室内点播到直径约为 6cm 的花盆中,每盆 1 株,待第二片真叶长出时准备进行卡那霉素的初步筛选。

(2)配制 1mg/mL 卡那霉素溶液备用。

(3)用脱脂棉球蘸取 1mg/mL 卡那霉素溶液涂抹展开的第二片真叶,24h 后观察叶片涂抹部位颜色变化,以非转基因的野生型作为对照,涂抹卡那霉素叶片显著变黄的为非阳性植株,可以予以拔除;将不变色或轻微变色的植株进行编号,进行下一步实验验证。

注意事项:筛选时选择棉花顶部第二片叶为卡那霉素涂抹的最适宜叶,田间使用卡那霉素浓度不能超过 2mg/mL,一般为 0.75~1.00mg/mL。

(4)取卡那霉素抗性株系植株幼嫩叶片提取 DNA,通过 PCR、Southen blot 实验鉴定外源基因片段的插入情况和插入拷贝数分析。

(5)将经过 PCR 鉴定的阳性植株转移到直径为 20cm 的花盆或室外大田中,严格进行水肥管理和病虫防控。

(6)选取 PCR 阳性植株幼嫩叶片提取 RNA,通过荧光定量 PCR 进行外源基因表达分析。

六、思考题

1.影响花粉管通道法转化的因素有哪些?

2.如何筛选利用花粉管通道法获得的转基因棉花?

实验四　花序浸泡法介导的拟南芥遗传转化

一、实验目的

1. 了解花序浸泡法介导的基因遗传转化原理。
2. 掌握花序浸泡法介导的拟南芥遗传转化操作过程。

二、实验原理

农杆菌介导的花序浸泡法是目前相对成熟、应用最为广泛的拟南芥稳定遗传转化方法。在拟南芥花发育的早期阶段,雌蕊群延伸形成花瓶状结构,顶部保持开放,直至开花前 3d 左右,才会在伸长的雌蕊顶部形成柱头帽,形成封闭的子房。因此,在雌蕊顶部保持开放的阶段进行农杆菌蘸花侵染,农杆菌进入子房内部,有机会将质粒载体中包含外源基因的 T-DNA 插入发育中的胚珠中,在完成受精后产生能稳定遗传的转化株。大量实验证明,在花序浸泡法侵染的拟南芥植株收获的种子中阳性转化率为 0.1%~3.0%。

三、材料与试剂

1. 实验材料

盆栽土壤(如 Sunshine Mix LC1(Sungro Horticulture)、蛭石、珍珠岩)、带透明盖的塑料植物托盘、穴盘、携带 pBI121 的农杆菌 GV3101、培养皿、离心管等。

2. 主要试剂

LB 液体(固体)培养基、MS 培养基、蔗糖、Silwet L-77(Lehle Seeds,Round Rock,TX)、50%氯代漂白剂/50%无菌双蒸馏水/0.05% Tween 20、抗生素[卡那霉素(Km)、利福平(Rif)]、70% 酒精(v/v)等。

四、主要仪器设备

植物生长箱、超净工作台、台式离心机、灭菌锅、分光光度计等。

五、实验步骤

1. 在植物生长箱中种植拟南芥至开花初期

(1)将种子悬浮在 0.05%琼脂糖中,在 4℃黑暗中保存 3d,撒播在湿土上,每 6cm 直径的土钵中撒播 10~15 粒种子。

(2)用透明盖罩住整个拟南芥种植托盘进行保湿,放入植物生长箱中培养(16h 光照/8h 黑暗,22℃),至种子全部发芽后揭开透明盖。

(3)2 周后适当间苗,并继续培养至抽薹开花(4 周左右),或先在短日照条件(8h 光照/ 16h 黑暗)下培养 3~4 周,然后转入长日照条件(16h 光照/8h 黑暗)下诱导开花。

4-14 花序浸泡法(视频)

2.农杆菌的活化与转化液的准备

(1)将含有重组质粒的农杆菌涂布在含有 Rif 和 Km 抗生素的 LB 培养基中,在 28℃培养箱中倒置培养 2d。

(2)挑单菌落于 5mL 含抗生素的液体 LB 培养基中,28℃培养 2d 后,转入 500mL 含相同抗生素的液体 LB 培养基中扩大培养至对数生长期($OD_{600}=0.8\sim1.0$)。

(3)收集菌液于室温下 $4000g$ 离心 10min,弃上清后加入等体积的新鲜配制的 5%蔗糖溶液,轻轻振荡使菌体重悬浮,终浓度 OD_{600} 约为 0.6。

(4)向重悬的细胞中加入 0.015% 的表面活性剂 Sliwet L-77,充分混匀。

注意事项:表面活性剂 Sliwet L-77 具有一定的毒性,较高浓度可能影响花器官和种子发育,通常使用终浓度为 0.02%左右,根据植株生长状态可以适当调整。操作过程中注意戴手套,并注意不要让液体溅入眼睛。

3.花序浸泡法进行遗传转化

(1)转化前一天,给待转化的拟南芥浇足水,并在转化前去除已经结荚的荚果(图 4-7A)。

注意事项:拟南芥侵染时期要选择开花早期,花序上有可见的完全展开的花朵、没有或少数几个开始结荚,侵染前去除已经开始结荚的荚果。如果此时农杆菌还未准备好,可以在保证养分充足的条件下剪去主花序,待次生花序进入初花期再进行侵染,通常需要 6~8d。

(2)将准备好的转化液装入合适的容器中,用镊子轻轻地把需要侵染的拟南芥整个花序浸入农杆菌细胞悬浮液中 15~30s,取出后轻轻甩干水分 3~5s,花序上可见一层水膜(图 4-7B)。

注意事项:浸泡花序时确保整个花序浸入含农杆菌的侵染液中,对于一些较短的腋生花芽,可以用镊子或微量移液器将侵染液涂在花蕾上,以保证花序上所有花蕾的表面覆盖上一层水膜。

(3)用塑料盖覆盖或用塑料薄膜包裹侵染过的拟南芥,弱光或黑暗条件下放置 24h 以保持高湿度(图 4-7C、E)。

(4)去除覆盖物后,将侵染好的拟南芥(T_0 代)转移到正常光照培养条件下(图 4-7F),大约 1 个月荚果转黄,收获成熟的种子(T_1 代)。

4.抗性苗的筛选

(1)取部分收获的种子,加 50 倍体积的 75%酒精混匀处理 1min 后,用 50%氯代漂白剂/50%无菌双蒸馏水/0.05% Tween 20 处理 10min,其间每 2min 剧烈振荡一次,然后用无菌水漂洗 3 次。

注意事项:不要一次性把所有收获的种子筛选完,每次筛选最多使用种子总量的一半。一般情况下,筛选一半的种子就可以获得足够多的转化株;更重要的是,如果第一次筛选出现污染或者抗生素使用不当等错误,剩余的种子可以用于第二次实验。

(2)将消毒过的种子撒播于含有目标抗性(Km^+)的 1/2MS 培养基平板上,在超净工作台上晾干后将平板移入 4℃春化 3d,然后转入 22℃(恒温培养间或者培养箱)的长日照条件下培养。

(3)观察筛选培养基中幼苗生长情况,7~10d 后,抗性苗呈现深绿色并且逐步长大,根系较长,而野生型则停止生长或黄化,将抗性苗挑出并移栽到穴盘中,并分别标记为 T_1-1,T_1-2,……

(4)3～4周后,提取 T_1 代各单株 DNA 进行 PCR 鉴定,待种子成熟后分单株收获 PCR 阳性植株后代。

(5)将各 T_1 代阳性株系收获的 T_2 种子分别取 30 粒左右点播在含相应抗生素的 1/2MS 培养基上,统计抗和不抗的分离比例,选择分离比(抗∶不抗)符合 3∶1 的株系做进一步纯合株的筛选和后续表型鉴定。

4-15　拟南芥转化

图 4-7　花序浸泡法转化拟南芥的不同阶段

(A)农杆菌侵染最佳时期;(B)将植物倒置并将整个花序浸在农杆菌细胞悬浮液中; (C)用塑料薄膜包裹浸泡过的植株保湿;(D)将浸泡过的植株转入黑暗下;(E)侵染后植株黑暗培养 24h;(F)拆下塑料盖,在培养室或培养箱中生长至种子成熟

六、思考题

1.转化株筛选过程中,发现抗性平板中所有幼苗均为绿色,导致这种情况出现的因素有哪些?

2.试述转化过程中影响转化效率的关键因子。

实验五　VIGS 介导的植物遗传转化

一、实验目的

1. 了解病毒诱导的基因沉默（virus induced gene silencing，VIGS）的工作原理。
2. 掌握 VIGS 介导的植物遗传转化操作过程。

二、实验原理

病毒诱导的基因沉默（VIGS）技术作为一种反向遗传学技术，是目前植物当代表征和研究基因功能的常用手段之一，是根据植物对 RNA 病毒的防御机制发展起来的一种用以表征植物基因功能的基因转录技术，其内在分子基础是转录水平（transcriptional gene silencing，TGS）及转录后水平的基因沉默（post-transcript gene silencing，PTGS）。该技术的基本原理是：携带目的基因片段的病毒侵染植物后，随着病毒的复制和转录而特异性地诱导序列同源基因 mRNA 降解或被甲基化等修饰，从而引起植物内源基因沉默，引起表型或生理指标变化，进而根据表型变异研究目标基因的功能。引起基因沉默的机理：当病毒或携带 cDNA 的病毒载体侵染植物后，在复制与表达过程中形成双链 RNA（double stranded RNA，dsRNA）形式的中间体。在细胞中 dsRNA 被类似 RNase Ⅲ家族特异性核酸内切酶 Dicer 类似物（如 DCL4）切割成 21～24nt 的小分子干扰 RNA（small interfering RNA，siRNA）。siRNA 在植物细胞内被依赖 RNA 的 RNA 聚合酶 1（RNA-dependent RNA polymerase 1，RDR1）、RDR2 或 RDR6 进一步扩增，并以单链形式与 Agronaute 1（AGO1）蛋白等结合形成 RNA 诱导的沉默复合体（RNA-induced silencing complex，RISC），RISC 特异地与细胞质中的同源 RNA 互作，导致同源 RNA 降解，从而发生 PTGS 及 TGS。

三、材料与试剂

1. 主要材料

陆地棉种子和大麦种子等、病毒载体（如 CLCrV 病毒载体系统、TRV 病毒载体系统和 BSMV 病毒载体系统等）、TA 克隆载体 pGEM-T Easy Vector 和离心管等。

2. 主要试剂

限制性内切酶 *Spe*Ⅰ和 *Asc*Ⅰ、*Nhe*Ⅰ和 LB 液体（固体）培养基等。

四、主要仪器设备

电转化仪、PCR 仪、水平电泳槽、电泳仪、水浴锅、凝胶成像系统、摇床、恒温生化培养箱等。

五、实验步骤

4-16　棉花
VIGS 转 化
（视频）

（一）VIGS 介导的棉花遗传转化

1.实验材料

陆地棉种子、基于 CLCrV 病毒基因沉默重组载体（pCLCrVA 和 pCLCrVB,本实验选用该载体）（图 4-8）或基于烟草花叶病毒的 TRV 载体、TA 克隆载体 pGEM-T Easy Vector、GV3101 电击感受态细胞、电击杯、离心管。

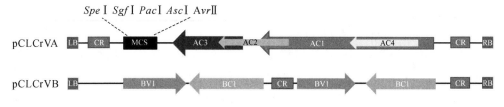

图 4-8　pCLCrVA 和 pCLCrVB 载体结构示意图

2.实验试剂

限制性内切酶 *Spe* Ⅰ和 *Asc* Ⅰ、LB 液体（固体）培养基等。

3.实验过程

（1）目的基因克隆

根据第三章实验三或实验四的方法克隆目的基因。

本实验利用特异引物扩增获得 200～300bp 的目的基因片段,同时利用特异引物[上游引物（含 *Spe* Ⅰ酶切位点）：GG<u>ACTAGT</u>GCCTGAAGACTGGAGAGAGATTT；下游引物（含 *Asc* Ⅰ酶切位点）：TT<u>GGCGCGCC</u>AATATCTGCGGATCAGAGTAAAGC]克隆阳性对照基因 *GhPDS* 的干涉片段。

利用第三章实验五的 T 载体克隆方法克隆目的基因及阳性对照基因,测序验证,获得正确的质粒。

注意事项 1：目标片段不宜大于 500bp,插入病毒载体的靶基因片段长度应在 200～350bp 之间。

注意事项 2：靶基因片段反向插入 VIGS 载体比正向插入诱导的基因沉默效率要高。

注意事项 3：一般情况下,高温环境会导致植物体内病毒含量显著降低,基因沉默的效率亦明显降低；而在较低的温度条件下,病毒的含量和基因沉默的效率都显著地上升。

（2）VIGS 载体的构建

根据第三章实验五的酶切-连接法构建载体。

具体为：用 *Spe* Ⅰ和 *Asc* Ⅰ分别双酶切含目的基因或阳性基因的 T 载体、病毒载体 pCLCrVA,获得目的基因或阳性基因片段,以及线性化的 pCLCrVA 载体,而后进行连接、转化、质粒鉴定,最终获得 pCLCrVA-目的基因和 pCLCrVA-*GhPDS*。

（3）质粒的转化

依据第三章实验六的电激法,分别将 pCLCrVA-目的基因、pCLCrVA-*GhPDS*、空载体

pCLCrVA、pCLCrVB 转入农杆菌 GV3101,铺板筛选,鉴定获得正确的农杆菌并置超低温冰箱保存备用。

（4）农杆菌培养

将 4 种转化的农杆菌（分别含质粒 pCLCrVA-目的基因、pCLCrVA、pCLCrVA-*GhPDS*、pCLCrVB）接种到适量含卡那霉素 LB 液体培养基中。28 ℃、200r/min 培养 12h 左右,直至 $OD_{600} = 0.8 \sim 1.5$。

（5）农杆菌收集及悬浮

4℃、5500r/min 离心,弃上清,用配制好的侵染工作液按体积比 1:1 加入,充分悬浮菌体,室温静置 3h。

（6）棉花叶片的农杆菌侵染

将含 pCLCrVA-目的基因,pCLCrVA,pCLCrVA-*GhPDS* 载体的农杆菌悬浮液分别与含 pCLCrVB 载体的农杆菌悬浮液按体积比 1:1 混匀后用于转化棉花幼苗;将悬浮液用一次性注射器注射在陆地棉幼苗子叶完全展开时的背面,相应的株系做好标记,实验组分别标记上记号,空载体对照组标记为 CK,阳性对照组标记为 *GhPDSi*。

（7）棉花培养

转化后的幼苗及野生型幼苗在 14h 光照/10h 黑暗,21～23℃恒温恒湿条件下培养,4 周后可进行 PCR 检测。

（8）转基因植物分子检测

CTAB 法提取野生型和转化株系的 DNA,利用特异性引物检测目的片段（通常用三对引物：V-F+V-R、V-F+目的基因-R、目的基因-F+V-R）,确定转基因植株,并进行表型观察和功能研究（图 4-9）。

4-17 棉花 VIGS 转化

（二）VIGS 介导的大麦遗传转化

1. 实验材料

大麦种子（根据实验需要选择）、BSMV 病毒载体（RNAα、RNAβ、RNAγ）、TA 克隆载体 pMD18-T、大肠杆菌感受态细胞 DH5α、离心管。

2. 实验试剂

限制性内切酶 *Nhe*Ⅰ、*Mlu*Ⅰ和 *Spe*Ⅰ,RiboMAX™ Large Scale RNA Production System-T7 和 Ribo m^7G Cap Analog 试剂盒,LB 液体（固体）培养基等。

4-18 大麦 VIGS 转化 （视频）

3. 实验过程

（1）目的基因克隆

根据第三章实验一或实验二的方法克隆目的基因。

本实验利用特异引物扩增获得 200～300bp 的目的基因片段,同时利用特异引物（含 *Nhe* Ⅰ单酶切位点）（上游引物：GTAC<u>GCTAGC</u>CGACG AGGTTTTTATTGC;下游引物：GTAC<u>GCTAGG</u>AGTTATTTGAGT CCCGTC）克隆阳性对照基因 *HvPDS* 的干涉片段（286bp）。

利用第三章实验五的 T 载体克隆方法克隆目的基因及阳性对照基因,测序验证,获得正确的质粒。

图 4-9　*GhPDS*-VIGS 系统作用后的植株性状

(A)侵染后 3～4 片真叶开始出现光漂白性状;(B)从左到右分别为野生型、特定基因和 PDS;
(C)从左到右分别是 PDS、WT、空载和特定基因干涉植株的叶片表型;(D) WT C312 茎;
(E)*GhPDSi* 植株的茎白化;(F、G、H)*GhPDSi* 植株叶、叶柄、茎、苞叶、棉铃果皮白化表型

(2)VIGS 载体的构建

根据第三章实验五的酶切-连接法构建载体。

具体为:用 *Nhe* Ⅰ 单酶切含目的基因或阳性基因的 T 载体、病毒载体 RNAγ,获得目的基因或阳性基因片段,以及线性化并去磷酸化的 RNAγ 载体,而后进行连接、转化、质粒鉴定,最终获得 RNAγ:目的基因和 RNAγ:*HvPDS*。用引物 γ-strain-F:CAACTGCCAATCG TGAGTAGG 和基因的正向引物验证反向插入。

(3)载体线性化

分别将 RNAα、RNAγ、RNAγ:target 和 RNAγ:*HvPDS* 用 *Mlu* Ⅰ 单酶切,将 RNAβ 用 *Spe* Ⅰ 单酶切,而后回收线性化载体。

(4)体外转录

线性化的载体用 RiboMAX™Large Scale RNA Production System-T7 试剂盒和 Ribo m^{7}G Cap Analog 试剂盒(Promega,USA)进行体外转录。

(5)配制接种缓冲液

体外转录的 RNAα、RNAβ 和 RNAγ 按照 1:1:1 的体积比混合;将体外转录的 RNAα、RNAβ 和 RNAγ:目标基因按照 1:1:1 的体积比混合,分别加入 3 倍体积的 RNase-free 水进行稀释,向稀释物中加入等体积 2×GKP 缓冲液(1‰膨润土,1‰硅藻土 545,50mmol/L 甘氨酸,30mmol/L 磷酸氢二钾,pH 9.2),充分混匀。

(6)接种

选取两叶期大麦的第二叶进行摩擦接种。每片叶片用量为对照:8μL BSMV:(RNAα、RNAβ、RNAγ 和 GKP 缓冲液等体积混合物);处理:8μL BSMV:目的基因(RNAα、RNAβ、RNAγ:目的基因和 GKP 缓冲液等体积混合物)。

(7)大麦培养

接种后的植株立即喷施少量 RNase-free 水,并用保鲜膜覆盖保湿 3d,在塑料或玻璃透明罩于大麦生长室培养(22℃/18℃,白天/夜间),定时观察植株表型。

(8)表型观察与分子检测

根据不同实验目的,设置对照和处理组。接种 3~5 周后,测定或观察相应生理表型,并对目标基因进行 qRT-PCR 验证。

六、思考题

1.如何提高 VIGS 的效率?

2.如何检测 VIGS 转基因植株?

3.VIGS 转基因植株是否可以稳定遗传?

实验六　转基因植物的 PCR 阳性检测

一、实验目的

1.了解 PCR 的基本工作原理。

2.掌握利用常规 PCR 技术检测转基因植物中是否已整合外源基因(如标记基因和目的基因)。

二、实验原理

1.PCR 技术的基本原理见第三章实验三。

2.植物基因组 DNA 的提取原理见第三章实验一。

3.普通 PCR 检测的优点:DNA 用量少,操作简单高效;缺点是:存在一定的假阳性率、不能确定基因整合位点等。因此,PCR 检测仅能得到转基因阳性植株的初步结果。

三、材料与试剂

1.主要材料

转基因植物(本实验以转 pCAMBIA1305 的转基因日本晴为例)、日本晴、阳性对照 DNA(质粒 pCAMBIA1305)、PCR 管或板等。

2.主要试剂

$2\times$Taq Mix(内含 Taq DNA 聚合酶、dNTP 及缓冲液)、潮霉素磷酸转移酶的特异引物(上游引物：5′-GCTGTTATGCGGCCATTGTC-3′,下游引物：5′-GACGTCTGTCGAGAAGTTTC-3′)、琼脂糖、TAE 缓冲液、核酸染料(如 EB)、超纯水等。

四、主要仪器设备

PCR 仪、水平电泳槽、电泳仪、移液枪、微波炉、天平、凝胶成像系统等。

五、实验步骤

1.依据第三章实验一提取转基因水稻及其对照的基因组 DNA。

2.以转基因水稻的 DNA、野生型日本晴的基因组 DNA、质粒 DNA 为模板,配制 PCR 反应体系(表 4-2)。

注意事项:有时为了防止水中有 DNA 污染,一般会多做一个阴性对照,即做一个不加 DNA 模板的 PCR 反应。

3.PCR 扩增

将含样品的离心管稍离心后,插入 PCR 仪的样品板上。设定 PCR 反应程序:热盖温度 105℃,95℃ 3min,使模板充分变性,而后进行 30～35 个循环(包括 94℃ 30s, 56℃ 30s,

72℃ 30s),然后 72℃再延伸 5min。

表 4-2　PCR 反应体系

成分	含量
2×Taq Mix	10μL
DNA 模板	1~2μL
上游引物(10μmol/L)	0.5μL
下游引物(10μmol/L)	0.5μL
ddH$_2$O	至 20μL

4. PCR 产物检测

从 PCR 反应液中抽取 10μL,加入 10％上样缓冲液,配制含有 EB 的 1％琼脂糖凝胶进行电泳检测。电泳结束后,将琼脂糖凝胶置于凝胶成像系统中观察并拍照(图 4-10)。

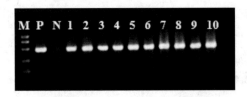

图 4-10　转基因目的基因的 PCR 检测凝胶电泳图

注意事项:电泳时,需要外加一个大小合适的 DNA 标准物。

六、思考题

1. 有时仅用水做模板都有 PCR 产物,其原因是什么? 如何解决?
2. 如何解决 PCR 非特异性扩增,甚至无扩增产物?

实验七 CRISPR/Cas 基因编辑转基因后代突变位点的分子检测

一、实验目的

1. 了解 Hi-TOM 检测平台的工作原理。

2. 掌握基因编辑后代突变位点的分子检测操作过程。

二、实验原理

CRISPR/Cas 基因编辑系统已广泛应用于各种农作物遗传育种及基因功能研究中。为了解码基因组编辑系统诱导的序列突变,尤其是 20bp 以内的碱基缺失或插入、或者碱基替换,使用传统的 PCR 扩增或 Sanger 测序,不仅费用相对昂贵、耗时耗力,而且对于复杂嵌合突变还难以解析。2019 年,中国农业科学院中国水稻研究所王克剑课题组开发了一款基于二代测序分析基因编辑突变位点的在线检测平台 Hi-TOM。Hi-TOM 检测平台在追踪 CRISPR/Cas9 基因编辑诱导的各种突变,尤其是复杂嵌合突变方面具有高可靠性和灵敏度。

Hi-TOM 的基本工作原理是:利用两次普通 PCR 完成高通量测序文库的快速构建,并用 Hi-TOM 在线网站(http://www.hi-tom.net/hi-tom/)自动解析多样品、多位点的详细变异信息,可灵敏检测包括基因编辑突变在内的任何 DNA 变异和详细基因型信息。基本操作流程见图 4-11。

4-19 Hi-TOM 基本操作流程

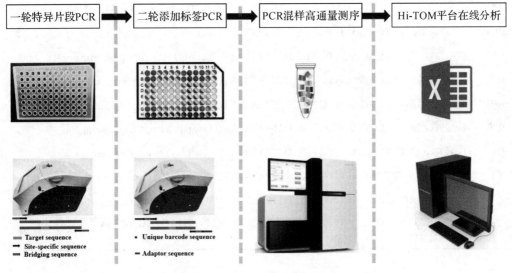

图 4-11 Hi-TOM 基本操作流程

三、材料与试剂

1. 主要材料

利用 CRISPR/Cas9 基因编辑系统获得的转基因植物、PCR 板等。

2. 主要试剂

2×Taq Mix、含有搭桥序列的特异引物、琼脂糖、TAE 缓冲液、DNA 标准物、建库通用引物(表 4-3)等。

表 4-3　建库通用引物

引物名称	引物序列(5′→3′)	工作浓度(nmol/L)
F-1	ACTCTTTCCCTACACGACGCTCTTCCGATCTgcttGCGTtggagtgagtacggtgtgc	2
F-2	ACTCTTTCCCTACACGACGCTCTTCCGATCTgcttGTAGtggagtgagtacggtgtgc	2
F-3	ACTCTTTCCCTACACGACGCTCTTCCGATCTgcttACGCtggagtgagtacggtgtgc	2
F-4	ACTCTTTCCCTACACGACGCTCTTCCGATCTgcttCTCGtggagtgagtacggtgtgc	2
F-5	ACTCTTTCCCTACACGACGCTCTTCCGATCTgcttGCTCtggagtgagtacggtgtgc	2
F-6	ACTCTTTCCCTACACGACGCTCTTCCGATCTgcttAGTCtggagtgagtacggtgtgc	2
F-7	ACTCTTTCCCTACACGACGCTCTTCCGATCTgcttCGACtggagtgagtacggtgtgc	2
F-8	ACTCTTTCCCTACACGACGCTCTTCCGATCTgcttGATGtggagtgagtacggtgtgc	2
F-9	ACTCTTTCCCTACACGACGCTCTTCCGATCTgcttATACtggagtgagtacggtgtgc	2
F-10	ACTCTTTCCCTACACGACGCTCTTCCGATCTgcttCACAtggagtgagtacggtgtgc	2
F-11	ACTCTTTCCCTACACGACGCTCTTCCGATCTgcttGTGCtggagtgagtacggtgtgc	2
F-12	ACTCTTTCCCTACACGACGCTCTTCCGATCTgcttACTAtggagtgagtacggtgtgc	2
2P-F	AATGATACGGCGACCACCGAGATCTACACTCTTTCCCTACACGACGCTCTT	200
R-A	GACTGGAGTTCAGACGTGTGCTCTTCCGATCTctgtGCGTtgagttggatgctggatgg	2
R-B	GACTGGAGTTCAGACGTGTGCTCTTCCGATCTctgtGTAGtgagttggatgctggatgg	2
R-C	GACTGGAGTTCAGACGTGTGCTCTTCCGATCTctgtACGCtgagttggatgctggatgg	2
R-D	GACTGGAGTTCAGACGTGTGCTCTTCCGATCTctgtCTCGtgagttggatgctggatgg	2
R-E	GACTGGAGTTCAGACGTGTGCTCTTCCGATCTctgtGCTCtgagttggatgctggatgg	2
R-F	GACTGGAGTTCAGACGTGTGCTCTTCCGATCTctgtAGTCtgagttggatgctggatgg	2
R-G	GACTGGAGTTCAGACGTGTGCTCTTCCGATCTctgtCGACtgagttggatgctggatgg	2
R-H	GACTGGAGTTCAGACGTGTGCTCTTCCGATCTctgtGATGtgagttggatgctggatgg	2
2P-R	CAAGCAGAAGACGGCATACGAGATCGCTGATCGTGACTGGAGTTCAGACGTGTGCTCTT	200

四、主要仪器设备

高通量测序仪、PCR 仪、水平电泳槽、电泳仪、凝胶成像系统等。

五、实验步骤

1. 基因总 DNA 的提取

依照第三章实验一提取各转基因植物的基因组总 DNA。

2. 基因编辑目标序列的扩增及建库

(1)目标序列的扩增特异引物的设计

根据常规 PCR 引物设计原则进行引物设计;靶点需在离左引物或右引物的 10～100bp 范围内。正向引物 5′端加正向搭桥序列 5′-GGAGTGAGTACGGTGTGC-3′;反向引物 5′端加反向搭桥序列 5′-GAGTTGGATGCTGGATGG-3′。

举例如图 4-12 所示。

5′-**TCTTGTTGGAGATCATTGTCA**ACTGGGCCCAGT···AGG GTCAAGCCTTTCAGGCTAC AGGTAATTGTTGATT**ATTACCATGGTGTGAGTATGC**-3′

3′-**AGAACAACCTCTAGTAACAGT**TGACCCGGGTCA···TCC CAGTTCGGAAAGTCCGATG TCCATTAACAACTAA**TAATGGTACCACACTCATACG**-5′

图 4-12 目标序列示意图

备注:字母加框部分为待检测的靶点序列,字母加粗部分为 PCR 特异引物序列。

正向引物(F):5′-GGAGTGAGTACGGTGTGCTCTTGTTGGAGATCATTGTCA-3′

反向引物(R):5′-GAGTTGGATGCTGGATGGGCATACTCACACCATGGTAAT-3′

(2)目标片段的第一轮 PCR 扩增

按照第三章实验一的方法,以转基因总 DNA 为模板,利用引物 F/R 进行常规 PCR 获得目标片段。反应结束后取 3～5μL PCR 产物进行电泳检测,确保扩出目标条带。

注意事项:PCR 反应体系中不能含有染料。

(3)目标片段的第二轮 PCR 扩增

以第一轮 PCR 产物为模板,构建如表 4-4 所示反应体系进行第二轮 PCR(表 4-5)。

表 4-4 PCR 反应体系

成分	含量
2×Taq Mix	10μL
2P-F	200nmol/L
2P-R	200nmol/L
F-(N)	2nmol/L
R-(N)	2nmol/L
第一轮 PCR 产物	1μL
ddH₂O	至 20μL

表 4-5　96 孔板中各引物组合的分布

F R	1	2	3	4	5	6	7	8	9	10	11	12
A	A1	A2	A3	A4	A5	A6	A7	A8	A9	A10	A11	A12
B	B1	B2	B3	B4	B5	B6	B7	B8	B9	B10	B11	B12
C	C1	C2	C3	C4	C5	C6	C7	C8	C9	C10	C11	C12
D	D1	D2	D3	D4	D5	D6	D7	D8	D9	D10	D11	D12
E	E1	E2	E3	E4	E5	E6	E7	E8	E9	E10	E11	E12
F	F1	F2	F3	F4	F5	F6	F7	F8	F9	F10	F11	F12
G	G1	G2	G3	G4	G5	G6	G7	G8	G9	G10	G11	G12
H	H1	H2	H3	H4	H5	H6	H7	H8	H9	H10	H11	H12

注：A1～H12 代表 96×N 样品编号，1F～12F 代表正向引物，AR～HR 代表反向引物。

PCR 反应程序：94℃变性 3min；94℃变性 30s，57℃退火 30s，72℃延伸 30s，33 个循环；72℃延伸补平 2min。

反应结束后取 3～5μL PCR 产物进行电泳检测。

注意事项：第二轮 PCR 产物比第一轮产物长 100bp 左右。

(4)测序文库的构建及高通量测序

将第二轮 PCR 产物全部混合，取 200μL 混合后的 PCR 产物进行琼脂糖凝胶电泳，切胶并用胶回收试剂盒纯化 DNA 片段，而后送测序公司进行高通量测序。

注意事项 1：送样 DNA 浓度大于 0.8ng/μL，总量大于 30ng，总体积大于 10μL。

注意事项 2：不同靶位点的 PCR 产物可以混在一起送样检测。

注意事项 3：如果是普通变异检测，1G 测序数据可用于约 960 个 PCR 反应产物的检测。

3.测序结果的在线分析

直接将测序压缩数据上传到以下网址(http://www.hi-tom.net/hi-tom/)(网站界面见图 4-13)。在 Job title 栏输入一个以字母和数字命名的任务名称，该名称将作为输出结果的前缀；Reference sequence 栏输入 FASTA 格式的参考基因组序列，可输入多条靶序列，建议输入 PCR 扩增序列或靶位点左右各 500bp。选择过滤的百分比阈值，默认过滤 5% 以下的突变；输入用于接收分析结果的邮箱后，点击 Submit 按钮，开始上传数据并自动分析，1G 测序数据大约需要上传时间 8min，分析结果大约在 10min 内自动发送至邮箱。每组靶位点会生成 2 个 Excel 文件：一个为所有样品的详细变异信息列表(表 4-6)，另一个为对应的基因型信息列表(表 4-7)。

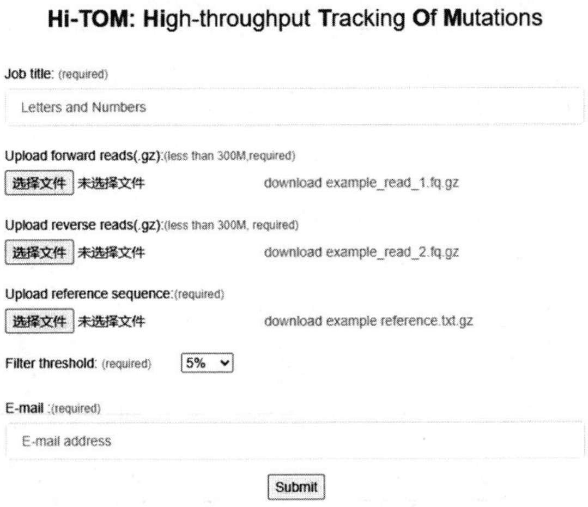

图 4-13　Hi-TOM 在线分析界面

表 4-6　不同转基因植株的变异信息表

Sort	Reads number	Ratio	Left variation type	Left variation	Right variation type	Right variation	Left reads seq	Right reads seq
A01								
1	1548	90%	WT	—	WT	—	CCGGAATTCTCA TGGGTGAGT	ATGGGTGAGT CCAGTTT
2	167	10%	1D	T	1D	T	ACCGGAATTCTC ATGGGTGA	TATGGGTGAG TCCAGTT
A02								
1	1871	95%	1I	C	1I	C	GGAATTCTCATG GGTGAGTG	GGGTGAGTCC AGTTTG
A03								
1	845	55%	1S	C→T	1S	C→T	CCGGAATTCTCA TGGGTGAGT	GGGTGAGTCC AGTTTG
2	678	40%	WT	—	WT	—	AACCGGAATTCT CATGGGTG	ATGGGTGAGT CCAGTTT
A04								
1	1805	96%	1I	A	1I	A	CCGGAATTCTCA TGGGTGAGT	ATGGGTGAGT CCAGTTT
A05								
1	53100	88.3%	WT	WT	—	—	AGCCTTGCCTTG ACCAATAGC	GGCGGCTGGC TAGGGA
2	1127	1.8%	WT	1D	—	C	AGCCTTGCCTTG ACCAATAGC	GCGGCTGGCT AGGGAT
⋮	⋮	⋮	⋮	⋮	⋮	⋮	⋮	⋮

表 4-7　不同转基因植株的基因型信息列表

	1	2	3	4	5	6	7	8	9	10	11	12
A	AA	AA	aa	aa	aa	aa	aa	aa	Aa	aa	—	—
B	aa	aa	aa	aa	aa	aa	aa	aa	aa	aa	aa	aa
C	aa	aa	aa	aa	aa	aa	aa	aa	aa	aa	aa	aa
D	aa	aa	aa	aa	aa	aa	Aa#	Aa	aa*	aa	aa	aa
E	aa	aa	aa	aa	aa	Aa	aa	aa	aa	aa	aa	aa
F	aa	aa	aa	aa	aa	aa	aa	aa	aa	chimeric	aa	aa
G	aa	aa	aa	aa	aa	aa	aa	aa	aa	aa	aa	aa
H	—	AA	aa	aa	aa	aa	aa	aa	aa	aa	aa	aa

注：♯代表 SNP；＊代表移码突变；—代表数据缺失。

六、思考题

1. 如果靶序列所在的基因存在多个同源基因，其特异引物如何设计？

2. 如何进一步验证 Hi-TOM 在线分析结果？

实验八　转基因植物的目的基因 qRT-PCR 检测

一、实验目的

1. 了解 qRT-PCR 的基本工作原理。
2. 分析转基因植株中的外源基因表达情况。
3. 掌握 qRT-PCR 的基本操作过程及表达量的计算方法。

二、实验原理

实时荧光定量 PCR(quantitative real-time PCR，qRT-PCR)是在 PCR 反应体系中加入荧光基团，通过荧光信号的按比例增加来反映 DNA 量的增加，从而实时监测整个 PCR 进程，通过内参或者外参法对待测样品中的特定 DNA 序列进行定量分析的方法。常用的荧光定量方法有荧光染料嵌合法(SYBR 法)和探针法(TaqMan 法)。

三、材料与试剂

1. 主要材料

转基因植物叶片、无 RNase 的离心管、无 RNase 的枪头、研钵、荧光定量 PCR 板或者荧光定量 PCR 专用透光 8 连管、荧光定量 PCR 透光膜或者荧光定量 PCR 专用透光 8 连管盖等。

2. 主要试剂

液氮、无水乙醇、无 RNase 的 ddH_2O、RNA 提取试剂盒[如 RNA Easy Fast 植物组织 RNA 提取试剂盒(TIANGEN)]、逆转录试剂盒[如 NovoScript Plus All-in-one 1st Strand cDNA Synthesis SuperMix (gDNA Purge)，近岸蛋白(Novoprotein)]、荧光定量 PCR 试剂盒[如 NovoStart SYBR qPCR SuperMix Plus，近岸蛋白(Novoprotein)]等。

四、主要仪器设备

冷冻离心机、微量紫外分光光度计 BioDrop DUO$^+$(BioDrop)、普通 PCR 仪、荧光定量 PCR 仪 QuantStudio 3 等。

五、实验步骤

1. 引物设计

根据目的基因的序列设计特异引物，引物长度 20～30nt、GC 含量 40%～60%；扩增片段应小于 200bp，如可能请尽量设定在 80～150bp；引物设计应尽量横跨内含子；熔解温度应为 60～65℃。

注意事项：荧光定量 PCR 引物序列的设计是大家常常遇到的比较棘手

4-20 转基因 qRT-PCR (视频)

的问题,引物设计不合适会导致实验失败或结果不理想。qPrimerDB(https://biodb. swu. edu. cn/qprimerdb/)数据库收录了包括真菌、植物、鱼、昆虫、鸟等100多个物种的荧光定量 PCR引物序列,可以直接根据转录本编号、物种进行查询。

2.实验设计

实验设对照组和处理组,每组设3个生物学重复和3个技术重复。例如,对转基因后代 株系(T_1)中目的基因(G1)进行表达量变化分析的实验设计如下,对照设3个生物学重复, 分别记为CK1,CK2,CK3,转化株系设3个生物学重复,分别记为T_1-1,T_1-2,T_1-3,UBQ为 内参基因引物,G1为目的基因引物(表4-8)。

表4-8　转基因株系目的基因表达量变化分析的实验设计

CK1/UBQ	CK2/UBQ	CK3/UBQ	CK1/G1	CK2/G1	CK3/G1
CK1/UBQ	CK2/UBQ	CK3/UBQ	CK1/G1	CK2/G1	CK3/G1
CK1/UBQ	CK2/UBQ	CK3/UBQ	CK1/G1	CK2/G1	CK3/G1
T_1-1/UBQ	T_1-2/UBQ	T_1-3/UBQ	T_1-1/G1	T_1-2/G1	T_1-3/G1
T_1-1/UBQ	T_1-2/UBQ	T_1-3/UBQ	T_1-1/G1	T_1-2/G1	T_1-3/G1
T_1-1/UBQ	T_1-2/UBQ	T_1-3/UBQ	T_1-1/G1	T_1-2/G1	T_1-3/G1

注:表格中"/"前后分别表示样本编号和引物编号,相同名称和引物的为技术重复。

注意事项:作为生物学重复的3个样品要求理论上目标基因的表达量是一致的,而转基 因后代不同株系表达量是有差异的,因此,每一个转基因株系后代都要作为一个单独的处理 组,通常生物学重复选自同一纯合转化子的不同单株。

3.植物总RNA的提取

根据实验设计,分别取对照(CK)和转基因株系(T_1)各三个单株进行总RNA的提取, 具体操作参照第三章实验二提取总RNA,或参照RNA提取试剂盒的操作方法提取 总RNA。

4.RNA样品浓度的测定

(1)触碰BioDrop DUO⁺屏幕开机,选择生命科学→核酸→RNA,光程选择柏精 0.5mm,单位选择纳克每微升。

(2)调零:吸取$2\mu L$ RNase-free ddH₂O至圆孔中间,用纸巾擦拭,重复操作,清洗3次。 清洗完毕,吸取$2\mu L$ RNase-free ddH₂O至圆孔中间,点屏幕上白色试管进行调零。

(3)RNA浓度测定:擦去圆孔中的RNase-free ddH₂O,吸取$2\mu L$ RNA至圆孔中间,点 屏幕上蓝色试管,记录RNA浓度及OD_{260}/OD_{280}和OD_{260}/OD_{230}比值。

注意事项:上述介绍的是使用微量紫外分光光度计BioDrop DUO⁺(BioDrop)测定 RNA浓度的方法。RNA样品浓度的测定也可以使用分光光度计,首先用移液枪吸取$60\mu L$ RNase-free ddH₂O转移至洁净的比色皿中,进行空白设置;然后取$2\mu L$ RNA样品,与$58\mu L$ RNase-free ddH₂O混匀后转移至比色皿,测量RNA的浓度以及OD_{260}/OD_{280}的比值,比值 以1.8~2.0为最佳。

5.逆转录和cDNA合成

(1)将近岸蛋白NovoScript Plus All-in-one 1ˢᵗ Strand cDNA Synthesis SuperMix(gDNA

Purge)试剂盒中的 gDNA Purge、RNase-free ddH$_2$O 及 cDNA Synthesis SuperMix 从－20℃中取出在冰上融化。

(2)去基因组 DNA：根据 RNA 浓度计算所需 RNA 的体积，吸取 0.1～1μg 总 RNA 在0.2mL 离心管中，加入 0.5μL gDNA Purge，再加入 RNase-free ddH$_2$O 至总体积 5μL(表4-9)，混匀后置 42℃孵育 5min，反应结束后冰上放置。

表 4-9 去基因组 DNA 反应体系

成分	含量
模板 RNA	总 RNA(0.1ng ～1μg)、mRNA(≥10pg)或特异性 RNA(≥0.01pg)
gDNA Purge	0.5μL
RNase-free ddH$_2$O	至 5μL

(3)第一链 cDNA 合成：在去基因组反应混合物中加入等体积的 2×NovoScript Plus All-in-one 1st Strand cDNA Synthesis SuperMix，轻轻混匀后稍加离心，在普通 PCR 仪上设置 50℃ 15min，75℃ 5min，反应结束后产物置－20℃保存。

注意事项：不同公司提供的逆转录试剂盒及荧光定量 PCR 试剂盒中的 mix 组分及浓度均有差异，配制具体体系时需要参考相应说明书，并严格按照说明书要求操作。

6.荧光定量 PCR

(1)配制 PCR 反应体系：先将逆转录获得的产物进行 10～100 倍稀释后用作荧光定量 PCR 的模板，同时将引物和荧光定量试剂盒中的试剂在冰上解冻。先按上述实验设计配制 Mix 后进行分装，再加上引物或者模板后混匀，盖上荧光定量透光膜，稍加离心。具体 PCR 反应体系见表 4-10。

表 4-10 PCR 反应体系

成分	含量
2×NovoStart SYBR qPCR SuperMix Plus(Low ROX Premixed)	5μL
上游引物	0.2～1.0μmol/L(终浓度)
下游引物	0.2～1.0μmol/L(终浓度)
cDNA 模板	5μL
ddH$_2$O	至 10μL

注意事项 1：配制荧光定量 PCR Mix 时，需要考虑分装时可能产生的液体损失，为保证每管都能分装到设定的 Mix 体积，配制时可以按照比例增加。本实验设计中，一共有 36 个样品，按照引物可以配制两组 Mix 后分装，每组 18 个，配制时可以按照 20 个样品的量加 qPCR Mix 和 ddH$_2$O。

注意事项 2：荧光定量 PCR 体系配制好后，注意 PCR 管或者 PCR 板中是否有气泡存在，如果有，需要用手指轻敲将气泡去除，再离心后备用。

(2)将配制好的 96 孔板放入荧光定量 PCR 仪(QuantStudio 3)中，打开软件 QuantStudio^{TM} Design & Analysis Software，新建文件(单击 Create New Experiment，并重新命名)，根据实验设

计和样品配制修改实验参数,如 Experiment type 选择 Comparative Ct(△△Ct),chemistry 选择 SYBR Green Reagents,Volume 选择 $10\mu L$。然后根据目的基因修改变性温度、延伸时间和循环数,设置实时 PCR 反应程序(表 4-10),保存后即可运行。

实时 PCR 反应程序设置见表 4-11。

表 4-11　实时 PCR 反应程序

阶段	循环	温度	时间	内容	荧光信号采集
预变性	1×	95℃	15min	预变性	否
PCR 反应	40×	95℃	10s	变性	否
		60℃	20s	退火	否
		72℃	20s	延伸	是
熔解曲线分析					

注意事项:为了后续导出的数据一目了然,在荧光定量 PCR 程序运行前可以对样品进行设置,即根据 PCR 仪中对应孔位标明样本编号和对应引物。

(3)数据分析:荧光定量 PCR 反应结束后,将所得数据保存为 Excel 表格,根据熔解曲线判断引物的特异性,然后按照 $2^{-\Delta\Delta Ct}$ 方法计算目的基因的相对表达量,进行统计分析(图 4-14)。

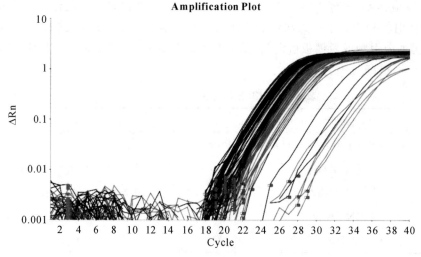

4-21 qRT-PCR
熔解曲线

(A)

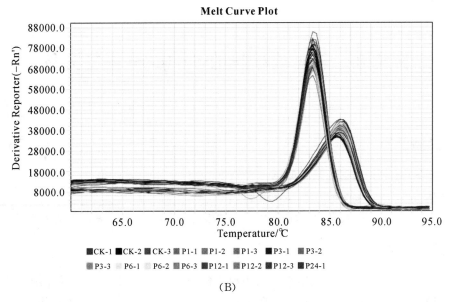

(B)

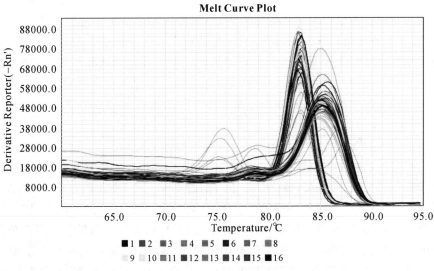

(C)

图 4-14　实时 PCR 反应扩增曲线和熔解曲线

（A)SYBR 法荧光定量 PCR 的扩增曲线；(B)两对引物的熔解曲线，每对引物只有唯一峰值；(C)两对引物的熔解曲线，其中一对存在双峰(78℃和 85℃左右各出现一峰值)

六、思考题

1.熔解曲线出现双峰通常是什么原因造成的？如何处理？

2.技术重复的误差和生物学重复的误差分别是什么原因造成的，如何控制误差？

实验九　转基因植株的 Southern 杂交分析

一、实验目的

1. 了解 Southern 杂交的基本原理。

2. 掌握 Southern 杂交的基本操作过程。

3. 了解利用 Southern 杂交鉴定转基因植株中外源基因的插入拷贝数及完整性。

二、实验原理

无论用农杆菌介导法,还是用基因枪法和花粉管通道法,并不是所有受体细胞均能被转化,往往只有少数细胞被转化。这就需要鉴定在受体基因组中是否整合了外源基因,才能筛选出真正的转化体。在植物遗传转化过程中,虽然前期利用抗生素对转基因植株进行了抗性筛选,获得了具有抗抗生素性的转化植株,但依然存在转基因逃逸现象。因此,需要利用分子生物学鉴定方法确定外源基因是否真正插入并稳定整合到植物细胞的基因组中,以及明确外源基因插入的拷贝数及插入的完整性等。Southern 杂交技术便是用来检测和分析外源基因的整合情况的常用方法,具体的检测方法包括 Southern 斑点杂交以及 Southern 印迹杂交,本实验主要介绍后者。

Southern 杂交技术的基本工作原理:如图 4-15 所示,基因组 DNA 经一种或多种内切酶酶切后的片段经琼脂糖凝胶电泳按照大小进行分离,而后 DNA 经原位杂交,从凝胶上转移到固相支持物(如尼龙膜或硝酸纤维素膜)上。附着在膜上的 DNA 与标记的 DNA、RNA 或者寡核苷酸探针(如同位素或地高辛标记探针)杂交,通过特定的检测方法(如同位素标记探针用放射性自显影技术、地高辛标记探针用化学发光检测)确定与探针互补带的位置。若待测的转基因植株的基因组中含有与探针互补的序列,则两者通过碱基互补的原理进行结合(杂交)(图 4-15 中步骤⑥),在膜上的 DNA 片段中某一片段如果与探针片段在碱基上是互补的,两片段间就能结合(杂交),洗去游离探针后,用自显影或其他合适的技术(化学发光法或显色法)就可显示出杂交的带(图 4-15 中步骤⑦),而这些带就是探针对应的 DNA 片段或基因。

在 Southern 杂交中,探针标记的方法可以分为放射性标记法和非放射性标记法两种。前者灵敏度高,但存在安全问题;后者虽然灵敏度不及前者,但安全性好。本实验先介绍放射性标记法,而非放射性标记法在实验十的 Northern 杂交中介绍。

三、材料与试剂

1. 主要材料

转基因植物的 DNA(本实验以转 *LRP* 基因的转基因水稻为例)、非转基因植物 DNA (阴性对照)、质粒 DNA(阳性对照)、外源基因作为探针的 DNA 片段、杂交袋、尼龙膜或硝酸纤维素膜、滤纸、吸水纸、镊子、保鲜膜、X 线底片和暗盒等。

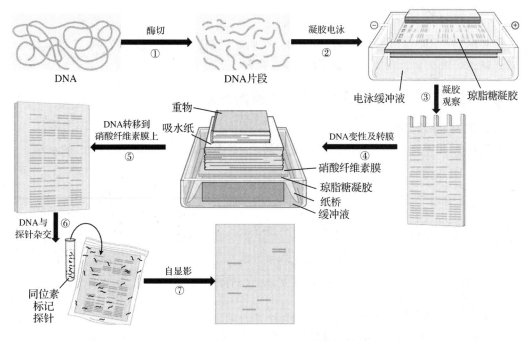

图 4-15　Southern 杂交示意图

2.主要试剂

(1)内切酶

$EcoR$Ⅰ与 $Hind$ Ⅲ。

(2)电泳试剂

DNA Marker、上样缓冲液(0.25%溴酚蓝、0.25%二甲苯青 FF、30%甘油)、0.5×TBE 电泳缓冲液(称取 Tris 2.18g、硼酸 1.1g、EDTA 0.14g,溶于蒸馏水,用盐酸调 pH 至8.0,加蒸馏水定容至 400mL,灭菌后备用)、琼脂糖凝胶(琼脂溶于 0.5×TBE 电泳缓冲液至终浓度为 0.8%)、溴化乙锭染色液(溴化乙锭溶于 0.5×TBE 电泳缓冲液至终浓度为 0.5μg/mL)。

(3)转膜试剂

变性液(1.5mol/L NaCl、0.5mol/L NaOH)、中和液(1mol/L Tris-HCl,pH 8.0;1.5mol/L NaCl)、20×SSC(3mol/L NaCl、0.3mol/L 柠檬酸三钠)。

(4)放射性核素标记探针(切口平移标记法)试剂

10×切口平移缓冲液(0.5mol/L Tris-HCl,pH 7.2;0.1mol/L MgSO$_4$;1mmol/L DTT;500μg/mL 牛血清白蛋白)、10μCi/μL ^{32}P 标记的 dCTP、20mmol/L dNTP(不含 dCTP)、DNA 聚合酶Ⅰ、1mg/mL DNase Ⅰ、0.5mol/L EDTA。

(5)杂交和自显影试剂

50×Denhardt 溶液(5g Ficoll 400 聚蔗糖,5g 聚乙烯吡咯烷酮,5g 牛血清白蛋白,加水至 500mL)、预杂交液(6×SSC,5×Denhardt 溶液,0.5%SDS,100μg/mL 变性的鲑精 DNA)、杂交液(预杂交液中加入变性探针即为杂交液)。用市售医用 X 线胶片显影粉和定影粉配制显影液和定影液。

四、主要仪器设备

台式离心机、振荡恒温水浴锅、电泳仪、水平电泳槽、转印装置、杂交炉、紫外交联仪或80℃烤箱、摇床、放射性污染监测器、塑料封口机等。

五、实验步骤(本实验以转 *LRP* 的转基因水稻为例)

1. 转基因水稻的获得

按照第四章实验一中水稻遗传转化获得转 *LRP* 基因(载体结构见图 4-16)的水稻。

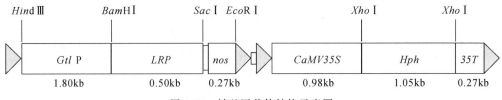

图 4-16　转基因载体结构示意图

2. 酶切植物基因组 DNA

(1)按照第三章实验一从转基因水稻叶片及其对照中大量提取基因组总 DNA。

(2)在 $200\mu L$ 微量离心管中,加入 $25\mu L$ DNA 样品(约 $10\mu g$)、$3\mu L$ 限制性内切酶(*Eco*R Ⅰ,$10U/\mu L$)、$5\mu L$ 相应的 $10\times$ 缓冲液,补水到 $50\mu L$,混匀。

注意事项:建议选用高浓度的限制性内切酶。

(3)37℃水浴 12~16h,以完全消化植物基因组 DNA。

注意事项:进行后续实验前,吸取 $1\mu L$ 酶切反应液跑胶,确定酶切效果。若尚未完全酶切,则应增加酶切时间。

3. 电泳分离 DNA 片段

(1)DNA 样品酶切完后,加 10% 上样缓冲液,连带 DNA Marker 一起用 0.8% 琼脂糖凝胶电泳,25~30V 稳压电泳 18~24h。

(2)当溴酚蓝在凝胶中电泳到离终点约 2cm 时,停止电泳。

(3)在溴化乙锭染色液中浸泡凝胶 30min,将胶放在紫外灯下,观察电泳结果,并照相和记载,切下 Marker 和切去胶右上角以定位。

4. DNA 片段转移至杂交膜上

(1)将切好的凝胶置于大小合适的培养皿或方盘中,用清水清洗凝胶。加入适量 0.25mol/L 盐酸变性 30min。

(2)用 1.5mol/L NaCl 溶液(含 0.4mol/L NaOH)处理 30min。

(3)用 ddH_2O 洗胶后,加入中和液,浸泡和水平摇动 40min,使胶中和。

(4)取一个如图 4-15 步骤④所示的容器,在容器中加转移缓冲液(8mmol/L NaOH＋3mol/L NaCl),中央放一个面积比胶稍大的支持平台,上面放一块玻璃板,板上铺两张滤纸做成纸桥,纸桥两端浸在转移缓冲液中,用一玻璃棒水平排除玻璃板与滤纸间的气泡。

(5)将胶放置在纸桥上,注意排除气体。

(6)准备与胶一样大的尼龙膜(杂交膜)一张,用 ddH_2O 充分浸透后浸入 $10\times$SSC。

（7）将尼龙膜放在胶上，避免气泡，四周以保鲜膜或封口膜环绕以防止 SSC 直接被纸巾吸收（短路）。

（8）在尼龙膜上盖同样大小的经 10×SSC 浸泡过的滤纸 2 张。

（9）裁一叠吸水纸，厚约 5cm，大小略比尼龙膜小，压在滤纸上。

（10）放置一块玻璃板于吸水纸上，玻璃板上放一个约 500g 重的物品。

（11）吸湿后吸水纸更换 2 次。若电转移，约需 12h 或过夜。

（12）弃吸水纸和滤纸，将凝胶和尼龙膜置于一张干滤纸上。在结合 DNA 一面的膜上，用软铅笔标明点样孔位置。

（13）转好的膜用 1×TAE 快速清洗一次，再用 0.2mol/L 磷酸缓冲液（pH 6.8）漂洗 10min。

（14）尼龙膜置于两层干燥滤纸中，80℃烘烤 2h，使 DNA 固定于膜上。

（15）此尼龙膜即可用于下一步杂交反应。或用保鲜膜包好，−20℃保存备用。

5. 制备 DNA 探针

按照第三章实验三，以质粒为模板，利用 LRP 基因特异引物扩增获得 LRP 基因的部分片段，然后经胶纯化或 PCR 产物纯化试剂盒获得高纯度的 DNA 片段。

6. 分子杂交

（1）预杂交

先将尼龙膜用 2×SSC 漂洗后装入杂交管中，加入预热至 65℃的 40mL 预杂交液，赶除气泡后，置于 65℃预杂交炉中预杂交 10h，每 2～3h 换一次预杂交液。

（2）探针标记

采用 Promega 公司生产的随机引物标记试剂盒。取 100ng 探针 DNA，100℃变性 2min；置于冰中迅速冷却，然后加入 2.0μL dNTP（dATP＋dGTP＋dTTP），标记缓冲液 10μL，BSA 2.0μL，Klenow Fragment 酶 2μL（5unit/μL），最后加入 3μL ^{32}P-dCTP，室温下反应 2～3h，100℃处理 5min，终止反应，快速取出置于冰上冷却。

（3）探针纯化

取掉 Pharmacia NICK 柱上的盖子和下面的帽子，流尽柱内的液体；加入大约 3.5mL TE（pH 7.5）洗一次；用支架将 Pharmacia NICK 柱支撑好，加入标记好的反应液，再加入 400μL TE，所有液体流入 1.5mL 离心管；再加入 400μL TE，接好离心管中流出的液体，备用。

（4）杂交

将纯化的探针液体加入杂交管中，65℃杂交炉中杂交过夜（12h 以上）。

（5）洗膜

杂交完后，用 65℃1×SSC 漂洗两次，每次 15min，再用 2×SSC 漂洗两次，每次 20min，洗至膜上的同位素信号强度低于 1000cpm，取出杂交膜，放入 dH₂O 中。

（6）放射自显影

将膜在滤纸上蹭几下，至膜上的水不再流下来，用保鲜膜包好，于暗室中将膜压在两张 X 光片之间并放入暗夹；扣紧暗夹，−70℃冰箱中放射自显影若干天（根据放射强度来确定自显影时间）。

（7）冲片

放射自显影后，于暗室取出 X 光片，放入显影液中显影数分钟，红光灯下看到明显杂交带后停止显影；在水中迅速过一遍后，放入定影液中定影 10min，再转入流水中冲洗（图 4-17）。

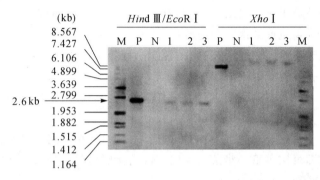

图 4-17　转基因水稻的 Southern 杂交分析

六、思考题

1. 如何根据 Southern 杂交结果判断待测基因（或 DNA 序列）的拷贝数？

2. 在 Southern 杂交的整个实验过程中应注意哪些细节？

实验十　转基因植物的 Northern 杂交分析

一、实验目的

1. 了解 Northern 杂交技术的基本原理。
2. 掌握分析外源基因在转基因植物中转录表达的方法。

二、实验原理

外源基因整合进植物基因组后表达的研究对于确定转基因是否获得预期结果非常重要。根据中心法则,由 DNA 转录为 RNA 是基因表达的第一步,因此对于外源靶基因在 RNA 水平上的表达分析方法是我们首先需要重点掌握的内容。其分析通常包括:①植物组织总 RNA 的提取、②以总 RNA 为模板的 RT-PCR 技术和③Northern 杂交技术等。其中,①和②在第三章实验二和实验四中已有介绍,本实验重点介绍 Northern 杂交技术。

Northem 杂交是用于 RNA 定量和定性分析的常用技术,在基因克隆和转化中用于鉴定外源基因的 RNA 表达情况。Northern 杂交的基本原理与 Southern 杂交(参见本章实验九)大致相同,但由于 Northern 杂交采用 RNA 作为实验材料,因而具有一些与 DNA 分子杂交不同的特点。由于 RNA 在强碱性条件下会降解,故与 Southern 杂交不同,不能用碱变性。甲醛电泳是一种理想的 RNA 变性电泳方法。甲醛可以与碱基形成具有一定稳定性的化合物,同时也可以降低电泳系统的离子强度,这些有助于阻止 RNA 分子互补区的碱基配对,使 RNA 分子完全变性。另外,与其他有关 RNA 的操作一样,RNA 电泳过程中应始终抑制 RNA 酶的活性,包括避免外源性 RNA 酶的污染和抑制内源性 RNA 酶的活性,其操作要求在第三章实验二和实验四中已有说明。

Northern 杂交中核酸探针的制备与 Southern 杂交相同,可分为放射性标记和非放射性标记两种方法。放射性标记的探针灵敏度高,分辨率好,是目前较为常用的一种方法,但探针的非放射性标记方法由于具有安全、快速、无同位素污染等优点而逐步取代放射性标记法。探针的放射性标记方法在 Southern 杂交已作叙述,这里介绍一种探针的非放射性标记方法(同样适用于 Southern 杂交)——地高辛标记法。

地高辛标记法是非放射性标记方法之一。地高辛只存在于洋地黄植物中,因此其他生物体中不含有抗地高辛的抗体,避免了采用其他半抗原作标记可能带来的背景问题。将地高辛连接于 dUTP 或 UTP 第 5 位嘌呤环上,可用酶促反应掺入 DNA 或 RNA 中,然后用带有碱性磷酸酶、过氧化物酶或荧光素的抗地高辛抗体进行免疫反应,通过化学显色或直接在荧光显微镜下观察来进行检测。地高辛标记探针类似于半抗原标记的免疫核糖核酸探针,其过程与放射性核酸探针酶促标记法基本相同。

三、材料与试剂

1. 主要材料

转基因植物的总 RNA、外源基因作为探针的 DNA 片段、DEPC 水浸泡过的离心管（0.5、1.5 和 50mL）、移液器及 DEPC 水浸泡过的吸头（20、200 和 1000μL）、杂交袋、尼龙膜或硝酸纤维素膜、滤纸、吸水纸、剪刀、镊子、保鲜膜等。

2. 主要试剂

(1)变性 RNA 电泳和转膜：0.1% DEPC(焦碳酸二乙酯)处理的水(0.1mL DEPC 加入 100mL 双蒸水中，振荡过夜，再高压蒸汽灭菌)、10×MOPS 电泳缓冲液(0.2mol/L MOPS，0.05mol/L NaAc,0.01mol/L EDTA,pH 5.5～7.0)、RNA 上样缓冲液(甲酰胺 0.72mL，10×MOPS 电泳缓冲液 0.16mL,37%甲醛溶液 0.26mL,0.1% DEPC 水 0.18mL,80%甘油 0.1mL,饱和溴酚蓝 0.08mL)、琼脂糖、37%甲醛。

(2)RNA 探针的标记：10×随机引物缓冲液(900mmol/L HEPES + 10mmol/L MgCl$_2$)、5mmol/L dNTP 溶液(含 dATP、dCTP 和 dGTP)、地高辛-dUTP、Klenow 酶、无水乙醇、0.2mmol/L EDTA(pH 8.0)、4mmol/L LiCl。

(3)杂交：杂交液(5×SSC,0.1% N-十二烷基肌氨酸钠盐,0.02% SDS,0.1% BSA)、标记好的探针、2×SSC、10% SDS。

(4)酶联免疫显色：抗地高辛抗体碱性磷酸复合物、5-溴-4-氯-3-吲哚磷酸盐(BCIP)/硝基蓝四唑盐(NBT)、缓冲液Ⅰ(100mmol/L Tris-HCl,pH 7.5;150mmol/L NaCl)、缓冲液Ⅱ(缓冲液Ⅰ,0.5%脱脂奶粉)、缓冲液Ⅲ(100mmol/L Tris-HCl,pH 9.5;100mmol/L NaCl;50mmol/L MgCl$_2$)、显色液(10mL 缓冲液Ⅲ中加入 45μL NBT 和 3μL BCIP,临用前配制)。

四、主要仪器设备

台式离心机、振荡恒温水浴锅、电泳仪、水平电泳槽、转印装置、杂交炉、紫外交联仪或 80℃烤箱、摇床、塑料封口机等。

五、实验步骤

(一)总 RNA 提取

参照第三章实验二。

(二)RNA 电泳

1. 琼脂糖凝胶制备：1g 琼脂糖,10mL 10×MOPS,加 0.1% DEPC 水至 73mL,微波炉煮沸 5min 使琼脂糖溶解,冷却到 50℃,加入 17mL 37%甲醛和 5μL 5mg/mL 溴化乙锭,混匀后倒入平板。

2. RNA 样品处理：取 10～20μg/μL 总 RNA 1μL,加入 15μL 上样缓冲液溶解 RNA,95℃加热 2min,使 RNA 变性后迅速冰浴放置。

3. 用 20μL 移液枪将样品依次加到样品孔,1×MOPS 作为电泳缓冲液,恒压 3～4V/cm,3h 后在紫外灯下观察结果。

(三)转膜

参照本章实验九的 Southern 杂交转膜步骤。

(四)探针的标记

1. 取 0.5μg DNA(2μL)待标记探针到无菌 EP 管,补 13μL 无菌双蒸水,在离心机上离心混匀。100℃变性 10min,迅速转移至冰上冷却。

2. 在冰浴中按顺序加入 2μL 10×随机引物缓冲液,1μL 5mmol/L dNTP (dATP、dCTP、dGTP),5μL 地高辛-dUTP(1mmol/L),2μL Klenow 酶(10U),混匀,室温下放置 3h 以上。

3. 加 5μL 0.2mmol/L EDTA,10min 后终止反应。

4. 用无水乙醇纯化探针:加入 20μL 4mmol/L LiCl 和 500μL 预冷的无水乙醇,充分混匀后于－20℃放置 2h 以上。10000r/min 离心 15min,去上清液,用 50μL 70% 乙醇溶液洗涤沉淀 2 次,真空干燥,加 20μL TE 缓冲液溶解,置－20℃备用。

(五)杂交

1. 将待杂交的滤膜放入杂交袋中,按 20mL/100cm² 滤膜计算加入预杂交液,68℃水浴摇床预杂交 1~2h。

2. 倒去预杂交液,按 250mL/100cm² 滤膜计算向杂交袋内加入杂交液,将已标记好的DNA 探针煮沸 5min,迅速在冰上冷却。将探针加入杂交袋内,充分混匀,68℃杂交 6h 以上。

3. 取出杂交膜,在室温下用 50mL 2×SSC 含 0.1% SDS 溶液洗膜 2 次以上,每次5min;然后在 68℃下用 50mL 0.1×SSC、0.1% SDS 溶液洗膜 2 次,每次 15min。膜可立即用于显色检测或储存在干燥的环境中备用。

(六)酶联免疫显色

1. 在室温下用缓冲液Ⅰ洗膜 1~5min,缓冲液Ⅱ洗膜 30min,再用缓冲液Ⅰ洗膜 5min。

2. 用缓冲液Ⅰ稀释抗地高辛抗体(1:2000),将膜放入其中浸泡温育 30min。

3. 取出膜,用缓冲液Ⅱ洗膜 2 次以上,每次 15min,再用缓冲液Ⅰ洗膜 2 次,每次 5min。

4. 在暗室内,用 10mL 显色液浸泡膜 30~60min,显色弱者可延长浸泡时间至 18h。

5. 显色清楚的立即弃显色液,并用 TE 缓冲液终止显色反应,照相记录显色结果。

六、思考题

1. RNA 电泳分离为什么要用甲醛?

2. Northern 杂交与 Southern 杂交比较,有何异同?

3. 在实验过程中,如何避免 RNA 的降解?

4. 探针的非放射性核素标记与放射性核素标记比较,有何异同点,各有何优缺点?

实验十一　转基因植物的 Western 杂交分析

一、实验目的

1. 掌握聚丙烯酰胺凝胶垂直板电泳分离蛋白质的基本原理及其操作过程。
2. 掌握 Western 杂交的基本原理和操作技术。

二、实验原理

Western 杂交是一种用来检测基因表达的最终产物——蛋白质的技术。这种技术又称为固定化蛋白质的免疫学测定,是将蛋白质从电泳胶中转移至固相支持介质上后,以抗体为探针进行杂交,对复杂混合蛋白质中的某些特定蛋白质进行定性或定量检测的一种方法。其操作过程与 Sorthern 或 Northern 杂交有许多类似之处,包括从生物体中提取蛋白质、蛋白质的电泳分离、转膜、膜与探针杂交、显色或显影。但是,Western 杂交采用的是聚丙烯酰胺凝胶电泳(polyacrylamide gel electrophoresis,PAGE),被检测物是蛋白质(抗原),"探针"是抗体,"显色"物是标记的第二抗体。经过 PAGE 分离的蛋白质样品,转移到固相载体(如 NC 膜或 PVDF 膜)上,固相载体以非共价键形式吸附蛋白质,且能保持电泳分离的多肽类型及其生物学活性不变。以固相载体上的蛋白质或多肽作为抗原,与对应的抗体(第一抗体)起免疫反应,再与酶或同位素标记的第二抗体(以第一抗体为抗原)起反应,经过底物显色或放射自显影以检测通过电泳分离的特异性目的基因所表达的蛋白质。

聚丙烯酰胺凝胶是由单体丙烯酰胺(acrylamide,Acr)和交联剂 N,N'-甲叉双丙烯酰胺(N,N'-methylene-bisacrylamide,Bis)在加速剂 N,N,N',N'-四甲基乙二胺(N,N,N',N'-tetrame thylenediamine,TEMED)和催化剂过硫酸铵(ammonium persulfate,AP,$(NH_4)_2S_2O_8$)或核黄素(riboflavin,$C_{17}H_{20}O_6N_4$)的作用下聚合交联成三维网状结构的凝胶。PAGE 是电泳分离蛋白质的最常用技术。PAGE 根据其有无浓缩效应,分为连续系统和不连续系统两大类。在连续系统中,电泳凝胶不分层,即它的缓冲液 pH 和凝胶浓度是相同的,故称为连续胶。而在不连续系统中,电泳凝胶分为两层:上层胶为低浓度的大孔胶,称为浓缩胶或积层胶,配制此层胶的缓冲液是 Tris-HCl(pH 6.8);下胶为高浓度的小孔胶,称为分离胶,配制此层胶的缓冲液是 Tris-HCl(pH 8.8)。电泳槽中的电泳缓冲液是 Tris-甘氨酸(pH 8.3)。不连续系统中由于缓冲液离子成分、pH、凝胶浓度及电位梯度的不连续性,带电蛋白颗粒在电场中泳动不仅具有电荷效应和分子筛效应,还具有浓缩效应,因而其分离条带清晰度及分辨率均比连续系统好。

三、材料与试剂

1. 主要材料

转基因植物的组织、第一抗体(使用前用封闭液稀释 1000 倍)、偶联辣根过氧化物酶的第二抗体(使用前用 PBS 液稀释 500 倍)、移液器及其吸头、杂交袋、NC 膜、滤纸、剪刀、镊子、保鲜膜等。

2.主要试剂

(1)植物组织蛋白质提取缓冲液:50mmol/L Tris-HCl,200mmol/L NaCl,5mmol/L EDTA,pH 8.0。

(2)上样缓冲液:将 6g Tris 溶于 50mL 水中,加入 SDS 2g、甘油 20mL、溴酚蓝 0.05g,再加入浓盐酸 4mL,调 pH 至 6.8,加水定容至 100mL,置冰箱保存备用。

(3)凝胶母液:丙烯酰胺 29g 加甲叉双丙烯酰胺,用水溶解后定容至 100mL,过滤后置冰箱中保存备用。

(4)分离胶缓冲液:将 18.5g Tris 溶于 80mL 水中,加浓盐酸 2mL,再调 pH 至 8.8,加水定容至 100L。

(5)浓缩胶缓冲液:将 12.1g Tris 溶于 60mL 水中,加浓盐酸 8mL,再调 pH 至 6.8,加水定容至 100mL。

(6)10×电泳缓冲液:Tris 30g 加甘氨酸 141g 和 SDS 10g,加水定容至 1000mL,调 pH 至 8.3。

(7)电转移缓冲液:含 20%甲醇的 1×电泳缓冲液。

(8)漂洗液(TBST):在 6mL 分离胶缓冲液中,依次加入 0.2g KCl、1.44g Na_2HPO_4、0.24g KH_2PO_4,用盐酸调 pH 至 8.0,加水定容至 1000mL。

(9)封闭液:含 3% BSA 的 TBST 溶液。

(10)漂洗液(PBS):NaCl 8g ＋ KCl 0.2g ＋ Na_2HPO_4 1.44g ＋ KH_2PO_4 0.24g,加水定容至 1000mL,用盐酸调 pH 至 7.4。

(11)显色液:125mg 3,3-二氨基联苯胺(DAB)加入 0.05mmol/L Tris-HCl(pH 7.6)250mL,加 1%过氧化氢溶液 1mL,要求配制时避光,现配现用。

(12)考马斯亮蓝染色液:0.25g 考马斯亮蓝 R-250,加 500mL 甲醇和 70mL 冰醋酸,加水定容至 1000mL。

(13)脱色液:300mL 甲醇和 70mL 冰醋酸,加水定容至 1000mL。

四、主要仪器设备

分子杂交仪、电泳仪、电转移电泳槽、垂直板电泳槽、微波炉、真空干燥机、电动摇床、摄影装置、冷柜等。

五、实验步骤

1.转基因水稻的获得

按照第四章实验一中水稻遗传转化获得转 *LRP* 基因(载体结构见本章实验九图 4-16)的水稻。

2.植物组织总可溶蛋白质的提取

(1)取植物叶片或其他组织适量,加入液氮,迅速研磨。

(2)加入冰冷的植物组织蛋白质提取缓冲液(每 1g 组织约加 1mL 提取缓冲液),搅拌混匀。

(3)4℃下 14000r/min 离心 15min,上清液即为总的可溶性蛋白质。

(4)测定蛋白质浓度。

3.制胶

(1)洗净电泳槽、玻璃板、梳子、橡胶模框并晾干,戴手套安装好电泳槽。

(2)用电泳缓冲液配 1%琼脂,煮溶后倒入下电极槽(正极槽),待琼脂凝固后开始灌胶。

(3)灌分离胶:将分离胶溶液(凝胶母液 10mL、分离胶缓冲液 14mL、重蒸水 6mL、10%过硫酸铵 0.4mL,抽气后加入 TEMED 20μL,混合均匀)倒入凝胶模具内,即两块玻璃板之间,达模具高度 70%左右,再用 1000μL 移液器在凝胶上缓慢加入 1~2mL 分离胶缓冲液。

(4)灌浓缩胶:分离胶凝固后吸去上清,倒入浓缩胶溶液(凝胶母液 2.6mL、浓缩胶缓冲液 3.4mL、重蒸水 13mL、10%过硫酸铵 0.5mL,抽气后加入 TEMED 25μL,混合均匀),插入梳子。

(5)当浓缩胶凝固(需 0.5~1h)后,拔出齿梳,倒入电泳缓冲液,上极(负极)浸没浓缩胶上沿,下极(正极)浸没电极丝。

4.电泳

(1)电泳槽连接电泳仪。

(2)蛋白质样品 50μL 与等量上样缓冲液混合后加样,将孔分为两组进行相同的点样,每孔加样 20~50μL。

(3)加样完毕,按 3mA/cm 进行稳流电泳(电泳过程中电压不超过 300V)。

(4)当溴酚蓝泳动到分离胶底部时,结束电泳。

5.电转移

(1)电泳完毕,剥下凝胶并分割为两半,一半用于 Western 杂交,一半用于考马斯亮蓝染色(20~30min 后用脱色液脱色)。

(2)剪一片与凝胶大小相同的 PVDF 膜和 6 片滤纸(不能大于 PVDF 膜),浸入电转移缓冲液 3~5min。

(3)将 3 片滤纸、凝胶、PVDF 膜和另 3 片滤纸对齐放在两块海绵垫之间,注意各层之间不留气泡。

(4)用塑料支架将滤纸、凝胶及 PVDF 膜夹紧后放入电转移电泳槽,PVDF 膜对正极,凝胶对负极,接上电源后在 120mA 稳流条件下电泳 6h 以上或过夜。

(5)电泳结束后取出 PVDF 膜并用铅笔在一角做好标记,置于另一洁净的滤纸上,室温干燥 30min 以上。

6.Western 杂交

(1)用 TBST 漂洗液冲洗 PVDF 膜,将两块 PVDF 膜放入杂交瓶(蛋白质印迹面紧贴瓶壁),加入封闭液 10mL,室温下转动杂交瓶 2h。

(2)将 PVDF 膜放入小塑料袋中,加入用封闭液稀释 1000 倍的第一抗体(0.1mL/cm² PVDF 膜),排气后于 4℃下缓慢振荡 2h。

(3)取 PVDF 膜用 PBS 漂洗液冲洗 3 次,各 10min(可在杂交仪上进行),再转移至 TBST 漂洗液中室温下轻轻振荡 10min。

(4)取出 PVDF 膜放入另一塑料袋,加入用 PBS 液稀释 500 倍的第二抗体(0.1mL/cm² PVDF 膜),排气后于 4℃下缓慢振荡 1h。

(5)取出 PVDF 膜,用 TBST 漂洗 3 次,各 10min(可在杂交仪上进行),然后将 PVDF 膜放入显色液中,室温下避光轻轻振荡 15min,用重蒸水洗涤 PVDF 膜后转入 PBS 漂洗液中,应尽快拍照记录以免褪色(图 4-18)。

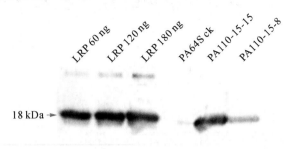

图 4-18 转基因水稻的 Western 杂交分析

六、思考题

1. Western 杂交、Northern 杂交和 Southern 杂交在检测目标分子和操作技术上各有何异同?

2. Western 杂交中的抗原、第一抗体和第二抗体各指什么物质? 最后在 PVDF 膜上看到的条带是如何显现出来的?

实验十二　转基因植物的 GUS 组织化学染色

一、实验目的

1. 了解 GUS 蛋白的组织化学染色原理。
2. 掌握转基因植物中报告基因 *GUS* 表达的检测操作过程。

二、实验原理

在植物基因工程研究中,为了尽快地分析外源基因转入宿主细胞的情况,或检测外源基因的表达特征,往往在载体上还加上报告基因,或采用目标基因与报告基因相融合的方式,或将报告基因置于目的基因启动子控制下。常用的报告基因主要包括 β-葡萄糖苷酸酶基因(*gus*)、绿色荧光蛋白基因(*gfp*)、黄色荧光蛋白基因(*yfp*)、荧光素酶基因(*lux*)等。除 *gus* 基因外,其他报告基因的鉴别均依赖于显微观察。*gus* 基因的检测方法主要有组织化学染色法、分光光度法、荧光分析法、聚丙烯酰胺凝胶原位分析法等。其中,组织化学染色法因简单直观且易操作而被广泛应用。

组织化学染色的基本原理:*gus* 基因编码 β-葡萄糖苷酸酶,该酶是一种水解酶,能催化许多 β-葡萄糖苷酯类物质,如将 5-溴-4-氯-3-吲哚-β-*D*-葡萄糖苷酸酯(X-Gluc)水解生成蓝色的物质。如果在植物转基因时,质粒载体上有 *gus* 基因的序列,当 *gus* 基因进入宿主细胞后,可根据上述原理,通过添加底物 X-Gluc 的方法和根据颜色的变化,可判断转入植物的外源基因是否发生了瞬时表达。由于转基因个体需要的周期较长,该方法可对转化体组织进行瞬时的、初步的检测,有利于减少工作量,尽快得到正确的转化体。

在实际应用中,人们主要利用 *gus* 基因的瞬时表达进行启动子序列的功能鉴定,即将 *gus* 基因序列分别连到序列缺失的启动子上,通过转化后 *gus* 基因表达的结果来判断哪部分启动子序列为功能区。

三、材料与试剂

1. 主要材料

转基因植物(本实验用转 pCAMBIA1305 的转基因水稻)和非转基因植物(受体)、离心管、剪刀等。

2. 主要试剂

磷酸钠缓冲液(pH 7.0)、铁氰化钾、亚铁氰化钾、EDTA、甲醇、X-Gluc、二甲基甲酰胺(DMF)等。

(1)50mmol/L 磷酸钠缓冲液(pH 7.0)

A 液:取 $NaH_2PO_4 \cdot 2H_2O$ 3.12g 溶于蒸馏水,定容至 100mL。

B 液:取 $Na_2HPO_4 \cdot 12H_2O$ 7.17g 溶于蒸馏水,定容至 100mL。

取 A 液 39mL 与 B 液 61mL 混合,定容至 400mL,调 pH 至 7.0。

(2)50mmol/L 铁氰化钾母液

称铁氰化钾 3.295g,用蒸馏水定容至 200mL。

(3)50mmol/L 亚铁氰化钾母液

称亚铁氰化钾 4.224g,用蒸馏水定容至 200mL。

(4)5mol/L EDTA 母液(pH 8.0)

EDTA	18.6g
ddH$_2$O	80mL
用 NaOH 调 pH 至 8.0	用量约 8g
用 ddH$_2$O 定容至	100mL

(5)GUS 检测液的配制

将 100mg Gluc 溶于 1mL DMF 中,再取 80mL 50mmol/L 磷酸钠缓冲液(pH 7.0),加入 1mL 50mmol/L 铁氰化钾、1mL 50mmol/L 亚铁氰化钾和 2mL 0.5mol/L EDTA(pH 8.0),混匀后再加入已溶解的 X-Gluc 1mL,甲醇 20mL,再混匀。最后将配好的 GUS 检测液分装于 1.5mL 塑料管中(1mL/管),−20℃保存备用。

四、主要仪器设备

恒温培养箱、移液枪、真空泵等。

五、实验步骤

1.切取适当大小植物组织器官,浸入染色液中。

2.室温下抽真空 30～60min。

3.放置在 37℃恒温培养箱培养 1h 至过夜。

4.叶片等绿色组织转入 70%乙醇中脱色 2～3 次,至阴性对照材料呈白色。

5.肉眼或倒置显微镜下观察样品染色,拍照,结果如图 4-19 所示。

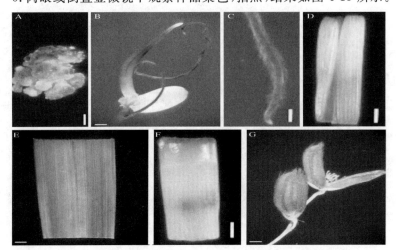

4-22 GUS 染色

图 4-19　转基因水稻的 GUS 组织化学染色

(A)愈伤组织;(B)萌发种子;(C)根;(D)叶鞘;(E)叶片;(F)茎;(G)颖花

六、思考题

1. *gus* 基因检测方法在植物基因功能研究方面有哪些用途？

2. 比较组织化学定位法和分光光度法检测 *gus* 基因表达的特点，各有何优缺点？

第五章　植物分子标记技术

遗传标记(genetic markers)是指可追踪染色体、染色体片段或某个基因座在家系中传递的任何一种遗传特性。植物遗传标记主要包括形态标记(morphological maker)、细胞学标记(cytological marker)、生化标记(biochemical marker)和 DNA 分子标记(DNA molecular marker)等 4 种类型。形态标记是指肉眼可见的植物外观形态特性,如株高、花色、粒型和叶色等。细胞学标记是指个体染色体数目和形态的细胞学特征,包括染色体核型和带型及缺失、重复、易位、倒位等。生化标记是指以植物体内的某些生化特性为遗传标记,如储藏蛋白及同工酶等。DNA 分子标记是以个体间的遗传物质 DNA 序列变异为基础的遗传标记。由于植物形态标记、细胞学标记和生化标记的数量有限,且易受环境因素及植物发育阶段的影响,很难满足现代植物遗传育种的需求;而 DNA 分子标记则数量巨大且不受环境因素及植物发育阶段的影响,被广泛应用于农作物遗传育种。DNA 分子标记主要包括:基于 DNA-DNA 杂交的分子标记,如限制性片段长度多态性(restriction fragment length polymorphism,RFLP)分子标记;基于 PCR 的分子标记,如简单重复序列(simple sequence repeat,SSR)标记和插入/缺失(insertion/deletion,InDel)标记;基于 PCR 和限制性酶切相结合的分子标记,如扩增片段长度多态性(amplified fragment length polymorphism,AFLP)、酶切扩增多态性序列(cleaved amplified polymorphic sequence,CAPS)和衍生的酶切扩增多态性序列(derived cleaved amplified polymorphic sequence,dCAPS)分子标记,以及单核苷酸多态性(single nucleotide polymorphism,SNP)分子标记。

为此,我们将分 5 个实验介绍基于 PCR 的分子标记及其应用,包括 SSR 分子标记、插入/缺失(InDel)标记、SNP 分子标记、DNA 分子标记连锁图谱的构建、数量性状位点(QTL)定位、全基因组关联分析以及分子标记辅助育种。

实验一　基于 PCR 的分子标记

一、实验目的

1. 了解 SSR、InDel 和 SNP 分子标记的分子特征及其检测原理。

2. 了解分子标记在鉴定 $Waxy(Wx)$ 等位基因中的应用。

3. 掌握 SSR、InDel 和 SNP 分子标记的检测方法及操作过程。

二、实验原理

1. SSR 分子标记的设计原理

SSR 分子标记又称微卫星 DNA(microsatellite DNA),是一种以特异引物-PCR 为基础的分子标记技术。SSR 分子标记广泛存在于真核生物的基因组中,是一类由几个核苷酸(通常为 1~6 个)为基序(motif)组成的简单重复序列(SSR),如$(AC)_n$、$(AAG)_n$、$(GATA)_n$就是分别由 2、3、4 个碱基组成的基序经"n 次"重复而成的简单重复序列,在同一物种不同的品种中,SSR 两侧的序列是保守性较强的单一序列,但组成 SSR 基序的重复次数则不尽相同,因此,基于 SSR 侧翼保守序列就可以设计出一对特异引物,经 PCR 扩增并跑琼脂糖或聚丙烯酰胺凝胶,就可显示出扩增片段的大小甚至差异。如图 5-1 所示,根据基因组中 SSR 两侧的保守序列设计一对引物,用该引物进行 PCR 便可扩增出 SSR 片段。在 P_1 和 P_2 两个不同基因组,由于 SSR 长度(基序重复数 n)不同,便能扩增出不同长度的 PCR 产物,将扩增产物进行琼脂糖或聚丙烯酰胺凝胶电泳,就可显示出 P_1 和 P_2 间在扩增片段长度上的差异,如图 5-1 中的 P_1 具有 150bp 片段的标记,P_2 具有 158bp 片段的标记。

SSR 分子标记属于共显性分子标记(codominant marker)。所谓共显性标记,就是同时能检测出显性和隐性等位基因,能够区分纯合和杂合基因型的遗传标记。以图 5-1 为例,如果 P_1 和 P_2 杂交,其 F_1 的带型是 P_1 和 P_2 的共同带型,而且在 F_2 群体中各个体的带型也能出现 P_1、P_2 和 F_1 三种带型,这种带型从亲代传至子代的方式被称为共显性,且符合孟德尔遗传规律。

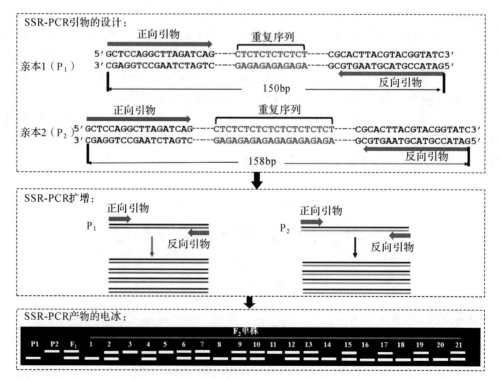

图 5-1　SSR 分子标记的 PCR 扩增示意图

2. InDel 分子标记

InDel 是指同一位点 DNA 序列在不同个体间发生核苷酸片段的插入/缺失,是同源序列比对产生空位(gap)的现象,本质上属于长度多态性标记。根据插入/缺失片段的大小,可以将 InDel 分成单碱基插入/缺失、单碱基对插入/缺失、2～15bp 小重复序列的多碱基对插入/缺失、转座子插入以及随机 DNA 序列插入/缺失等类型。研究显示,InDel 长度变化范围通常为 1～10000bp,平均长度为 36bp。因此,根据 InDel 位点两侧的序列设计特异引物进行 PCR 扩增,通过电泳可以很容易检测 InDel 差异。随着众多植物的全基因组测序及品种的重测序完成,利用生物信息学进行比对分析,可以开发出大量共显性 InDel 分子标记,该类标记具有开发成本低、重演性好、分型简单以及操作简单等特点。

如图 5-2 所示,P_1 和 P_2 之间存在 20bp 的差异,因此,可以根据差异序列两端的保守序列设计一对引物,用该引物进行 PCR 便可扩增出差异片段,即 P_1 具有 200bp 的标记,P_2 具有 180bp 的标记。如果 P_1 和 P_2 杂交,其 F_1 的带型是 P_1 和 P_2 的共同带型,而在 F_2 群体中各个体的带型则包含 P_1、P_2 和 F_1 三种带型。

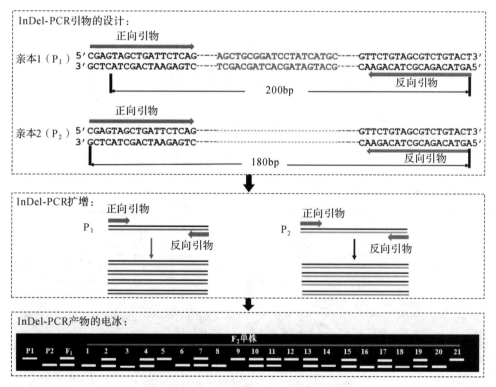

图 5-2　InDel 分子标记 PCR 扩增示意图

3. SNP 分子标记与 CAPS/dCAPS 分子标记

SNP 是指基因组水平上由单个核苷酸的变异引起的 DNA 序列多态性,包括单个碱基的转换、颠换等。转换是指同型碱基之间的替换,如嘌呤与嘌呤(G/A)、嘧啶与嘧啶(T/C)间的替换;颠换是指发生在嘌呤与嘧啶(A/T、A/C、C/G、G/T)之间的替换。依据排列组合原理,SNP 一共可以有 6 种替换情况,即 A/G、A/T、A/C、C/G、C/T 和 G/T。实际上转换的发生频率更高,主要以 C/T 转换为主,原因是 CpG 的 C 是甲基化的,容易自发脱氨基形成胸腺嘧啶 T，CpG 也因此变为突变热点。发现和检测 SNP 的方法很多，对目标片段进行 PCR 扩增并对其进行测序是鉴别和发现 SNP 最直接的方法。随着大量同一物种不同品种的基因组重测序的完成，也可以基于相关数据库中的测序信息进行 Blast 分析，获得大量 SNP。找到 SNP 后，需要验证 SNP。除了直接测序外，一般情况下会将 SNP 分子标记转换成 CAPS 分子标记或 dCAPS 分子标记。

　　CAPS 分子标记是指由于 SNP 的差异，导致引入或缺失一个限制性内切酶（restriction enzyme，RE）酶切位点，基于这个特点设计特异引物，利用 PCR 扩增出含有 SNP 差异位点的 DNA 片段，内切酶只能切开其中一个 PCR 产物。如图 5-3 所示，P_1 和 P_2 之间存在单碱基 T/A 的差异，从而导致 P_2 的序列缺失 BamHⅠ酶切位点，因此，可以根据差异序列两端的保守序列设计一对引物，用该引物进行 PCR，而后用 BamHⅠ酶切 PCR 产物并进行凝胶电泳，产生差异片段，即 P_1 具有 154bp 和 104bp 的标记，P_2 具有 250bp 的标记。如果 P_1 和 P_2 杂交，其 F_1 的带型是 P_1 和 P_2 的共同带型，而且在 F_2 群体中各个体的带型则可出现 P_1、P_2 和 F_1 三种。

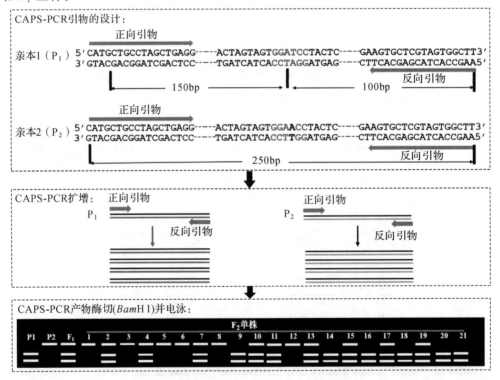

图 5-3　CAPS 分子标记 PCR 扩增示意图

　　如果 SNP 处没有找到合适的 RE 酶切位点，还可以利用衍生的酶切扩增多态性序列（derived CAPS，dCAPS）标记，即在 SNP 附近的引物中引入少数错配碱基（通常为 1～2bp），结合该 SNP 就产生新的 RE 酶切位点，从而开发出 dCAPS 分子标记。dCAPS 标记在线设计网址：http://helix.wustl.edu/dcaps/dcaps.html。如图 5-4 所示，P_1 和 P_2 之间存在单碱基 C/T 的差异，该碱基替换并没造成酶切位点的缺失或引入，如果在正向引物的 3′端倒数第 2 个碱基引入一个错配碱基 A，则在 P_1 的 PCR 产物的序列中将引入一个 BamHⅠ酶切位点(5′-GGATCC-3′),而 P₂ 的 PCR 产物的序列中则没有 BamHⅠ酶切位点。因此,以该引物及下游引物进行 PCR,而后用 BamHⅠ酶切 PCR 产物并进行凝胶电泳,产生差异片段,即 P₁ 具有 20bp 和 154bp 的标记,P₂ 具有 170bp 的标记。如果 P₁ 和 P₂ 杂交,其 F₁ 的带型是 P₁ 和 P₂ 的共同带型,而且在 F₂ 群体中各个体可出现 P₁、P₂ 和 F₁ 三种带型。

SNP 在染色体上的分布十分广泛,在 25 个常见的玉米样本中,大约每隔 106bp 就存在一个 SNP。水稻中大约每隔 250bp 就有 1 个 SNP。SNP 已经广泛应用于基因定位、关联分析、基因组育种,是目前应用范围最广的分子标记。SNP 是共显性标记,易实现高通量自动化检测。缺点是每个 SNP 标记只有 2 个等位基因,信息量有限,特别是其中一个等位基因是稀有等位基因时(出现的频率小于 5%)。另外,SNP 分子标记的开发成本较高。

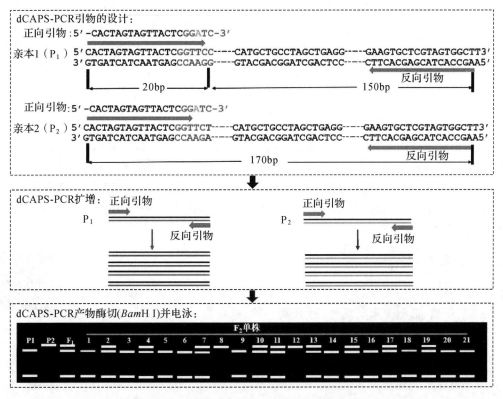

图 5-4　dCAPS 分子标记 PCR 扩增示意图

4.分子标记的应用

分子标记已广泛应用于现代农作物遗传育种中,主要包括分子图谱的构建、品种(系)的鉴定、杂种纯度的鉴定、物种亲缘关系分析、基因标记及其辅助育种等。

本实验以 Waxy(Wx) 基因为例,介绍分子标记的操作过程,以及分子标记与目标性状的关联性。在淀粉类农作物中,如水稻、玉米、小麦、大麦、土豆以及木薯等,Wx 基因编码合成植物淀粉的关键酶——颗粒结合淀粉合成酶(granule-bound starch synthase Ⅰ,GBSS Ⅰ),控制胚乳直链淀粉的合成。在长期人工和自然选择过程中,该基因的 ORF 中的部分碱基发生变化,导致同一作物不同品种间的直链淀粉含量存在差异,如不同水稻 Wx 等位基因的 ORF 上存在单碱基差异、CT 基序的重复数差异以及 23bp 的插入等(图 5-5),致使稻米中

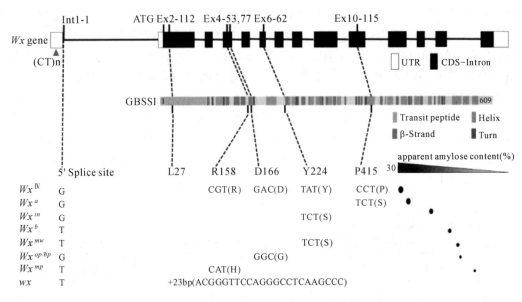

图 5-5　水稻 Wx/wx 基因的 ORF 中的主要变异

的直链淀粉含量低的品种为 0（如糯稻），高的甚至超过 30%。研究显示，第一外显子中的 CT 重复基序一般以 12 为界，小于 12 的直链淀粉含量＞24%，而 16 及以上，要么是糯性的（直链淀粉为 0），要么直链淀粉含量＜20%。因此，根据水稻 Wx 基因的序列差异就可以开发出不同的分子标记，如 SSR 分子标记、InDel 分子标记、SNP 分子标记或 CAPS/dCAPS 分子标记等，用于不同直链淀粉含量的水稻品种选育。

三、材料与试剂

1. 主要材料

籼稻、粳稻、糯稻等水稻品种；PCR 离心管、枪头等。

2. 主要试剂

适用于检测 Wx 基因的分子标记引物（表 5-1）、聚丙烯酰胺凝胶、琼脂糖、TAE、TBE、Taq DNA 聚合酶、$AgNO_3$、甲醛、氢氧化钠等。

5-1　水稻 Wx 基因的主要变异

表 5-1　用于鉴定 Wx 等位基因之间的变异位点的特异引物

引物名称	引物序列(5′→3′)	目的
Wx-F1	CTTTGTCTATCTCAAGACAC	检测 Wx 基因的 CT 重复序列多态性
Wx-R2	TTGCAGATGTTCTTCCTGATG	
Wx-F2	TGCAGAGATCTTCCACAGCA	检测 Wx 基因的 23bp 插入/缺失序列多态性
Wx-R2	GCTGGTCGTCACGCTGAG	
Wx-F3	CTTTGTCTATCTCAAGACAC	检测 Wx 基因的第一个内含子剪切位点 G/T 序列的多态性
Wx-R3	TTTCCAGCCCAACACCTTAC	

四、主要仪器设备

PCR 仪、台式离心机、涡旋混合器、琼脂糖凝胶、PAGE 凝胶电泳系统、微量移液器等。

五、实验步骤

(一)水稻 DNA 提取

根据第三章实验一的方法,提取水稻总 DNA。

(二)制备 PCR 反应体系

以籼稻、粳稻和糯稻基因组 DNA 为模板,配制 PCR 反应体系(表 5-2)。

表 5-2　PCR 反应体系

成分	含量
2×Taq Mix	10μL
DNA 模板	1~2μL
上游引物(Wx-F1、Wx-F2 或 Wx-F3)(10μmol/L)	0.5μL
下游引物(Wx-R1、Wx-R2 或 Wx-R3)(10μmol/L)	0.5μL
ddH$_2$O	至 20μl

(三)PCR 扩增

将含样品的离心管稍离心后,插入 PCR 仪的样品板上。设定 PCR 反应程序:热盖温度 105℃,95℃ 3min,使模板充分变性,而后进行 30~35 个循环(包括 94℃ 30s,56℃ 30s,72℃ 30s),然后 72℃再延伸 5min。

注意事项 1:对于用 Wx-F3/R3 引物扩增获得的 PCR 产物,需要用 *Acc* I 进行酶切,酶切反应体系见表 5-3。所有试剂加好后混匀,37℃温浴 2~3h。

注意事项 2:酶切反应体系中,PCR 产物应少于 10%,否则会影响酶切效率。

表 5-3　酶切反应体系

成分	含量
10×CutSmart 缓冲液	2.5μL
Acc I (NEB)	0.5~1μL
PCR 产物	2μL
ddH$_2$O	至 25μL

(四)PCR 产物检测

对差异大的产物,如检测 Wx 基因中的 23bp 插入/缺失以及剪切位点的差异,可优先考虑琼脂糖凝胶电泳,而对于检测 CT 基序的重复差异则比较适合聚丙烯酰胺凝胶。

1.PCR 产物或 PCR 酶切产物的琼脂糖凝胶电泳

取 5~10μL PCR 或全部 PCR 酶切产物,加入 10%上样缓冲液,配制含有 EB 的 3%琼脂糖凝胶进行电泳检测,凝胶成像系统观察拍照。23bp 插入/缺失的检测结果如图 5-6 所示,而剪切位点 G/T 变异的检测结果如图 5-7 所示。

注意事项:电泳时,需要外加一个大小合适的 DNA 标准物。

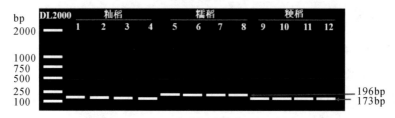

图 5-6　InDel 标记鉴定不同水稻材料中的 *Wx* 基因的 23bp 插入/缺失

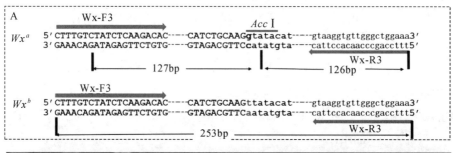

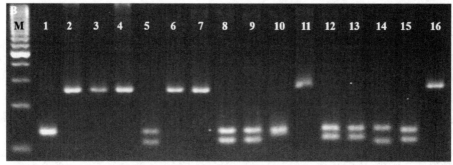

图 5-7　*Wx*-G/T SNP 的鉴定

(A)*Acc* I 酶切位点;(B)酶切结果

2.聚丙烯酰胺凝胶(PAGE)检测

(1)制胶、上样:①取 1 凸 1 平 2 块玻璃板,用乙醇擦拭后并拢,放入垂直支架内,凹玻璃板在外侧,两侧用钢夹固定,交叉拧紧。②将 1% 琼脂糖用微波炉加热融化后,用吸管密封玻璃板,沿玻璃板两边的缝隙内加入,待其冷却凝固 15min 后备用。③按配方配制 9% 聚丙烯酰胺凝胶,混匀后马上灌胶,倒入过程中要避免气泡的产生,发现有气泡产生时,要待气泡消失后再倒,插入梳子。④胶凝 1h 以后拔去梳子,加入 0.5×TBE 缓冲溶液于电泳槽内,以刚好淹没凹形玻璃平口为宜,用移液枪将梳孔内气泡冲去,开始上样,插上电极进行电泳。电泳条件为 120V,65mA。

(2)染色、显色:①电泳结束拔去电极,倒出缓冲液,将橡胶条取出,小心分开,用枪头将

5-2 分子标记
PAGE(视频)

胶两侧挑开后放入蒸馏水中漂洗。②倒掉蒸馏水，加入硝酸银染色液，置于摇床染色 5～7min。③倒掉硝酸银（可重复利用），加入蒸馏水，置于摇床漂洗 20s。④倒掉蒸馏水，加入显色液，置于摇床显色直至条带清晰。⑤已显色的胶转移到蒸馏水中，洗掉甲醛，取出胶放到塑料胶片上，扫描拍照（图 5-8）。

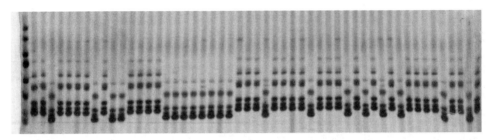

图 5-8　用短 PAGE 电泳能区分 $(CT)_{11}$ 和 $(CT)_{17}$ 的基因型

六、思考题

1. 除了 SSR、InDel 及 SNP 分子标记外，其他基于 PCR 的分子标记如何设计？

2. 显性标记和共显性标记的差异是什么？

3. SSR 不同长度变异是如何形成的？

实验二　遗传连锁图谱的构建

一、实验目的

1.了解遗传连锁图谱的构建原理。

2.了解利用 MAPMAKER/EXP(3.0b)软件构建遗传连锁图谱的过程,掌握利用 QTL IciMapping v4.2 软件构建遗传连锁图谱。

二、实验原理

构建分子标记遗传图谱的理论基础是染色体的交换与重组。在减数分裂时,非同源染色体上的基因(DNA 片段)自由组合,而位于同源染色体上的基因由于在减数分裂前期 I 非姐妹染色单体间的交换而导致基因或标记间的重组。DNA 分子标记是指符合孟德尔遗传规律的可定位于染色体上的特异 DNA 序列,DNA 分子标记与之相邻的基因序列相连锁。因此,可利用两亲本间分子量有差异的 DNA 分子标记对遗传群体进行基因型鉴定,通过遗传重组分析得到 DNA 分子标记在染色体上的线性排列图即为连锁图谱。分子标记间的距离(遗传距离)通常用遗传重组率来表示,其图距单位用厘摩(centi-Morgan,cM)表示,1.0 cM 大小相当于 1% 的重组率。重组型所占的比例与基因(标记)间的距离呈高度正相关,即重组率越低,遗传距离越小,分子标记在染色体上的距离越近,连锁越紧密。

构建 DNA 分子标记连锁图谱的主要步骤如下:

(1)选用两个遗传多态性丰富且目标表型差异明显的两个品种为亲本(P_1 和 P_2)进行杂交,构建大量分子标记处于分离状态的分离群体或衍生系,如 F_2、RIL(重组自交系)、DH(双单倍体)等群体。

(2)选择适合作图的 DNA 分子标记,如 RFLP、SSR、AFLP 等对遗传群体进行基因分型。

(3)利用有关软件建立标记之间的连锁,构建遗传连锁图谱。作图群体类型及群体类型代码(Population no.)如表 5-4 所示。

三、材料与试剂

1. 主要材料

常用的作图群体是重组自交系群体(recombinant inbred line,RIL)、双单倍体群体(doubled haploid,DH)和 F_2 群体(本实验以 F_2 群体及其亲本的 DNA 为例介绍基本操作过程);作图软件为 MAPMAKER/EXP(3.0b)、QTL IciMapping v4.2(https://www.isbreeding.net/software/)。

2. 主要试剂

分子标记(建议采用共显性分子标记)、琼脂糖、聚丙烯酰胺凝胶、Taq DNA 聚合酶等。

表 5-4 不同群体基因型及等位基因的理论频率

群体编号	作图群体	基因型			等位基因	
		AA	Aa	aa	A	a
1	$P_1BC_1F_1$	0.5	0.5	0	0.75	0.25
2	$P_2BC_1F_1$	0	0.5	0.5	0.25	0.75
3	F_1DH	0.5	0	0.5	0.5	0.5
4	F_1RIL	0.5	0	0.5	0.5	0.5
5	P_1BC_1RIL	0.75	0	0.25	0.75	0.25
6	P_2BC_1RIL	0.25	0	0.75	0.25	0.75
7	F_2	0.25	0.5	0.25	0.5	0.5
8	F_3	0.375	0.25	0.375	0.5	0.5
9	$P_1BC_2F_1$	0.75	0.25	0	0.875	0.125
10	$P_2BC_2F_1$	0	0.25	0.75	0.125	0.875
11	P_1BC_2RIL	0.875	0	0.125	0.875	0.125
12	P_2BC_2RIL	0.125	0	0.875	0.125	0.875
13	$P_1BC_1F_2$	0.625	0.25	0.125	0.75	0.25
14	$P_2BC_1F_2$	0.125	0.25	0.625	0.25	0.75
15	$P_1BC_2F_2$	0.8125	0.125	0.0625	0.875	0.125
16	$P_2BC_2F_2$	0.0625	0.125	0.8125	0.125	0.875
17	P_1BC_1DH	0.75	0	0.25	75	0.25
18	P_2BC_1DH	0.25	0	0.75	0.25	0.75
19	P_1BC_2DH	0.875	0	0.125	0.875	0.125
20	P_2BC_2DH	0.125	0	0.875	0.125	0.875

四、主要仪器设备

Windows 7/8/10 系统电脑、电泳系统、凝胶成像系统以及 PCR 仪等。

五、实验步骤

(一)作图群体的构建

以两个性状存在明显差异且遗传关系较远的材料,如用高秆籼稻材料与携带广亲和基因的矮秆粳稻材料作为亲本,先杂交获得 F_1 种子并自交获得 F_2 种子,F_2 种子种植于大田,用于连锁作图。

（二）利用多态性分子标记确定 F_2 群体中每个单株基因型

1. DNA 提取

以 F_2 群体为例，除了提取 F_2 群体中每个单株的 DNA 外，还需要提取该群体的两个亲本（P_1、P_2）和杂种（F_1）的 DNA，一般有 100 多个 DNA 样品。

2. 多态性分子标记的筛选

选用平均分布在水稻 12 条染色体上的分子标记（如 SSR 或 InDel 标记），以两个亲本（P_1、P_2）和杂种（F_1）为模板进行 PCR 扩增，凝胶电泳，获得在两个亲本间具有多态性的分子标记。

3. 利用多态性分子标记确定单株的基因型

用多态性分子标记对两个亲本及其 F_2 单株进行 PCR 分析，确定每个单株的电泳带型。因 SSR 或 InDel 标记都属共显性标记，单株带型在 F_2 群体中只出现三种：一是与亲本 P_1 一样的带型，记为 A；二是与亲本 P_2 一样的带型，记为 B；三是与杂种 F_1 一样的带型，记为 H。三种带型的理论比例是 A∶H∶B=1∶2∶1。

（三）连锁图谱的构建

1. MAPMAKER 3.0 构建连锁图谱

（1）数据准备：分子标记数据，如 SSR 分子标记的电泳结果，按如图 5-9 所示格式输入 Excel 表。第一列为标记名称，如 T175、T93 和 C35 等的分子标记，每个标记名称前加“*”号。标记名称后面的 A、B、H 和“—”为 F_2 群体中各单株的标记带型，其中，“A”为某单株的电泳带型与亲本 P_1 一样的带型，“B”为与亲本 P_2 一样的带型，“H”为与杂种 F_1 一样的带型，“—”为某单株数据的缺失。

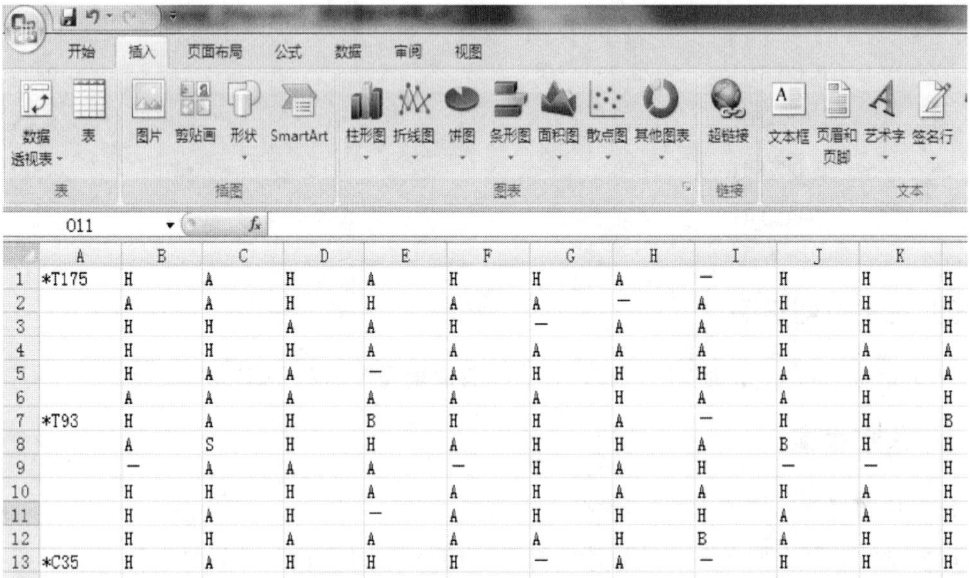

	A	B	C	D	E	F	G	H	I	J	K	
1	*T175	H	A	H	A	H	H	A	—	H	H	H
2		A	A	H	H	A	A	—	A	H	H	H
3		H	H	A	A	H	—	A	A	H	H	H
4		H	H	H	A	A	A	A	A	H	A	A
5		H	A	A	—	A	H	H	H	A	A	A
6		A	A	A	A	A	A	H	A	A	H	H
7	*T93	H	A	H	B	H	H	A	—	H	H	B
8		A	S	H	H	A	H	H	A	B	H	H
9		—	A	A	A	—	H	A	H	—	—	H
10		H	H	H	A	A	H	A	A	H	A	H
11		H	A	H	—	A	H	H	H	A	A	H
12		H	H	A	A	A	A	H	B	A	H	H
13	*C35	H	A	H	H	H	—	A	—	H	H	H

图 5-9　分子标记数据的输入格式

（2）将此数据另存为“文本文件（制表符分隔），SAMPLE. txt”。

（3）打开文本文件，编写文本文件（图 5-10）。文本数据文件的第一行顶格输入以下内容:data type F2 intercross,即数据类型为两个亲本 P_1 和 P_2 杂交获得的 F_1 再经自交后的 F_2 群体。第二行输入的格式是:第一个数值是 F_2 群体所包含的单株数,第二个数值是分子标记数,第三个数值是测定的数量性状的数目。如图 5-10 所示,333 12 1 分别表示 F_2 群体是由 333 个单株组成,检测到多态性的分子标记有 12 个,测定了 1 个数量性状。

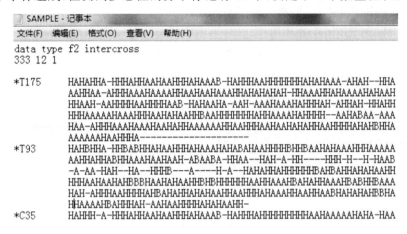

图 5-10　分子标记数据文本文件的格式

(4)同时按下键盘上的 win 和 r 键,出现对话框,在对话框内输入命令"CMD",点击回车键,即进入 DOS 界面,找到 MAPMAKER/EXP(3.0b)所在文件夹,找到应用程序 Mapmaker 并打开,可见到如图 5-11 所示的界面。

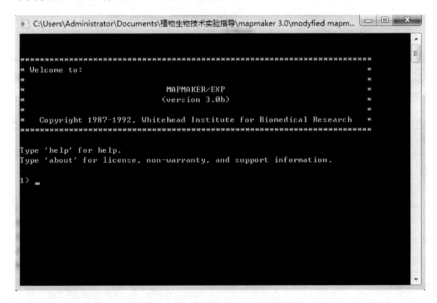

图 5-11　计算机进入 DOS 状态

(5)在 DOS 提示符"1>"下输入"prepare data(或 pd)sample.raw",回车。该命令导入原始数据(图 5-10)并进行预处理。

注意事项:若要了解 MAPMAKER/EXP(3.0b)中的其他操作命令,可输入"help"命令了解。

```
1> prepare data sample. raw
data from 'sample.raw' are loaded
  F2 intercross data  (333 individuals, 12 loci)
```

（6）在 DOS 提示符"2＞"下输入"photo tutorial. out"，回车。该命令将后面的操作及结果保存在一个文本文件中，以便核查整个操作过程。

```
2> photo tutorial. out
photo' is on: file is 'tutorial.out'
```

（7）在 DOS 提示符"3＞"下输入"sequence(或 s)1 2 3 4 5 6 7 8 9 10 11 12(或 all)"，回车。该命令定义 12 个标记进行连锁分析。

```
3> sequence 1 2 3 4 5 6 7 8 9 10 11 12
sequence #1= 1 2 3 4 5 6 7 8 9 10 11 12
```

（8）在 DOS 提示符"4＞"下输入"group"，回车。该命令是对 12 标记通过两点分析来推测可能存在的两个连锁群。

```
4> group
Linkage Groups at min LOD 3.00, max Distance 50.0

group1= 1 2 3 5 7
-------
group2= 4 6 8 9 10 11 12
```

（9）在 DOS 提示符"5＞"下输入"make chromosome one two"，回车，将推测的两个连锁群分别定义为染色体 1 和染色体 2。

```
5> make chromosome one two
chromosomes defined: one two
```

（10）在 DOS 提示符"6＞"下输入"sequence group1"，回车，先分析连锁群 1(染色体 1)。

```
6> sequence group1
sequence #2= group1
```

（11）在 DOS 提示符"7＞"下输入"anchor one"，回车，锚定连锁群的 5 个标记于染色体 1 上。

```
7> anchor one
1    - anchor locus on one
2    - anchor locus on one
3    - anchor locus on one
5    - anchor locus on one
7    - anchor locus on one
chromosome one anchor(s): T175 T93 C35 C66 T50B
```

（12）在 DOS 提示符"8＞"下输入"sequence {1 2 3 5 7}"，回车，对第 1 连锁群的 5 个标记在排序前进行定义。

```
8> sequence {1 2 3 5 7}
sequence #3= {1 2 3 5 7}
```

（13）在 DOS 提示符"9＞"下输入"compare"，回车。该命令是对某个特定的序列计算最大似然值，并从大到小排出前 20 个(默认值)最优位点顺序。经排序，第 1 连锁群的 5 个标记最优顺序是 1 3 2 5 7。

```
9> compare

Best 20 orders:
1:    1 3 2 5 7    Like:   0.00
2:    3 1 2 5 7    Like:  -6.00
3:    5 7 2 3 1    Like: -20.20
4:    5 7 2 1 3    Like: -26.26
5:    2 5 7 3 1    Like: -27.25
6:    2 5 7 1 3    Like: -28.39
7:    2 3 1 5 7    Like: -28.85
8:    5 2 3 1 7    Like: -32.33
9:    2 1 3 5 7    Like: -34.12
10:   5 7 1 3 2    Like: -35.55
11:   5 2 1 3 7    Like: -37.61
12:   1 3 5 2 7    Like: -37.76
13:   3 1 5 2 7    Like: -39.09
14:   5 7 3 1 2    Like: -40.38
15:   1 3 5 7 2    Like: -40.87
16:   3 1 5 7 2    Like: -41.55
17:   5 2 7 3 1    Like: -43.67
18:   5 2 7 1 3    Like: -44.78
19:   5 1 3 2 7    Like: -47.63
20:   2 5 3 1 7    Like: -52.28
order1 is set
```

(14)在 DOS 提示符"10＞"下输入"sequence 1 3 2 5 7",回车,对第 1 连锁群的 5 个标记在作图前进行定义。

```
10> sequence 1 3 2 5 7
sequence #4= 1 3 2 5 7
```

(15)在 DOS 提示符"11＞"下输入"map",回车,对第 1 连锁群的 5 个标记最优顺序排列进行作图,计算两两标记间的图距,单位为厘摩(cM)。

```
11> map
======================================================
Map:
    Markers        Distance
    1   T175        4.2 cM
    3   C35        15.0 cM
    2   T93        11.9 cM
    5   C66        12.2 cM
    7   T50B       ----------
                   43.2 cM    5 markers   log-likelihood= -424.94
======================================================
```

(16)在 DOS 提示符"12＞"下输入"framework one",回车,框架连锁群 1 中的标记在第 1 染色体上。

```
12> framework one
setting framework for chromosome one...
======================================================
one framework:

    Markers        Distance
    1   T175        4.2 cM
    3   C35        15.0 cM
    2   T93        11.9 cM
    5   C66        12.2 cM
    7   T50B       ----------
                   43.2 cM    5 markers   log-likelihood= -424.94
======================================================
```

(17)在 DOS 提示符"13＞"下输入"sequence group2",回车,对第 2 连锁群进行分析。

```
13> sequence group2
sequence #5= group2
```

(18)在 DOS 提示符"14＞"下输入"anchor two",回车,锚定第 2 连锁群的 7 个标记于染色体 2 上。

```
14> anchor two
4    - anchor locus on two
6    - anchor locus on two
8    - anchor locus on two
9    - anchor locus on two
10   - anchor locus on two
11   - anchor locus on two
12   - anchor locus on two
chromosome two anchor(s): T24 T209 T125 T83 T17 C15 T71
```

(19)在 DOS 提示符"15＞"下输入"sequence {4 6 8 9 10 11 12}",回车,对第 2 连锁群的 7 个分子标记在排序前进行定义。

```
15> sequence {4 6 8 9 10 11 12}
sequence #6= {4 6 8 9 10 11 12}
```

(20)在 DOS 提示符"16＞"下输入"compare",回车。经排序,第 2 连锁群的 7 个分子标记的最佳顺序是 4 11 8 12 9 6 10。

```
16> compare
Best 20 orders:
1:    4 11 8 12 9 6 10   Like:   0.00
2:    8 11 4 12 9 6 10   Like: -14.76
3:    11 8 4 12 9 6 10   Like: -19.65
4:    4 8 11 12 9 6 10   Like: -20.84
5:    4 11 8 12 9 10 6   Like: -21.09
6:    10 4 11 8 12 9 6   Like: -22.49
7:    10 6 9 4 11 8 12   Like: -25.54
8:    4 11 8 12 6 9 10   Like: -28.09
9:    4 11 8 12 10 6 9   Like: -30.20
10:   9 6 10 4 11 8 12   Like: -31.91
11:   10 6 4 11 8 12 9   Like: -34.58
12:   11 4 8 12 9 6 10   Like: -35.57
13:   8 11 4 12 9 10 6   Like: -35.85
14:   6 10 4 11 8 12 9   Like: -36.47
15:   10 9 6 4 11 8 12   Like: -37.22
16:   10 8 11 4 12 9 6   Like: -37.93
17:   4 11 8 12 10 9 6   Like: -38.35
18:   8 11 4 10 6 9 12   Like: -39.36
19:   10 6 9 8 11 4 12   Like: -39.53
20:   6 9 10 4 11 8 12   Like: -40.16
order1 is set
```

(21)在 DOS 提示符"17＞"下输入"sequence 4 11 8 12 9 6 10",回车。这是对第 2 连锁群的 7 个分子标记在作图前进行定义。

```
17> sequence 4 11 8 12 9 6 10
sequence #7= 4 11 8 12 9 6 10
```

(22)在 DOS 提示符"18＞"下输入"map",回车,第 2 连锁群的 7 个分子标记最优排列顺序进行作图,计算两两标记间的图距,单位为厘摩(cM)。

```
18> map
===========================================================
Map:
  Markers          Distance
    4   T24         14.8 cM
   11   C15          6.4 cM
    8   T125        18.9 cM
   12   T71         24.0 cM
    9   T83         18.1 cM
    6   T209        28.6 cM
   10   T17        ----------
                   110.8 cM   7 markers   log-likelihood= -688.99
===========================================================
```

(23)在 DOS 提示符"19＞"下输入"framework two",回车,框架连锁群 2 的标记在第 2 染色体上。

```
19> framework two
setting framework for chromosome two...
========================================================================
two framework:

    Markers        Distance
    4  T24         14.8 cM
   11  C15          6.4 cM
    8  T125        18.9 cM
   12  T71         24.0 cM
    9  T83         18.1 cM
    6  T209        28.6 cM
   10  T17         ----------
                   110.8 cM   7 markers   log-likelihood= -688.99
========================================================================
```

（24）在 DOS 提示符"20＞"下输入"list chromosome"，回车，列出两条染色体及其所含标记数。

```
20> list chromosome

 Chromosome:  #Total  #Frame  #Anchors  #Placed  #Unique  #Region
    one          5       5        0         0        0        0
    two          7       7        0         0        0        0
    Total:      12      12        0         0        0        0
```

（25）在 DOS 提示符"21＞"下输入"quit（或 q）"，回车，结束分子标记的连锁分析。

```
21> q
save data before quitting? [yes] y
saving map data in file 'sample.maps'... ok
saving two-point data in file 'sample.2pt'... ok

      ...goodbye...
```

2. 利用 QTL IciMapping v4.2 构建遗传连锁图谱

（1）数据准备

分子标记 MAP 数据，如 SSR 标记的电泳结果，按图 5-9 的格式输入 Microsoft Excel 2003 或 Microsoft Excel 2007 中。MAP 数据 Excel 中有 3 个表：GeneralInfo（基本信息）、Genotype（基因型）和 Anchor（连锁）。

注意事项：GeneralInfo 包括 Mapping Population Type（群体类型代码，如 F_2 群体的群体类型代码为 7）、Mapping Function（作图函数）、Marker Space Type、Number of Markers 和 Size of the mapping population（图 5-12）。

	A	B	C
1	7	Mapping Population Type	
2	1	Mapping Function (1 for Kosambi; 2 for Haldane; 3 for Morgan)	
3	2	Marker Space Type (1 for intervals; 2 for positions)	
4	117	Number of Markers	
5	180	Size of the mapping population	
6			
7			
8			

GeneralInfo | Genotype | Anchor

图 5-12 作图群体基本信息

（2）Genotypep

为群体的基因分型分子标记信息。

P1（AA）、杂合（AB）、P2（BB）、缺失、AA＋AB 和 AB＋BB 基因型分别用如表 5-5 所示的符号表示，但是不推荐混合使用，以免出错。建议用 0、1、2、－1、10、12 等格式输入数据（图 5-13）。

表 5-5　QTL IciMapping 软件标记类型及编码方式

Genotype（基因型）	AA	AB	BB	Missing（缺失）	AA＋AB	AB＋BB
编码选择	2	1	0	－1	12,D	10,R
	A	H	B	X	AH,HA	BH,HB
	AA	AB	BB	XX	AX,XA	BX,XB
		BA		*	A*, *A	B*, *B
				* *	A_, _A	B_, _B
用数字编码	2	1	0	－1	12	10
用单个字母编码	A	H	B	X	D	R
用 2 个字母编码	AA	AB	BB	XX	AX	XB

	A	B	C	D	E	F	G	H	I	J
7	RM449	1	－1	1	1	1	1	1	1	0
8	RM466	1	1	1	－1	1	1	1	0	0
9	RM493	－1	－1	1	1	－1	－1	－1	0	0
10	RM488	12	0	－1	12	－1	－1	12	0	－1
11	RM1003	－1	1	－1	2	2	2	2	1	1
12	RM233A	10	10	10	10	10	10	10	10	10
13	RM5529	10	－1	10	10	10	10	10	10	10
14	RM1358	10	－1	10	10	10	10	10	2	2

GeneralInfo　Genotype　Anchor　⊕　◀ | ▶

图 5-13　标记输入格式

（3）Anchor

若已知分子标记在第几条染色体上，则标为同一序号（图 5-14）。

	A	B	C	D	E	F	G	H	I	J
7	RM449	1								
8	RM466	1								
9	RM493	1								
10	RM488	1								
11	RM1003	1								
12	RM233A	2								
13	RM5529	2								
14	RM1358	2								

GeneralInfo　Genotype　Anchor　⊕　◀ | ▶

图 5-14　同一染色体上的标记（若已知）则标记上相应染色体号

（4）导入数据

File→New Project→Project Name：xxx-Project（命名一个 Project）（图 5-15），Project Path：…→OK→ * map（Linkage map construction）→RiceF2CDR. xls（Excel 2007）→打开。

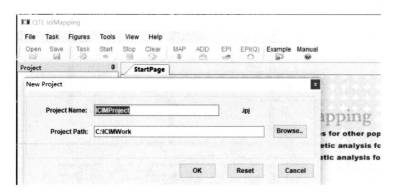

图 5-15　输入一个 Project 名称以及路径

（5）数据处理

Grouping→Ordering→Rippling→Outputting，如图 5-16 所示，单击左边 Results 即可查看结果。如 RiceF2CDR. sum 为遗传图谱的基本信息（数据可通过复制粘贴拷贝到新 Excel 表中。

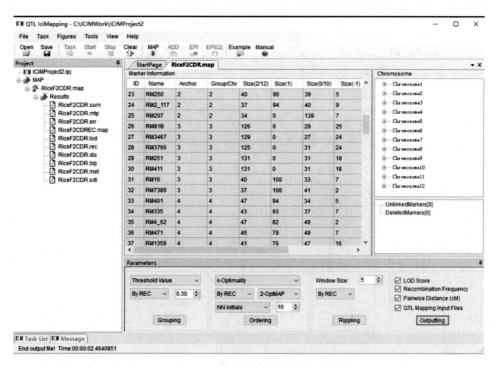

图 5-16　构建连锁图谱的 3 个步骤

（6）绘制遗传图谱

单击 RiceF2CDR. map（左侧）→MAP（上面工具栏），可通过修改各个参数调整染色体图谱（图 5-17）。

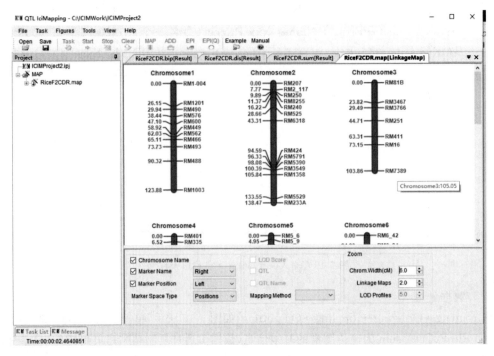

图 5-17　绘制连锁图谱

(7)导出遗传图谱(图 5-18)

选中一条染色体,右击→Save Image As→File Name→保存。

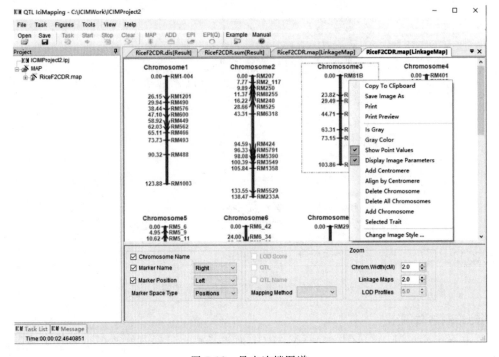

图 5-18　导出连锁图谱

六、思考题

1. 在 QTL IciMapping v4.2 软件中计算标记间遗传距离是依据什么原理的？

2. 为什么说用 QTL IciMapping v4.2 软件算得的标记间距离不等同于 DNA 序列的长度？

实验三　数量性状位点(QTL)定位

一、实验目的

熟练应用 QTL IciMapping v4.2 软件进行数量性状位点(QTL)在遗传连锁群(染色体)上定位的方法。

二、实验原理

植物性状常可分为质量性状和数量性状。质量性状在分离群体中各个体的性状表现呈不连续分布,可以根据其特性进行分类,如受寡基因控制的花色、叶色、雄性不育和抗病等性状。另有一类性状,在群体中呈连续分布,只能用数值来衡量其性状的表现,这类性状称为数量性状。农作物的很多重要农艺性状,如产量性状、品质性状、成熟期和抗逆水平等一般表现为数量性状。数量性状受许多微效基因控制,也易受环境影响。

经典的遗传分析方法难以将数量性状位点(QTL)定位在染色体上。现在,我们有了DNA 分子标记连锁图谱后,就可以检测控制数量性状的染色体区间,将各个数量性状位点(QTL)定位在染色体上,即 QTL 定位,也称为 QTL 作图。如果某个分子标记(以下简称标记)与某个 QTL 连锁,那么在杂交后代中,该标记与 QTL 之间就会发生一定程度的共分离。因此,QTL 定位就是寻找与数量性状位点相连的标记,将 QTL 逐一定位到连锁群的相应位置,并估计其遗传效应。本实验采用完备区间定位法(inclusive composite interval mapping,ICIM)进行 QTL 定位。利用完整的分子标记连锁图谱,对基因组任一区间按一定遗传距离进行扫描,检测各区间存在 QTL 的概率与不存在 QTL 的概率的比值,作为判定该区间是否存在 QTL 的指标。这个比值变幅很大,为计算方便,在分子数量遗传研究中通常将该比值取以 10 为底的常用对数(logarithm of odds),简称 LOD。当 LOD 超过某一临界阈值(一般为 2.0~3.0,最常用的是 2.5)时,可认为该区间存在 QTL。大多数 QTL 定位涉及大量数据与连锁标记的统计分析,需要相应的统计分析软件。本实验利用 QTL IciMapping v4.2 软件和本章实验二所得的分子标记连锁图谱对单株抗性性状进行定位。

三、材料与试剂

1.主要材料

作图群体中各单株的数量性状的抗性(resistance)测量值,本实验是 F_2 群体中 180 个单株的表型数据(以 resistance 表示)。

2.主要试剂

QTL IciMapping v4.2 软件分析获得的 SSR 分子标记连锁图。

四、主要仪器设备

Windows 7/8/10 系统电脑，作图软件 QTL IciMapping v4.2。

五、实验步骤

1. 数据准备

按图 5-19 格式把数据输入 Microsoft Excel 2003 或 Microsoft Excel 2007 中。

注意事项：Excel 中有 5 个表，GeneralInfo（基本信息）、Chromosome（染色体）、LinkageMap（连锁图谱）、Genotype（基因型）和 Phenotype（表型数据），每个表都需要准备数据。

	A	B
1	1	Indicator: 1 for mapping; 2 for simulation
2	7	Mapping Population Type
3	1	Mapping Function (1 for Kosambi; 2 for Haldane; 3 for Morgan)
4	1	Marker Space Type (1 for intervals; 2 for positions)
5	1	Marker Space Unit(1 for centiMorgan; 2 for Morgan)
6	12	Number of Chromosomes (or Linkage Groups)
7	180	Size of the mapping population
8	1	Number of traits

GeneralInfo | Chromosome | LinkageMap | Genotype | Phenotype

图 5-19　QTL 定位数据准备

2. GeneralInfo 和 Genotype

数据整理与 MAP 数据格式基本一致。

3. Chromosome

染色体名称及位于该染色体上的分子标记数目（图 5-20）。

	A	B
1	Ch1	11
2	Ch2	14
3	Ch3	7
4	Ch4	13
5	Ch5	7
6	Ch6	9
7	Ch7	9
8	Ch8	10
9	Ch9	9
10	Ch10	9
11	Ch11	11
12	Ch12	8

GeneralInfo | Chromosome | LinkageMap | Genotype | Phenotype

就绪

图 5-20　染色体名称与该染色体上分子标记的数目

4. LinkageMap

分子标记、染色体及分子标记间的遗传距离(图 5-21)。

注意事项:连锁图谱的数据来自本章实验二得到的连锁图谱数据。

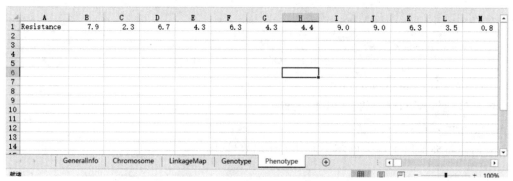

	A	B	C	D	E	F	G	H	I
1	RM1-004	1	0						
2	RM1201	1	35.8						
3	RM490	1	4.3						
4	RM576	1	10.3						
5	RM600	1	10.5						
6	RM562	1	10.9						
7	RM449	1	4						
8	RM466	1	3.6						
9	RM493	1	14.6						
10	RM488	1	26.4						
11	RM1003	1	38.5						
12	RM233A	2	0						
13	RM5529	2	5.3						
14	RM1358	2	34.8						

GeneralInfo | Chromosome | LinkageMap | Genotype | Phenotype | ⊕

图 5-21　连锁图谱数据输入格式

5. Phenotype

表型数据的输入,表型按行排列,表型数据与 Genotype 一致(图 5-22)。

	A	B	C	D	E	F	G	H	I	J	K	L	M
1	Resistance	7.9	2.3	6.7	4.3	6.3	4.3	4.4	9.0	9.0	6.3	3.5	0.8

GeneralInfo | Chromosome | LinkageMap | Genotype | Phenotype | ⊕

图 5-22　表型数据输入格式

6. 数据导入

File→ New Project → Project Name → OK → * . bip (QTL mapping in bi-parental populations)→RiceF2(BIP_File Excel_2007-2016(* .xls))→打开(图 5-23)。

7. 查看作图数据

在图 5-23 中,Mapping Method 处选择作图方法(一般选择 ICIM-ADD 模型),扫描步长(Step),一般设置 1.0cM,逐步回归标记入选的概率(PIN)设置为 0.001,LOD 临界阈值一般设置为 2.5。按 Start 键,即可完成 QTL 定位。

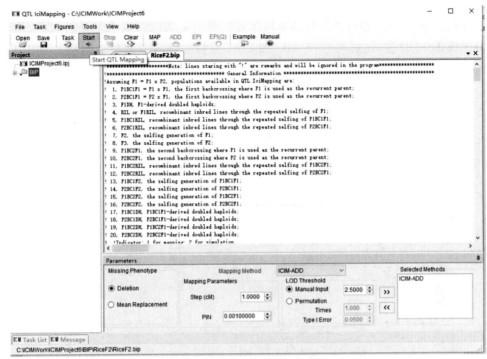

图 5-23 查看导入的作图数据

8. 查看定位结果

RiceF2. bip→Results→RiceF2. qic 等(每个都可打开查看)(图 5-24)。

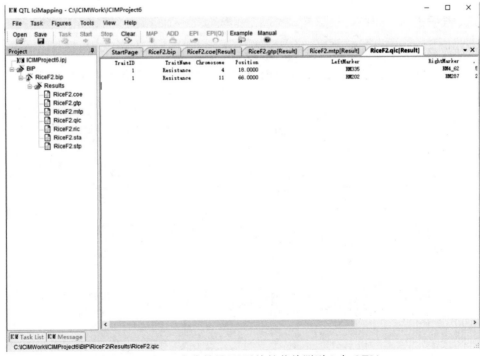

图 5-24 QTL 定位结果(显示该性状检测到 2 个 QTL)

9.查看 QTL 效应图

RiceF2. bip→LOD,即可获得每条染色体各区间的 LOD 值,点击工具栏 C>>可查看不同染色体的 LOD 值,同样可选择 Add 和 Dom 分析加性效应和显性效应。点击工具栏 C−＝可以查看所有染色体的 LOD 值(图 5-25)。

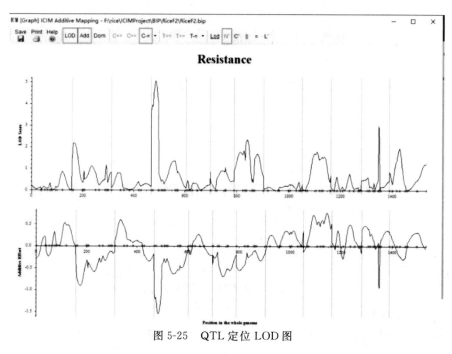

图 5-25　QTL 定位 LOD 图

六、思考题

1. 如何根据分子标记连锁图选择数量性状?

2. 与质量性状的分子标记比较,数量性状(QTL)的分子标记有何特点?

实验四　全基因组关联分析

一、实验目的

熟练应用 TASSEL、Genomic Association and Prediction Integrated Tool(GAPIT)两个软件,以及服务器进行全基因组关联分析。

二、实验原理

全基因组关联分析(genome wide association study,GWAS)是对自然群体的个体在全基因组范围内进行遗传变异(标记)多态性检测获得基因型,如 SNP 和 InDel 等,然后基于连锁不平衡(linkage disequlibrium,LD)的方法进行群体水平的统计学分析,分析目标性状(表型)与分子标记(基因型)的关系,根据统计量或显著性 P 值筛选出最有可能影响该性状的遗传变异(标记),从而挖掘与性状变异相关的基因的方法。与基于连锁遗传的图位克隆方法相比,关联定位具有耗时短(以现有自然群体为研究材料,不需要构建作图群体)、广度大(可同时检测同一位点的多个等位基因)和精度高(可达单基因水平)等优点。本实验利用 281 份玉米材料组成的自然群体的重测序数据和表型数据分别应用 TASSEL、基于 R 的GAPIT 软件,以及服务器开展全基因组关联分析。

三、材料与试剂

1.基因型和表型数据:281 份玉米材料组成的自然群体的重测序数据(基因型:mdp_genotype_test_hmp.txt)和表型数据(mdp_traits.txt)进行全基因组关联分析。

2.TASSEL 软件。

3.R 语言和 GAPIT 软件包。

四、主要仪器设备

Windows 7/8/10 系统电脑,TASSEL 及 GAPIT 两个软件。

五、实验步骤

(一)利用 TASSEL 软件进行 GWAS 分析

1.在 https://www.maizegenetics.net/tassel 下载 TASSEL Version 5.0,安装好后启动。

2. 启动 Tassel 5(图 5-26)。

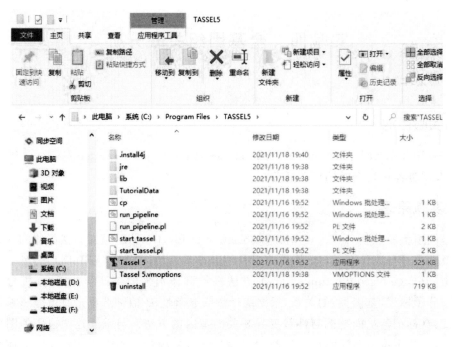

图 5-26　安装好 TASSEL 中显示的文件夹,其中 TutorialData 文件夹中数据即为本实验演示数据

注意事项 1. 性状名字以字母开头,不要包含"."。

注意事项 2. 不要用 Q1、Q2 等与群体结构表头名字一致的性状名字。

注意事项 3. Kinship 开头的数字为样本数,该数字后不能有字符(包括空格)。

注意事项 4. 群体结构文件必须以<Covariate>开头,且其后不能有别的字符(包括空格)。

3. 选择 File→Open,选择 TutorialData 下的文件,可以一次性导入(图 5-27)。软件能识别文件的类型,分配到各相关数据类型中(图 5-28)。

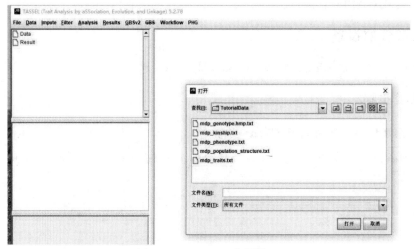

图 5-27　TASSEL 数据导入

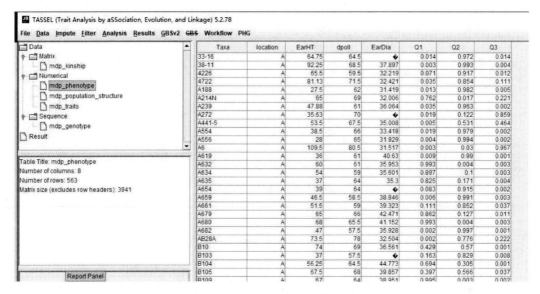

图 5-28　导入后的数据及其类型

4. 按住 Ctrl 键,同时选定 traits、population structure、genotype 三个文件,选择 Data→ Intersect Join,将三个文件合并一起(图 5-29)。

注意事项:选择 Intersect Join 是交集合并,选择 Union Join 是并集合并)。

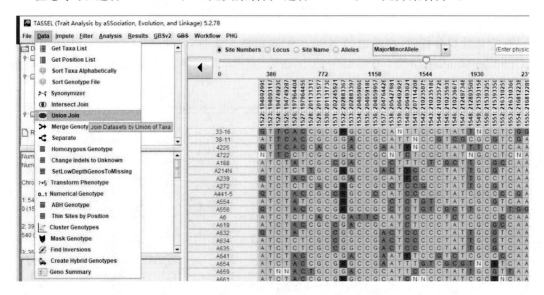

图 5-29　数据合并

5.选定这个合并后的数据,选择 Analysis→Association→GLM,可以做基于群体结构 Q 的一般线性模型(GLM)的关联分析(图 5-30)。

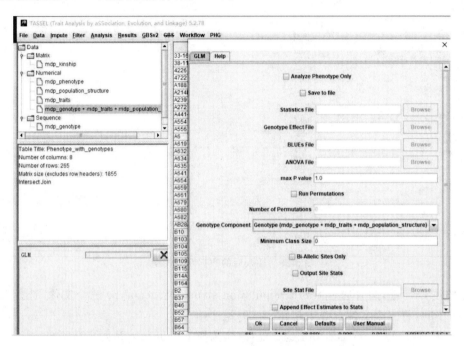

图 5-30　GLM 选项框(不用做选择,直接按 OK 即可)

6.完成关联分析后,在左边的 Result 中选定结果文件,在上方的 Results 中可以查看 Q-Qplot 及 Manhattan 图(图 5-31～图 5-33)。当然,可以将右边的结果输出表格,再做分析。

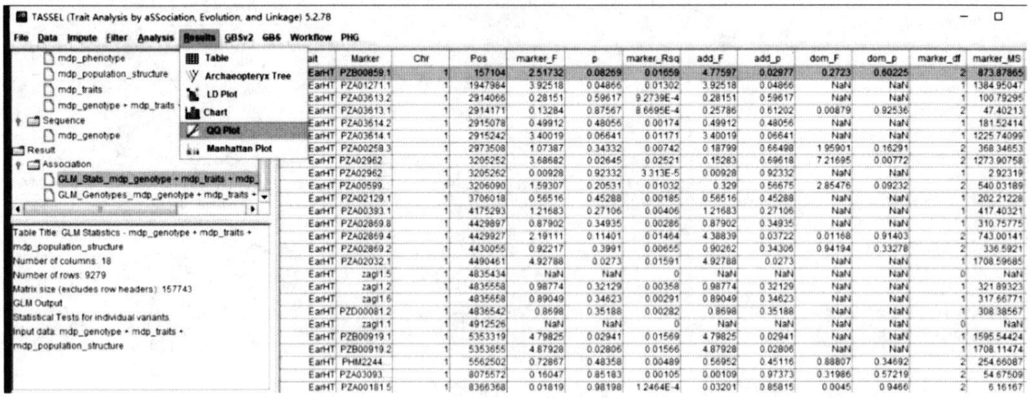

图 5-31　做完 GLM 后的结果显示。右边是各 SNP 与性状关联分析结果

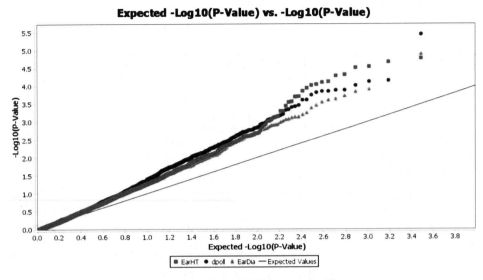

图 5-32　关联分析结果的 Q-Qplot 图

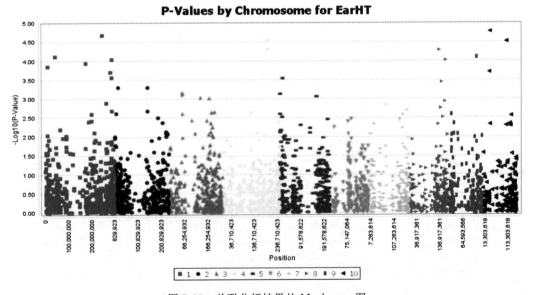

图 5-33　关联分析结果的 Manhattan 图

7. 同时选定合并好的 traits、population structure、genotype 文件与 matrix 中的亲缘关系矩阵(Kinship),单击 Analysis→Association→MLM,就可以做基于 Q+K 混合线性模型 MLM 的关联分析(图 5-34)。

8. 选择 Sequence 中的 genotype 数据,通过 Analysis→PCA,可以算出 PCA 的主成分(P),选定 P、traits、genotype,将它们合并后可以和 K 一起,做 P+K 的 MLM。另外,亲缘关系 Kinship 也可以通过 Analysis→Kinship 计算出来。

(二)利用 GAPIT 软件进行 GWAS 分析

1. 下载 R 安装包(https://www. r-project. org),在安装 R 的基础上下载 Rstudio(https://

www. rstudio. com/products/rstudio/download/）。

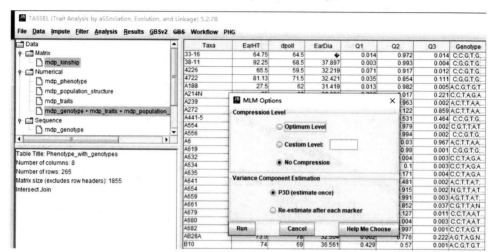

图 5-34　基于 Q＋K 的 MLM 模型关联分析选项

2. 打开 Rstudio，新建 R Script（图 5-35）。

图 5-35　安装 R 后，新建 R Script 示意图

3. 设置存放数据的文件夹。Session→Set Working Directory→Choose Directory→MyGAPIT（放置自己数据的文件夹，例如 F:\MyGAPIT）。

注意事项：自己的数据已经拷贝在该目录下（如 F:\MyGAPIT）。本实验采用由 281 个玉米品种组成的自然群体的重测序数据，包括基因型文件（mdp_genotype_test_hmp. txt）和表型数据文件（mdp_traits. txt）。将这 2 个文件预先拷入自己的目录 F:\MyGAPIT 下。

4. 安装 GAPIT，有 2 种方法，安装时将鼠标移到这一行的最后，按左上角的 Run 键。

（1）方法一　通过 Zhiwu Zhang 实验室网站，将下面 2 条命令粘帖到 R Script 上，单击 Run 键。

```
source("http：//zzlab.net/GAPIT/GAPIT.library.R")
source("http：//zzlab.net/GAPIT/gapit_functions.txt")
```

(2)方法二　通过 GitHub 安装,将下面的命令粘帖到 R Script 上,单击 Run 键。

```
install.packages("devtools")
devtools：:install_github("jiabowang/GAPIT3",force = TRUE)
library(GAPIT3)
```

5.导入基因型和表型数据。将下面的命令分别粘帖到 R Script 上,单击 Run 键。上载数据后见图 5-36。

```
myY = read.table("mdp_traits.txt",head = T)
myG = read.table("mdp_genotype_test_hmp.txt", head = F)
```

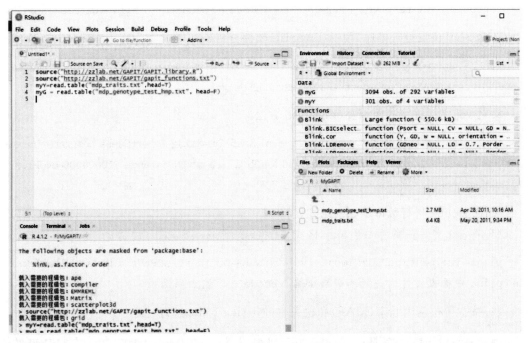

图 5-36　安装 GAPIT 及导入数据。左上角是命令行,右上角是导入数据,右下角是数据所在文件夹及文件名

6.运行 GAPIT

```
myGAPIT <- GAPIT(Y = myY, G = myG, PCA.total = 3, SNP.MAF = 0.05, Model.selection = T)
```

7.查看结果。运行上述 GAPIT 命令行后,会在文件夹中产生分析结果,包括 Phenotype diagnosis(表型分析)、Marker density(分子标记密度)、Linkage Disequilibrium Decay(连锁不平衡衰减)、Heterozygosis(杂合性)、Principal Component(PC)plot(主成分分析)、Kinship plot(亲缘关系)、最优模型选择结果、GWAS 结果的 Q-Qplot、Manhattan Plot(曼哈顿图)和 GWAS 结果列表等。

(三)利用服务器进行 GWAS 分析

5-3　GWAS
操作(视频)

系统准备和下载软件：

Windows 系统或 Linux 系统。

plink：https://www.cog-genomics.org/plink2

TASSEL：http://www.maizegenetics.net/tassel

EMMAX：http://csg.sph.umich.edu//kang/emmax/download/index.html

Fast-LMM：https://www.microsoft.com/en-us/download/confirmation.aspx?id=52588

CMplot：https://github.com/YinLiLin/R-CMplot

1.除去 vcf 文件中的 Pt 及 Un 位点

```
vcftools --vcf test.vcf --not-chr Pt --recode --recode-INFO-all --out test.noPtUn
```

2.对 SNP 位点进行排序,用于 TASSEL 软件分析

```
perl ~/software/TASSEL5/run_pipeline.pl-Xms512m-Xmx5g -SortGenotypeFilePlugin -inputFile test.noPtUn.vcf -outputFile test.noPtUn.vcf
```

3.对 vcf 文件进行基因填补(LDKNNi 方法)

```
perl~/software/TASSEL5/run_pipeline.pl-Xms512m -Xmx5g-importGuess test.noPtUn.vcf-LDKNNiImputationPlugin -highLDSSites 30-knnTaxa 10-maxLDDistance 10000000-endPlugin-export test.noPtUn.impute.vcf -exportType VCF
```

4.使用 plink 进行数据筛选和格式转换

(1)将 vcf 文件转换为 ped/map 格式

```
plink--vcf test.noPtUn.impute.vc --recode--out test.noPtUn.impute--allow-extra-chr
```
(plink 中输出文件名一般不带后缀名,recode 表示输出筛选内容)

(2)按次等位基因频率(MAF)和缺失率(Missing Rate)进行过滤

```
plink --vcf test.noPtUn.impute.vcf --maf 0.05 --geno 0.1 --recode vcf-iid
```
(输出格式为 vcf)--out test.noPtUn.impute.mafgeno --allow-extra-chr(不管单条染色体还是多条染色体,一般都要加这句话)

(3)依据 LD 对标记进行筛选

```
plink --vcf test.noPtUn.impute.mafgeno --indep-pairwise 50 10 0.2 --out test.noPtUn.impute.mafgeno--allow-extra-chr
```
(输出文件为.in 和.out,in 表示入选的标记,out 表示去除的标记)

(4)筛选结果的提取

```
plink --vcf test.noPtUn.impute.mafgeno.vcf --make-bed --extract test.noPtUn.impute.mafgeno.prune.in --out test.noPtUn.impute.mafgeno.prune.in --allow-extra-
```

chr(产生.bed、.bim 和.fam 文件)

(5)筛选结果转回 vcf 格式

plink --bfile test. noPtUn. impute. mafgeno. prune. in --recode vcf-iid --out test. noPtUn. impute. mafgeno. prune. in --allow-extra-chr

(6)转换为 admixture 数据格式

plink --bfile test. noPtUn. impute. mafgeno. prune. in --recode 12 --out test. noPtUn. impute. mafgeno. prune. in --allow-extra-chr

5. 群体结构

(1)Admixture 计算群体结构

```
for i in {1..10}
>do
>admixture --cv test. noPtUn. impute. mafgeno. prune. in. ped ${i} >> log. txt
>done
```

grep CV log. txt(将 CV error 列出,最小值对应的 K 值即为最佳)

```
for i in {1..10}
>do
>admixture --cv snp-geno0. 1-maf0. 05. prune. in. ped ${i} >> log. txt
>done
```

grep CV log. txt

(2)群体结构文件处理

用于 GWAS 的主要是.Q 文件的结果,作为协变量进行 GWAS 分析时需要添加样本名称和<Covariate>标识符以及以<Trait>开头的表头,同时去掉最后一列数值。R 中运行下列命令

```
tfam <- read. table("snp. noPtUn. mafgeno. tfam", header = F, stringsAsFactors = F)
admix <- read. table("Covariate. txt", header = T, check. names = F, stringsAsFactors = F, skip = 1)
admix <- admix[match(tfam $ V1, admix $ '<Trait>'), ](将群体结构样本顺序调整为与基因文件样本顺序一致)
admix <- cbind(admix[,1], admix[,1], rep(1, nrow(admix)), admix[,-1])
write. table(admix, file = "Covariate. R. txt", col. names = F, row. name = F, sep = "\t", quote = F)
```

6. 使用 pophelper 进行群体结构绘图

```
library(pophelper)
setwd("~/name/")
```

```
file_list <- list.files(getwd(), pattern = ".Q", full.names = T)
info <- read.table("sample_name_order.txt", header = T, stringsAsFactors =
```
F)(.Q 文件中没有样本名称,需另外输入一个样本名称文件)
```
qlist <- readQ(file_list)
for(i in 1 : length(qlist)){
row.names(qlist[[i]])<- info $ client
}
plotQ(qlist, sortind = "all", imgtype = "pdf", ordergrp = F, imgoutput =
"join", width = 15, outputfilename = paste0("admixture_barplot"), showindlab = F,
indlabsize = 0.5, indlabheight = 0.1)
```

7. 计算 PCA

perl∼/software/TASSEL5/run_pipeline. pl -fork1 -Xms512m -Xmx5g -importGuess test. noPtUn. impute. mafgeno. vcf -PrincipalComponentsPlugin -covariance true -endPlugin -export test -runfork1(以 PCA 结果作为协变量进行 GWAS 分析,不需要删除最后一列)

8. 计算亲缘关系(kinship)

perl∼/software/TASSEL5/run_pipeline. pl -Xms512m -Xmx5g -importGuess test. noPtUn. impute. mafgeno. vcf -KinshipPlugin -method Centered_IBS -endPlugin -export kinship. txt -exportType SqrMatrix

9. 利用 EMMAX 进行关联分析
(1)数据格式准备

plink --vcf test. impute. vcf --recode 12 transpose --output-missing-genotype 0 --out test. noPtUn. impute. mafgeno --autosome-num 90

(2)亲缘关系的估计

emmax-kin-intel64 test. noPtUn. impute. mafgeno -v -d 10 -o test. noPtUn. impute. BN. kinf

(3)表型数据格式转换(拆分与排序)

```
tfam <- read.table("snp. noPtUn. mafgeno. tfam", header = F, stringsAsFactors
= F)
tr <- read.table("Trait. txt", header = T, check. names = F, stringsAsFactors
= F)
tr <- tr[match(tfam $ V1, tr $'<Trait>'),]
```
(把基因型文件样本顺序和表型文件样本顺序调整为一致)
```
tr[tr = = -999] <- NA
tre <- cbind(tr[,1], tr)
```

```
for(i in 3 : ncol(tre)){
file_name <- paste0(names(tre)[i], ".txt")
write.table(tre[, c(1, 2, i)], file = file_name, col.names = F, row.names =
F, sep = "\t", quote = F)
}
```

（4）软件运行

emmax-intel64 -t test.noPtUn.impute.mafgeno -o Trait_emmax_cov -p test.trait.
txt -k test.noPtUn.impute.BN.kinf -c Covariate.txt

10. 利用 TASSEL 软件进行关联分析

（1）注意事项

性状名字以字母开头，不要包含"."；不要用 Q1、Q2 等与群体结构表头名字一致的性状
名字；Kinship 开头的数字为样本数，该数字后不能有字符（包括空格）；群体结构文件必须以
＜Covariate＞开头，且其后不能有别的字符（包括空格）。

（2）vcf 文件转 hapmap 格式

perl ～/software/TASSEL5/run _ pipeline.pl -Xms512m -Xmx5g -fork1 -vcf test.
noPtUn.impute.mafgeno.vcf -export test.noPtUn.impute.mafgeno -exportType Hapmap -
runfork1

（3）GLM

perl～/software/TASSEL5/run_pipeline.pl -Xms512m -Xmx5g -fork1 -h test.noPtUn.impute.
mafgeno.hmp.txt -fork2 -r test.trait.txt -fork3 -q Covarite.txt -excludeLastTrait -combine4 -
input1 -input2 -input3 -intersect -glm -export test_glm -runfork1 -runfork2 -runfork3

（4）MLM

perl～/software/TASSEL5/run_pipeline.pl -Xms512m -Xmx5g -fork1 -h test.noPtUn.
impute.mafgeno.hmp.txt -fork2 -r test.trait.txt -fork3 -q Covariate.txt -
excludeLastTrait -fork4 -k kinship.txt -combine5 -input1 -input2 -input3 -intersect -
combine6 -input5 -input4 -mlm -mlmVarCompEst P3D -mlmCompressionLevel None -export
test_mlm -runfork1 -runfork2 -runfork3

（5）CMLM

perl～/software/TASSEL5/run_pipeline.pl -Xms512m -Xmx5g -fork1 -h test.noPtUn.
impute.mafgeno.hmp.txt -fork2 -r test.trait.txt -fork3 -q Covarite.txt -
excludeLastTrait -fork4 -k kinship.txt -combine5 -input1 -input2 -input3 -intersect -
combine6 -input -input4 -mlm -mlmVarCompEst P3D -mlmCompressionLevel Optimum -export
test_cmlm -runfork1 -runfork2 -runfork3 -runfork4

六、思考题

1.什么是连锁不平衡(linkage disequlibrium，LD)？LD 衰减距离对关联分析有何影响？

2.根据一套水稻 SNP 及表型数据，筛选出与目标性状紧密相关的 QTL 位点。

实验五　分子标记辅助选择

一、实验目的

1. 了解分子标记辅助选择的基本原理。
2. 掌握利用功能型分子标记进行农作物育种改良的基本原理与操作过程。

二、实验原理

选择是育种的重要手段,提高选择效率是新品种选育的关键。传统农作物育种主要依赖于植株的表型进行选择。一般情况下,通过表型对质量性状选择的效率较高,但对数量性状的选择效率则比较低,这主要是因为数量性状的表型易受环境条件、基因间互作、基因型与环境互作等因素的影响而与基因型缺乏明确的对应关系。分子标记技术的发展使人们能够通过利用与目标性状紧密连锁的分子标记对目标性状进行选择,实现对基因型的直接选择。所谓分子标记辅助选择(maker-assisted selection,MAS)就是利用与目标性状紧密连锁的分子标记或功能性分子标记对目标性状进行间接选择,从分子水平上快速精准地分析育种材料或个体的遗传组成,从而实现对基因型的直接或间接选择,再结合常规育种手段培育出新品种的现代育种技术,这也是当下农作物生物育种的重要研究方向。相对于常规育种,MAS 具有以下特点:①可以克服表型或基因型不易鉴定的困难;②可以利用控制单一性状的多个(等位)基因,也可以同时对多个性状进行选择;③可进行早期选择,提高选择强度;④是非破坏性的性状选择和评价方法;⑤可加快育种进程,提高育种效率。

MAS 的准确率是基于检测标记与目标基因的距离来判断的。由于在 MAS 中,直接选择的是分子标记的基因型,而不是目的基因的基因型,因此 MAS 的效果取决于标记与目标性状的连锁紧密程度。一般随着分子标记接近目标基因,发生重组的可能性逐渐减小,直至达到共分离状态,即标记与目标基因之间的遗传距离越小,MAS 准确率越高。一般来说,用于 MAS 的分子标记应具备如下 3 个条件:

(1)分子标记与目标基因紧密连锁。

(2)标记重复性好。

(3)不同遗传背景和环境中选择有效。

为了使目标性状的选择效率达到 100%,通常会选择目标基因的功能型分子标记。功能型分子标记是建立在关联分析或近等基因系中的等位基因功能性基序中核苷酸多态性位点基础上的一类新型分子标记,一个分子标记位点代表一个特定的基因,甚至与某种性状关联,因此通过对某个分子标记的筛选即能对性状进行筛选。

本实验以水稻香味基因($OsBADH2/fgr$,LOC_Os08g32870)、Wx 基因(LOC_Os06g04200)和 $SS \, IIa$ 基因(LOC_Os06g12450)为例介绍分子标记辅助育种的基本操作过程,所用的水稻品种是 II-32B 与宜香 B 及其杂交后代(图 5-37)。II-32A 是我国应用最为广泛的不育系之一,具有配合力高、适应性广等特点,但其外观与蒸煮食味品质比较差;而宜香 B 携带 Wx-$(CT)_{17}$/$(CT)_{17}$、$SSⅡa$-TT/TT 以及香味基因 fgr,蒸煮食味品质好。因此,期望通过 MAS 将宜香 B 中的 Wx 基因、$SSⅡa$ 基因及 fgr 香味基因导入 Ⅱ-32B,改良该材料的蒸煮食味品质。其中,Wx 基因选用 $(CT)_n$-SSR 标记(本章实验一的 SSR 标记)。淀粉合酶 $SSⅡa$ 主要负责支链淀粉链长 DP ≤ 10 的短链延伸,该基因有 2 处重要的 SNP 变异,一处是第 4198bp 的 G → A(Gtg/Atg 突变导致 Val_{737} → Met_{737} 变化;另一处是第 4329/4330bp 处的 GC → TT($gggCtc$/$ggtTtc$)突变导致 Gly-Leu$_{781}$ → Gly-Phe$_{781}$ 变化(图 5-38)。本实验针对 GC/TT 变异,设计了一种利用 4 个引物(表 5-6)的 PCR,直接鉴定该 SNP。水稻香味基因 fgr 编码 Badh2(betaine aldehyde dehydrogenase,甜菜碱醛脱氢酶)功能丧失型突变。在香稻中最早发现并且频率最高的变异是第 7 外显子中存在 8bp(5′-GATTATGG-3′)缺失(图 5-38),导致移码突变,蛋白翻译提前终止。本实验针对 fgr 的 8bp 缺失设计一对 InDel 分子标记(表 5-6)。

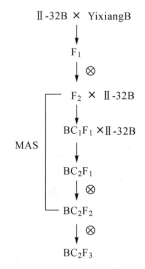

图 5-37　分子标记辅助育种流程

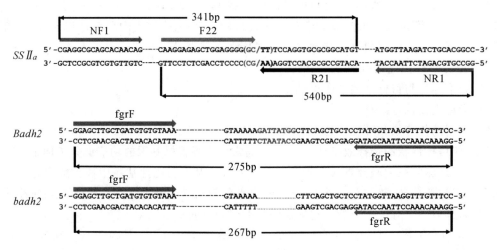

图 5-38　$SSⅡa$ 等位基因及 $Badh2$/$badh2$ 等位基因鉴定的特异引物设计示意图

表 5-6　用于鉴定 *Wx*、*SSⅡa*、*fgr* 基因的分子标记特异引物

引物名称	引物序列(5′→3′)	目的
Wx-F1	CTTTGTCTATCTCAAGACAC	检测 *Wx* 基因的 CT 重复序列多态性
Wx-R2	TTGCAGATGTTCTTCCTGATG	
fgrF	GGAGCTTGCTGATGTGTGTAAA	检测 *fgr* 基因的 8bp 缺失序列多态性
fgrR	GGAAACAAACCTTAACCATAG	
NF1	CGAGGCGCAGCACAACAG	检测 *SSⅡa* 基因的 GC/TT 差异序列的多态性
NR1	GGCCGTGCAGATCTTAACCAT	
F22	CAAGGAGAGCTGGAGGGGGC	
R21	ACATGCCGCGCACCTGGAAA	

三、材料与试剂

1. 主要材料

由Ⅱ-32B/宜香 B 杂交得到的 F₂ 群体、F₂BC₁F₁、F₂BC₂F₁ 等材料、PCR 管等。

2. 主要试剂

引物、聚丙烯酰胺凝胶、Taq DNA 聚合酶等。

四、主要仪器设备

PCR 仪、台式离心机、微量移液器、旋涡混合器、琼脂糖凝胶、PAGE 凝胶电泳系统等。

五、实验步骤

1. 水稻材料准备和 DNA 提取

(1)水稻材料

由Ⅱ-32B/宜香 B 杂交得到 F₁ 并自交获得 F₂ 群体,而后回交获得 F₂BC₁F₁ 以及 F₂BC₂F₁ 等材料。

注意事项 1:首先需要从 F₂ 群体中获得含有 *Wxᵇ*/*SSⅡa-TT*/*fgr* 纯合株系,再以该株系与轮回亲本Ⅱ-32B 回交,得到 F₂BC₁F₁,再选择三个基因都杂合的植株与Ⅱ-32B 回交得到 F₂BC₂F₁,随后通过自交,在 F₂BC₂F₁ 中找到三个基因都纯合的单株。

注意事项 2:MAS 操作的关键是根据育种目标选择基因及其分子标记,并设计好育种流程。本实验首先在 F₂ 中选择三个基因都纯合的单株,目的是先验证标记与性状是否共分离以及需要检测多少个 F₂ 单株才能找到三基因纯合株系。随后进行三次回交,如果做更多次回交,所选的水稻材料将与Ⅱ-32B 非常相似。根据新品种保护所需要的特异性、一致性和稳定性要求,这样的材料将通不过品种审定。

(2)总 DNA 提取

按照第三章实验一的方法少量提取所有材料的总 DNA。

2. PCR 扩增

按照第五章实验一的方法,以上述材料的总 DNA 为模板,利用表 5-6 中的特异引物进行 PCR 扩增。

3. PCR 产物凝胶电泳

Wx 及 fgr 等位基因的鉴定采用 PAGE,而 $SSⅡa$ 等位基因的鉴定则采用琼脂糖凝胶电泳。F_2 单株的结果见图 5-39。

回交 BC_2F_1 后代中,需要选择三个基因都杂合的单株,图 5-40 中只有第 5 株和第 16 株符合三个基因都是杂合的。后面无论是继续回交还是自交,得到的基因型都与图 5-39(自交)或图 5-40(回交)相同。

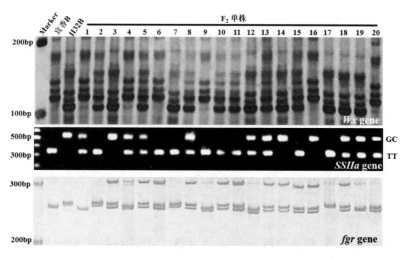

图 5-39　F_2 群体中 Wx、$SSⅡa$ 及 fgr 基因的分子标记鉴定

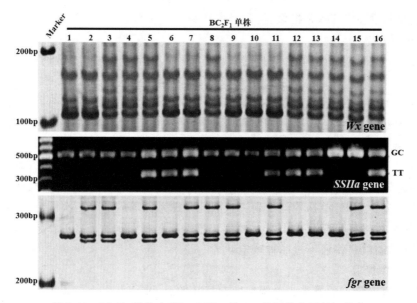

图 5-40　BC_2F_1 群体中 Wx、$SSⅡa$ 及 fgr 基因的分子标记鉴定

六、思考题

1.利用这三个基因做 MAS,需要继续测定直链淀粉含量、糊化温度和香味吗,为什么?

2.根据三个基因在染色体上的位置推断理论上至少需要多少 F_2 单株中才能选择一个三基因纯合株系。

3.如何对 QTL 进行标记辅助选择?

参考文献

陈德龙. 番茄中 *SIBZR1* 基因的遗传转化与功能研究[D]. 杭州：浙江大学，2015

邓磊. 番茄 *SISGR1* 和 *SINIP7* 基因的功能研究[D]. 重庆：重庆大学，2013

李慧慧，张鲁燕，王建康. 数量性状基因定位研究中若干常见问题的分析与解答[J]. 作物学报，2010，36(6)：918-931

刘雪丽. *CsLRR1* 调控黄瓜白粉病抗性的分子机制解析[D]. 扬州：扬州大学，2021

邵志勇. 番茄对 AAL-toxin 和链格孢菌抗性的调控机制研究[D]. 杭州：浙江大学，2018

沈秋芳，吴德志，叶玲珍，等. 一种提高大麦组培快速成苗的方法[P]. 中国发明专利，201710926732.7

孙玉强. 棉花原生质体培养和原生质体对称融合研究[D]. 武汉：华中农业大学，2005

王芬，裴会敏，文狄，等. 蛋白质相互作用研究[J]. 生物化工，2020，6(6)：111-113

王健康，李慧慧，张鲁燕. 基因定位与育种设计[M]. 2 版. 北京：科学出版社，2020：20-80

张献龙. 植物生物技术[M]. 2 版. 北京：科学出版社，2012：15-27

张小林，韩丽君，李龙，等. RNA 甲醛琼脂糖凝胶电泳的优化及探讨[J]. 现代生物医学进展，2011，11(2)：351-353

Bartlett JG, Alves SC, Smedley M, et al. High-throughput *Agrobacterium*-mediated barley transformation[J]. Plant Methods, 2008, 4：22

Bhalla PL, Singh MB. *Agrobacterium*-mediated transformation of *Brassica napus* and *Brassica oleracea*[J]. Nature Protocol, 2008, 3(2)：181-189

Chu CC, Wang CC, Sun CS, et al. Establishment of an efficient medium for anther culture of rice through comparative experiments on the nitrogen sources[J]. Scientia Sinica, 1975, 18(5)：659-668

Clough SJ, Bent AF. Floral dip：a simplified method for *Agrobacterium*-mediated transformation of *Arabidopsis thaliana*[J]. The Plant Journal, 1998, 16(6)：735-743

Clough SJ. Floral dip：*Agrobacterium*-mediated germ line transformation[J]. Methods in Molecular Biology, 2005, 286：91-102

Dai C, Li Y, Li L, et al. An efficient *Agrobacterium*-mediated transformation method using hypocotyl as explants for *Brassica napus*[J]. Molecular Breeding, 2020, 40：96

Freeman WM, Walker SJ, Vrana KE. Quantitative RT-PCR：pitfalls and potential[J]. Biotechniques, 1999, 26(1)：112-122, 124-125

Fu C, Wehr DR, Edwards J, et al. Rapid one-step recombinational cloning[J]. Nucleic Acids Research, 2008, 36(9)：e54

Gamborg OL, Miller RA, Ojiama K. Nutrient requirements of suspension cultures of soybean root cells[J]. Experimental Cell Research,1968,50(1):151-158

Gupta P,Rangann L,Ramesh TV, et al. Comparative analysis of contextual bias around the translationinitiation sites in plant genomes[J]. Journal of Theoretical Biology, 2016,404:303-311

Harwood WA. A protocol for high-throughput *Agrobacterium*-mediated barley transformation[J]. Methods in Molecular Biology,2014,1099:251-260

Hassan MM,Zhang Y,Yuan G, et al. Construct design for CRISPR/Cas-basedgenome editing in plants[J]. Trends in Plant Science,2021,26(11):1133-1152

Hellens R,Mullineaux P,Klee H. A guide to *Agrobacterium* binary Ti vectors[J]. Trends in Plant Science,2000,5(10):446-451

Higuchi R,Fockler C,Dollinger G, et al. Kinetic PCR analysis: real-time monitoring of DNA amplification reactions[J]. Biotechnology(N Y),1993,11(9):1026-1030

Hsu C,Lee W,Cheng Y, et al. Genome editing and protoplast regeneration to study plant-pathogen interactions in the model plant *Nicotiana benthamiana* [J]. Frontiers in Genome Editing,2021,2:627803

Huang L,Sreenivasulu N,Liu Q. Waxy editing: old meets new[J]. Trends in Plant Science,2020,25(10):963-966

Ishida Y,Saito H,Ohta S, et al. High efficiency transformation of maize(*Zea mays* L.) mediated by *Agrobacterium tumefaciens*[J]. Nature Biotechnology,1996,14(6):745-750.

Ishida Y,Tsunashima M,Hiei Y,et al. Wheat(*Triticum aestivum* L.) transformation using immature embryos[J]. Methods in Molecular Biology,2015,1223:189-198

Jin L,Lu Y,Shao YF, et al. Molecular marker assisted selection for improvement of the eating, cooking and sensory quality of rice(*Oryza sativa* L.)[J]. Journal of Cereal Science,2010,51(1):159-164

Lee WS, Hammond-Kosack KE, Kanyuka K. Barley stripe mosaic virus-mediated tools for investigating gene function in cereal plants and their pathogens: virus-induced gene silencing, host-mediated gene silencing, and virus-mediated overexpression of heterologous protein[J]. Plant Physiology,2012,160(2): 582-590

Liu Q,Wang C,Jiao X, et al. Hi-TOM: a platform for high-throughput tracking of mutations induced by CRISPR/Cas systems[J]. Science China Life Siences,2019,62(1):1-7

Komori T,Imayama T,Kato N,et al. Current status of binary vectors and superbinary vectors[J]. Plant Physiology,2007,145(4):1155-1160

Lander ES, Green P, Abrahamson J, et al. MAPMAKER: an interactive computer package for constructing primary genetic linkage maps of experimental and natural populations[J]. Genomics,1987,1(2):174-181

Mello-Farias PC, Chaves ALS. Advances in *Agrobacterium*-mediated plant transformation with enphasys on soybean[J]. Scientia Agricola,2008,65(1):95-106

Moon KB,Park JS,Park SJ, et al. A more accessible,time-saving,and efficient method for in vitro plant regeneration from potato protoplasts[J]. Plants(Basel),2021,10(4):781

Murashige T,Skoog F. A revised medium for rapid growth and bioassays with tobacco tissue cultures[J]. Physiologia Plantarum,1962,15(3):473-97

Olhoft PM,Flagel CM,Denovan CM,et al. Efficient soybean transformation using hygromycin B selection in the cotyledonary-node method[J]. Planta,2003,216(5):723-735

Nitsch JP,Nitsch C. Haploid plants from pollen grains[J]. Science,1969,163(3862): 85-87

Paz MM,Matinez JC,Kalvig AB,et al. Improved cotyledonary node method using an alternative explant derived from mature seed for efficient *Agrobacterium*-mediated soybean transformation[J]. Plant Cell Reports,2006,25(3):206-213

Saeger JD,Park J,Chung HS,et al. *Agrobacterium* strains and strain improvement: present and outlook[J]. Biotechnology Advances,2021,53:107677

Sparrow PA,Irwin JA. *Brassica oleracea* and *B. napus* [J]. Methods in Molecular Biology,2015,1223:287-297

Sugio T,Matsuura H,Matsui T,et al. Effect of the sequence context of the AUG initiation codon on the rate of translation in dicotyledonous and monocotyledonous plant cells[J]. Journal of Bioscience and Bioengineering,2010,109(2):170-173

Sun YQ,Zhang XL,Nie YC,et al. Production and characterization of somatic hybrids between upland cotton(*Gossypium hirsutum*) and wild cotton(*G. klotzschianum* Anderss) via electrofusion[J]. Theoretical and Applied Genetics,2004,109(3):472-479.

Tang Y,Liu X,Wang J,et al. GAPIT version 2:Enhanced integrated tool for genomic association and prediction[J]. Plant Genome,2016,9(2):1-9

Toki S,Hara N,Ono K,et al. Early infection of scutellum tissue with *Agrobacterium* allows high-speed transformation of rice[J]. The Plant Journal,2006,47(6):969-976

Wang K,Liu H,Du L,et al. Generation of marker-free transgenic hexaploidy wheat via an *Agrobacterium*-mediated co-transformation strategy in commercial Chinese wheat varieties[J]. Plant Biotechnology Journal,2017,15(5):614-623

Wang M,Sun R,Zhang B,et al. Pollen tube pathway-mediated cotton transformation [J]. Methods in Molecular Biology,2019,1902:67-73

Wu C,Sui Y. Efficient and fast production of transgenic rice plants by *Agrobacterium*-mediated transformation[J]. Methods in Molecular Biology,2019,1864:95-103

Wu JH, Zhang XL, Nie YC, et al. High-efficiency transformation of *Gossypium hirsutum* embryogenic calli mediated by *Agrobacterium tumefaciens* and regeneration of insect-resistant plants[J]. Plant Breeding,2005,124(2):142-146

Yassitepe JECT,da Silva VCH,Hernandes-Lopes J,et al. Maize transformation:from plant material to the release of genetically modified and edited varieties[J]. Frontiers in Plant Science,2021,12: 766702

Yu J,Pressoir G,Briggs WH,et al. A unified mixed-model method for association mapping that accounts for multiple levels of relatedness[J]. Nature Genetics,2006,38(2): 203-208

Zhang B. *Agrobacterium*-mediated genetic transformation of cotton[J]. Methods in Molecular Biology,2019,1902:19-33

Zhang SJ,Zhang RZ,Song GQ,et al. Targetedmutagenesis using the *Agrobacterium tumefaciens*-mediated CRISPR-Cas9 system in common wheat[J]. BMC Plant Biology, 2018,18(1):302

Zhang X,Henriques R,Lin SS,et al. *Agrobacterium*-mediated transformation of *Arabidopsis thaliana* using the floral dip method[J]. Nature Protocols,2006,1(2):641-646

附录　部分英文缩写及其中英文全称

英文缩写	英文全称	中文名称
2,4-D	2-4-Dichlorophenoxyacetic acid	2,4-二氯苯氧乙酸
6-BA	6-Benzylaminopurine	6-苄氨基腺嘌呤
ABA	Abscisic acid	脱落酸
Amp	Ampicillin	氨苄西林
AS	Acetosyringone	乙酰丁香酮
BAC	Bacterial artificial chromosome	细菌人工合成染色体
Bar	Glyphosate	草丁膦
BCIP	5-Bromo-4-chloro-3-indolyl phosphate	5-溴-4-氯-3-吲哚磷酸盐
bp	Base pair	碱基对
BSA	Bovine serum albumin	牛血清白蛋白
Cb	Carbenicilin	羧苄青霉素
cDNA	complementary DNA	互补 DNA
CK	Control	对照
Cm	Chloramphenicol	氯霉素
CTAB	Cetyltrimethylammonium bromide	十六烷基三甲基溴化铵
dATP	Deoxyadenosine triphosphate	脱氧腺苷三磷酸
dCTP	Deoxycytidine diphosphate	脱氧胞苷三磷酸
DEPC	Diethyl pyrocarbonate	焦碳酸二乙酯
dGTP	Deoxyguanosine triphosphate	脱氧鸟苷三磷酸
DMSO	Dimethylsulfoxide	二甲基亚砜
DNA	Deoxyribonucleic acid	脱氧核糖核酸
dNTP	Deoxy-ribonucleoside triphosphate	脱氧核糖核苷三磷酸
dTTP	Deoxythymidine triphosphate	脱氧胸苷三磷酸
dUTP	Deoxyuridine triphosphate	脱氧尿苷三磷酸
EB	Ethidium bromide	溴化乙锭
EDTA	Ethylene diamine tetraacetic acid	乙二胺四乙酸

续表

英文缩写	英文全称	中文名称
Ery	Eryromycin	红霉素
GA₃	Gibberellic acid	赤霉素
gDNA	genome DNA	基因组 DNA
GIT	Guanidine thiocyanate	异硫氰酸胍
Gm	Gentamicin	庆大霉素
Hi-Tom	High-throughput tracking of mutations	高通量突变类型检测
Hyg	Hygromycin	潮霉素
IAA	Indole-3-acetic acid	吲哚乙酸
IBA	Indole-3-butyric acid	吲哚丁酸
IPTG	Isopropyl-beta-D-thiogalactopyranoside	异丙基-β-D-硫代半乳糖苷
kb	Kilobase	千碱基对
Km	Kanamycin	卡那霉素
KT	Kinetin	激动素
LB	Left border	左边界
MCS	Multiple cloning site	多克隆位点
MES	2-(N-morpholino)ethanesulfonic acid	吗啉乙磺酸
Mix	Mixture	混合物
MOPS	3-(morpholino)propanesulfonic acid	3-吗啉基丙磺酸
mRNA	messenger RNA	信使核糖核酸
NAA	1-Naphthyl acetic acid	萘乙酸
Nal	Nalidixic acid	萘啶酸
NBT	Nitroblue tetrazolium	氯化硝基四氮唑蓝
nt	Nucleotide	核苷酸
OD	Optical density	光密度
ori	Origin	复制起始点
PAC	P1-derived artificial chromosome	P1-派生人工染色体
PCR	Polymerase chain reaction	聚合酶链反应
PEG	Polyethylene glycol	聚乙二醇
PIPES	1,4-Piperazinediethanesulfonic acid	1,4-哌嗪二乙磺酸
Psi	Pounds per square inch	磅/平方英寸
PVP	Polyvinyl pyrrolidone	聚乙烯吡咯烷酮

续表

英文缩写	英文全称	中文名称
RB	Right border	右边界
Rif	Rifampicin	利福平
RNA	Ribonucleic acid	核糖核酸
RT-PCR	Reverse transcription-polymerase chain reaction	反转录-聚合酶链反应
SDS	Sodium dodecyl sulfate	十二烷基磺酸钠
SOB	Super optimal broth	超优化肉汤培养基
SOC	Super optimal broth with catabolite repression	添加分解化谢抑制物的 SOB 培养基
Sp	Spectinomycin	壮观霉素
Strep	Streptomycin	链霉素
TAE	Tris acetate-EDTA buffer	Tris 乙酸盐 EDTA 缓冲液
Taq	Thermus aquaticus	水生栖热菌
TBE	Tris borate-EDTA buffer	Tris 硼酸盐 EDTA 缓冲液
T-DNA	Transferred DNA	转移 DNA
TDZ	Thidiazuron	苯基噻二唑基脲
TE	Tris-EDTA buffer	Tris-EDTA 缓冲液
Tet	Tetracycline	四环素
Ti	Tumor-inducing	肿瘤诱发
Tm	Melting temperature	熔解温度
TPE	Tris phosphate-EDTA buffer	Tris 磷酸 EDTA 缓冲液
Vir	Virulence	毒性
WT	Wild type	野生型
X-gal	5-Bromo-4-chloro-3-indolyl β-D-galactopyranoside	5-溴-4-氯-3-吲哚-β-D-半乳糖苷
YAC	Yeast artificial chromosome	酵母人工合成染色体
ZT	Zeatin	玉米素